커피와 건강에 관한 모든 것

커피와 건강 ①

커피와 건강에 관한 모든 것

발행일   2021년 6월 18일

지은이   강희남
펴낸이   손형국
펴낸곳   (주)북랩
편집인   선일영   편집   정두철, 윤성아, 배진용, 김현아, 박준
디자인   이현수, 한수희, 김윤주, 허지혜   제작   박기성, 황동현, 구성우, 권태련
마케팅   김회란, 박진관
출판등록   2004. 12. 1(제2012-000051호)
주소   서울특별시 금천구 가산디지털 1로 168, 우림라이온스밸리 B동 B113~114호, C동 B101호
홈페이지   www.book.co.kr
전화번호   (02)2026-5777   팩스   (02)2026-5747

ISBN   979-11-6539-815-6 04590 (종이책)   979-11-6539-817-0 05590 (전자책)
        979-11-6539-816-3 04590 (세트)

(주)북랩 성공출판의 파트너

북랩 홈페이지와 패밀리 사이트에서 다양한 출판 솔루션을 만나 보세요!

홈페이지 book.co.kr   •   **블로그** blog.naver.com/essaybook   •   **출판문의** book@book.co.kr

작가 연락처 문의 ▶ ask.book.co.kr

작가의 연락처는 개인정보이므로 북랩에서 알려드릴 수가 없습니다.

커피와 건강 ❶

커피와 건강 에 관한 모든 것

강희남 지음

Coffee

북랩 book Lab

서문을 겸한 감사의 글

―――――

|

일전에 외국인을 위한 한국어 교육사이트 'TTMIK(Talk To Me In Korean)'가 온/오프라인 설문조사를 통해 한국을 방문한 적이 있는 외국인들에게 '한국에 처음 왔을 때 가장 의외였거나 놀라웠던 점들'이 무엇이었는지를 물은 적이 있다. 그때의 대답들은 "대중교통이 편하면서 거리가 깨끗하고, 사람들이 착하고, 의외로 영어가 잘 통하고 그리고 커피숍과 휴대폰 매장이 가득한 나라였다"라는 것이다.

한 집 건너 또 그 옆에 자리 잡은 동네의 예쁜 카페가 많았다는 것은 그만큼 커피가 우리 일상에 함께 들어왔다는 얘기일 것이다.

그래서 지금은 밥이나 김치만큼이나 많이 접하는 커피가 일상화되었다. 그러면서 우리는 간간이 연구 조사 후 발표되는 커피 관련 건강소식에 대해서 관심을 갖게 되고 또 이로 인해 건강과 관련하여 상당한 지식을 갖게 된 것도 사실이다.

그렇다면 이제 이런 단편적인 상식 혹은 지식을 종합적으로 체계화한 커피 관련 건강정보 텍스트를 한 권쯤은 가질 필요성이 있지 않을까 하는 필자의 생각이 이 책을 집필하게 된 계기가 되었다.

Ⅱ

커피가 우리 삶에서 주는 매력이 상당하기 때문에 관련 전문가들은 커피와 건강 관련 지표의 상징을 'U자' 커브곡선으로 그 이미지를 우리에게 제시 하고 있다. 한마디로 '이로움'과 '해로움'이 '극과 극이다'라는 것이다.

이와 관련해 우리는 실제 이상으로 커피를 많이 마신 이 방면의 '커피의 전설'이자 소설가 오노레 드 발자크(Honore de Balzac)를 소환하는데, 그는 거의 25년 동안 매일 약 47잔(아메리카노)의 커피, 즉 하루에 마신 약 6갤런의 커피를 마셨는데, 비유하자면 이 분량을 한군데로 모은다면 올림픽 규모의 수영장을 채우기에 충분한 양이다.

대체로 전문가들은 커피의 유익한 생리적 효과를 향유하는 기준을 하루 4잔 이내로 제시하였다. 허용기준을 넘어서면 커피 자체가 '중독' 또는 '독'으로 변할 수 있다는 것이다.

현재 나온 커피와 건강 관련 지식들은 광범위하게 어떤 면에서는 머리에서부터 발끝까지 그리고 우리 신체를 감싸는 겉모습인 '피부'에서부터 우리의 속을 채우는 내장기관이나 머릿속의 뇌까지 영향을 미치지 않는 범위가 없을 정도로 커피의 영향이 지대한 것 같다.

그 영향이나 관련성은 마치 처마 끝의 낙숫물이 받침대 석조물에 결국 흠집을 낼 정도로 아주 오랜 시간에 걸쳐서 조금 조금씩 침식해 들어오면서, 우리 몸 신체에 영향을 주는 부분이 있는가 하면, 때마침 커피에 민감한 사람들은 커피를 마신 바로 그날 밤 밤잠을 설치는 즉각적인 영향을 끼치는 부분도 있다.

그래서 우리는 차제에 커피 관련하여 우리 몸에서 일어나는 건강 변화에 대해서 관심을 가질 필요가 있다.

Ⅲ

그럼 왜 우리는 커피공화국이라고 지칭될 정도로 그렇게 열심히 커피를 마실까? 일전에 취업포털 사이트 '커리어'가 커피를 마시는 이유를 조사해 본 결과 '습관이 돼서'라는 응답이 제일 많았고 '기분 전환', '잠을 깨려고', '집중력을 높이려고', '식사 후 마땅한 입가심 거리가 없어서'가 뒤를 이었는데, 우리는 지금 출간된 이 텍스트를 통해서 일상생활 속에서 이제는 습관적으로 마시는 커피에 대해서 좀 더 세밀하게 알아볼 필요가 있다.

이를테면, 인체의 생물학적 리듬에 미치는 약물의 영향을 연구하는 '시간약리학'의 관점에서 본다면, 모닝커피는 피해야 좋고, 세포의 노화과정을 예방하는 항산화라는 개념의 관점에서 본다면 콜드브루보다 뜨거운 커피를 추출한 후 그 커피를 얼음

위에 채우는 아이스커피가 더 유리하다는 것이다.

인스턴트커피가 원두커피보다 오히려 카페인 함량이 낮다든지, 희석 여부에 따라 차이가 나겠지만 비중과 관심도가 점점 높아져 가는 콜드브루(Cold Brew)가 '고카페인' 커피라는 사실도 우리가 유의해야 할 부분들이다.

또 커피믹스 속에 포함된 지방의 함량은 토마토 반쪽, 호두 반쪽 정도에 해당하는 열량으로 몸의 움직임이 많지 않은 독서 20분만으로도 모두 소비되는 정도의 열량인데 우리가 너무 과도하게 경계하는 것이 아닌지 등등 우리가 커피와 관련해 좀 더 새롭고 개선된 시각을 가질 필요가 있지 않을까도 생각해 본다.

물론 여기에 수록된 많은 내용들은 이미 학계에서 '사실확인(Fact-Checked)'된 자료들에서부터 시작해서 '증거기반(Evidence Based)', '관찰연구(observational study)'의 결과물들이다.

IV

그동안 오랜 기간 커피업종(커피머신 분야)에 종사하면서 커피붐과 더불어 커피 관련 수백 권의 책이 출간되는 것을 지켜봐 왔지만, 유감스럽게도 '커피와 건강' 관련 텍스트의 출간이 없었음에 이제 필자가 그 공백을 메우게 된 것을 위안으로 여기면서, 이 책의 토대와 기반을 이루는, 그래서 이 텍스트에 인용 수록된 많은 선행 연구자들의 연구업적과 위업에 대해 서문을 통해 깊이 감사드린다.

그리고 일상과 관련된 커피영역이 아닌 커피와 건강과 관련한 보다 전문적인 영역으로 간주될 골다공증, 고혈압, 대장암, 관절염 등등은 제2권으로 묶어서 속간될 예정임을 알려 드린다.

2021년 6월

강희남

차례

제3장 내가 마시는 커피의 효능

제4장 커피와 함께하는 건강변수들

제1장

커피로
하루를 여는 삶

"내 커피잔 속에 위안이 있다."

- 빌리 조엘(Billy Joe/미국의 록 싱어송 라이터이자 피아니스트)

01
하루 중 커피를 피해야 할 시간대는?

- 커피를 마시기에 가장 좋은 시간은 잠에서 깨어난 지 한두 시간 지난 뒤다.
- '시간약리학'의 관점에서 본다면 체내에 코르티솔 수치가 최고조에 오를 때의 시간대에는 커피를 피해야 한다.
- 하루 중 가장 효율적인 커피 브레이크 타임은 오전 10시부터~12시까지, 오후 2시부터~5시까지가 가장 좋다.

현대인들에게 힘겨운 아침과 잠에서 깨기 위해 먹는 커피 한 잔은 자주 볼 수 있는 풍경. 이에 영국의 한 커피 회사가 기상 알람과 동시에 커피를 내려주는 자명종을 출시해 화제를 모았다. 영국의 커피 회사 '바리시어(Barisieur)'의 커피를 내려주는 자명종 시계 이야기다.

현재 노드스트롬(Nordstrom) 홈페이지를 통해 판매되고 있는 커피머신은 매진 상태가 되어 재입고를 준비하고 있는데 워싱턴 포스트(WP)는 현재 자명종 커피머신은 출시 이후 많은 인기를 끌고 있다고 설명했다.[1] 그런데 문제는 이처럼 아침에 기상해서 바로 커피를 마셔도 괜찮을까 하는 것이다.

인체의 생물학적 리듬에 미치는 약물의 영향을 연구하는 신경과학의 한 분야인 시간약리학(chronopharmacology)의 관점에서 본다면, 아침에 눈을 뜨자마자 커피부터 찾는 사람이라면 조금만 참는 게 좋을 듯하다. 미국 메릴랜드주의 유니폼드 서비스대학(Uniformed Services University)의 연구팀이 밝혀낸 바에 의하면 커피를 마시기에 가장 좋은 시간은 잠에서 깨어난 지 한두 시간 지난 뒤라는 것이다.[2]

> 그렇다면 커피를 섭취하기 가장 좋은 시간대는 언제일까?
> 골든타임은 바로 오전 10시부터 오후 12시까지, 오후 2시
> 부터 5시까지가 가장 좋다. 이 시간에는 스트레스를 유발
> 하는 호르몬이 감소해 몸에 무리를 주지 않는다.[3]

우리의 뇌는 구조가 매우 복잡하고 우리 신체의 복잡한 활동을 매우 효율적으로 제어·통제한다. 이 중에서 시교차상핵(Suprachiasmatic nucleus, SCN)은 2만 개의 뉴런을 이용하여 스트레스 호르몬이나 코르티솔의 생성과 분비 등 신경과 호르몬의 활동을 24시간 주기로 그 기능들을 조절해 나간다.[4] 이때 분비되는 코르티솔(=코티솔, cortisol)은 콩팥의 부신 피질에서 분비되는 스트레스 호르몬이다.

사실 코르티솔은 아침에 몸을 일으켜 움직이는 기능을 수행해 돕는 꽤 중요한 역할을 한다.

코르티솔은 매일의 리듬을 따라 아침에 그 분비량을 증가시키고 낮 시간을 거치면서 그 양을 자연스럽게 감소시키면서, 체온, 심박 수 상승에 도움을 주고 소화기 과정을 활성화 시켜 배변시간도 알려주고 체내에 대한 외부반응의 자극에 대한 경계심도 높인다.[5]

또 코르티솔은 몸 안에서 여러 역할을 한다. 그것은 단백질, 당, 지질을 분해하고, 혈압을 유지하고 면역체계를 조절하는 것을 돕는다. 하루 주기로 분비되는 이 호르몬은, 이른 아침에 증가하여 오전 8시를 전후하여 정점에 이르고 저녁에 떨어진다.[6] 그래서 시간약리학의 관점에서 본다면 코르티솔 수치가 최고조에 오를 때의 시간대에 주목할 필요가 있다는 것이다.

집중호우에다가 밀물이 겹치면 홍수가 발생하듯이 코르티솔 수치가 최고조에 이르렀을 때 커피를 마시면 체내에 역시 홍수 (?)가 나는 것과 마찬가지다. 즉 이미 체내에 코르티솔이 최고조에 도달해 몸이 활성화된 상태에 있는데, 여기에다 카페인을 추가한다면, 몸이 자연적인 허용 수준을 넘어서서 스트레스를 받게 되고, 이런 타이밍에 커피를 마시면 몸은 카페인의 주는 혜택 대신, 과잉에너지로서 변질된 카페인 독성의 영향 아래에 놓이게 된다.[7]

#1. 코르티솔은 우리 몸의 '활기 담당' 호르몬이다. 기상 직후 1~2시간 동안에는 코르티솔 호르몬 분비가 가장 많을 시간이다.

카페인은 이 코르티솔 호르몬과 비슷한 역할을 한다. 이런 상태에서 커피를 마시게 되면 코르티솔 호르몬에 카페인 효과까지 겹쳐 '과잉활기' 혹은 '과잉각성' 상태가 된다. 지나친 활기 상태로 두통, 가슴 두근거림, 속 쓰림 등의 부작용이 나타날 수도 있다.[8]

#2. 이른 아침 활기찬 출근을 위해 모닝커피를 찾는 사람이 많다. 그런데 이 모닝커피를 적절한 시간에 마시지 않으면 자칫 초조감이나 스트레스를 유발할 수 있다는 게 과학자들의 조언이다. 미국 시사 잡지 멜 매거진(MEL Magazine)은 최신호에서 "별다른 일이 없는데도 짜증이 나는 날이 잦다면, 당신이 모닝커피를 마시는 시간을 의심해봐야 한다"라는 연구 결과를 소개했다.[9]

#3. 스트레스 호르몬인 코르티솔은 각자의 생체리듬에 따라 분비된다. 이것은 사람에 따라 다르지만, 일반적으로 아침 6시 30분에 일어나는 사람을 기준으로 환산해 본다면 체내에서 코르티솔 수치가 최고조에 달할 때의 시간대는 오전 8시에서 9시, 정오에서 오후 1시 사이, 그리고 오후 5시 30분에서 6시 30분, 이렇게 세 차례가 코르티솔 방출 수치가 절정에 달할 때인데,[10] 이러한 시간대는 가능하다면 커피, 즉 카페인 섭취를 피해야 한다는 것이다.

커피 관련 127개의 과학적 연구를 분석한 결과, 평균 수명의 연장에서부터 암, 심장병, 제2형 당뇨병과 파킨슨병에 걸릴 위험의 감소 등 커피를 마시면 얻을 수 있는 많은 이점들이 강조되고 있는 게 사실이다. 하지만 문제는 이런 장점을 가진 커피의 효능이 언제 커피를 마시느냐의 시간 선택에 따라 반감되거나 반대로 해로운 독으로 작용할 수 있다는 것이다.

본질적으로, 과학은 우리 몸의 코르티솔 수치가 낮을 때 커피를 마시는 것이 가장 좋다는 것을 말해주는데, 그것은 카페인과 코르티솔 둘 다 우리 몸에 스트레스 반응을 일으키기 때문이고, 너무 많은 스트레스는 우리의 건강에 해로움을 준다는 것은 명백한 사실이다. 결국 장기적으로 우리를 더 피곤하게 만들 수도 있는 것이다.[11]

가장 효율적인 커피 브레이크타임

기본적으로 코르티솔(신진대사, 면역 반응 및 스트레스에 대한 반응 등의 주요 조절자인 신체의 호르몬)과 신체의 일주기 리듬(졸음과 각성 사이를 순환하는 24시간 내부 시계)이 고려되어야 할 문제임을 알게 된다.[12]

그렇다면 가장 효율적인 커피 브레이크 시간은 언제일까? 신경학자 스티븐 밀러(Steven Miller) 박사는 이른 아침에 마시는 '모닝

커피'가 비효율적이라고 말한다. 바로 코르티솔이라는 호르몬 사이클에 근거해 분석한 결과로 그는 늦은 오전 시간인 10시부터 11시, 오후 1시 반부터 2시 사이가 가장 효율적인 커피 시간이라고 말한다.

> 국내 커피전문점 소비자들은 오후 1시부터 5시에 커피전문점을 가장 많이 방문하고 아메리카노와 카페라떼를 주로 마시는 것으로 나타났다.
>
> 커피를 주로 즐기는 시간대는 '오후 1시부터 5시'가 42.7%로 가장 많았다. '오후 5시 이후 저녁 시간'(22%)과 '오전 9시에서 11시'(14.3%)에 커피전문점을 자주 찾는 것으로 나타났다.[13]

각성 기능을 가진 코르티솔은 아침 8시부터 9시 사이 최고조에 달하다가 점차 감소하기 때문인데, 이후 5시 30분에서 6시 30분 사이에 다시 작은 피크를 이룬다. 이 때문에 정신을 맑게 하기 위해 커피를 마신다면, 코르티솔이 최대치인 이른 아침보다는 코르티솔이 줄어드는 시간인 늦은 오전 혹은 점심 식사 이후가 효율적이다.[14]

피해야 할 '모닝커피'

의외로 모닝커피로 하루를 시작하는 사람이 많다. 잠에서 깨기 위해 습관적으로 커피를 찾곤 하는데, 일어난 지 얼마 안 됐을 때 마시는 커피는 오히려 건강을 해칠 위험이 있다. 기상 직후 1~2시간 동안에는 몸 안에서 코르티솔 호르몬이 최대로 분비된다. 코르티솔은 신체 활력을 높이는 등 각성 작용을 하는 호르몬이다.

> 사람들이 커피를 가장 마시고 싶은 순간은 언제일까? 결과부터 보면 아침에 눈을 뜨는 기상 순간, 일이나 공부를 할 때, 식사 후가 가장 커피가 마시고 싶은 순간으로 꼽혔다.[15]

그런데 커피에 들어 있는 카페인은 코르티솔과 비슷한 역할을 한다. 잠에서 깨어 몸속 코르티솔이 많이 분비될 때 카페인까지 섭취하면 몸이 과도한 각성 작용을 겪어 두통, 속 쓰림, 가슴 두근거림과 같은 부작용이 생길 수 있다. 이를 막으려면 커피는 코르티솔 분비가 덜한 오후 1시 30분에서 5시 사이에 마시는 것이 좋다.[16]

온라인 침대 소매 업체 타임포슬립(Time4Sleep)이 수행한 연구는, 대부분의 사람들이 아침 8시 30분에 첫 커피를 마시는 것으로 밝혀졌지만, 건강 전문가인 사라 브루어(Sarah Brewer) 박사는

"잠에서 깨자마자 커피포트에 손을 뻗는 것은 결코 좋은 생각이 아니다"라고 말한다. 오전 10시 전에는 커피를 마셔도 원하는 효과를 얻을 수 없어 마실 가치가 없기 때문이다.[17] 이병완 교수(연세대 세브란스 병원 내분비내과)도 "(코르티솔이 과도하게 분비되면) 혈당이 올라가고 복부 비만이 생기고 뼈가 약해져서 골절이 생길 가능성이 높아진다"라고 진단한다.[18]

결국 커피를 어느 시간대에 마셔야 좋을지에 대해서는 공인영양사 리사 리시에프스키(Lisa Lisiewski)가 CNBC에 인터뷰한 내용을 빌려 표현해 본다면 "오전 중반 또는 이른 오후가 아마도 가장 좋은 시기라고 말하고 싶다. 이때는 코르티솔 수치가 가장 낮아 카페인과 같은 외부자극제 자체가 실제로 도움이 된다"라는[19] 것이다.

그럼에도 불구하고 지금까지 이런 체내에서 카페인을 소화할 수 있는 생체리듬의 능력에 아랑곳하지 않고, 두 번째 또는 세 번째 컵의 커피를 지금까지 선택해 왔다면 혹시 그사이 우리가 경험했던 초조하고 불안한 느낌의 원인이 카페인에 의해 야기된 것임을 알 수 있다.

영양학자 일리세 샤피로(Ilyse Schapiro)는 "카페인은 동맥을 넓혀서 혈액이 더 많이 흐르게 하는데 이는 모든 내·외부 동작을 조금 더 빨리 움직이도록 압박하는 원인으로 작용, 우리를 불안하게 만들 수 있다"라는 것이다. 또 "카페인이 몸의 아드레날린을 증가 시켜 어떤 일에 대해 차분한 대응 대신 흥분이나 즉각적 반응을 불러일으켜 불필요한 시빗거리를 만드는 원인이 되는 것이다.[20)

결국 요약하면 코르티솔은 신체를 '위기에 대처할 수 있는 생존상태'로 만드는 호르몬으로 없어서는 안 될 호르몬이지만, 과도한 스트레스 등으로 분비가 늘어나고 늘어난 상태가 지속되면 신체에 안 좋은 영향을 미치는 스트레스 호르몬으로 변질되는 것이다.[21)

한편 코르티솔 분비와 관련된 뇌 기능의 외부자극에 대한 반응은, 자동조절 모드로 전환하여 정기적으로 카페인을 섭취하는 사람들에 대해서는 코르티솔 스스로가 분비를 줄여, 이는 매일 마시는 커피 습성을 고려해 코르티솔 분비가 지나치게 많아서 흘러넘치는 것을 막아 주는 것이다.[22) 이는 궁극적으로 가천대학에서 진행한 연구 결과처럼, 지속적으로 카페인을 섭취할 시 우리 몸의 코르티솔 양이 줄어들어 결국 카페인에 더 의존하게 될 수도 있음을[23) 보여주는 것이다.

우리나라 사람들은 '국민음료'인 커피를 하루 평균 1.8잔(한 잔은 150mL) 정도 마시는 것으로 조사됐다. 특히 흡연(하루 평균 2.3 잔)하거나 술을 즐기는 사람이 커피를 많이 마시고 있는 것으로 나타났다.[24)

물론 우리는 커피를 마시는 데 따른 코르티솔의 건강에 미치는 영향에 대한 장기 연구는 아직 가지고 있지 않지만, 이왕 우리가 커피를 마시기로 결정했다면 커피 마시는 시간을 내가 선택할 여지가 있는지를 한번 체크해 보고 실천해 보자. 커피가 지닌 효능을 우리가 최대한 향유하기 위해서라도…

그리고 또 '커피를 피해야 할 시간'이 있다면 코르티솔이 극도로 분비되는 시간 외에도 '어린아이를 돌볼 때' 커피를 피해야 하는 것은 우리가 꼭 숙지해야 할 또 하나의 팁이다.

어린이에게 발생하는 화상사고 중 일부는 어른들의 뜨거운 커피가 그 원인 중에 하나이기 때문이다. 즉 아이를 안은 채로 뜨거운 음식이나 커피 등을 먹지 말고, 또 아이가 쉽게 잡아당길 수 있는 식탁보를 사용하지 않는 것이 좋다고 한다. 원인별 화상사고 현황을 분석한 질병관리본부의 조언이다.[25]

02
빈속에 마시는 커피

- 공복에 마시는 커피는 소화기관을 손상시킨다. 카페인에 예민한 일부사람들의 경우, 특히 빈속일 때 그 정도가 심할 수 있다.
- 빈속에 커피를 마신 경우 소화 장애가 아닌 당뇨병과 심장병의 위험 요소인 혈당 조절에 부정적인 영향을 미칠 수 있다.
- 빈속 커피에 대해서는 커피의 민감성 때문이므로, 스스로 자신의 신체에 귀를 기울여 커피를 계속 마실지 여부를 판단하면 된다.

바쁘고 피곤한 아침, 출근 시간을 맞추기 위해 주로 간단한 채소나 과일 등을 섭취하지만, 빈속에 먹으면 몸에 좋지 않은 영향을 주는 식품도 있어 주의가 필요한데 대부분 우리가 좋아하는, 그래서 무심코 먹을 수 있는 고구마나 바나나, 귤과 감, 그리고 우유다.

타닌이 함유된 고구마는 위벽을 자극하여 빈속에 먹으면 속 쓰림이 생길 수 있다. 바나나는 공복에 먹으면 심혈관 건강에 해로울 수 있다. 위 점막을 자극하는 귤은 역류성 식도염이나 속 쓰림 등의 증상이 생길 수 있다. 같은 이유로 오렌지, 자몽, 레몬 등 산도가 높은 과일도 공복 시 섭취를 피해야 한다.

위궤양 또는 유당불내증 환자는 빈속에 우유를 마시면 건강에 해로울 수 있는데 감 역시 빈속에 먹으면 소화불량을 일으킬 수 있다.[1] 이외에도 공복에 잘 모르고 먹었다가 오히려 독이 될 수 있는 음식으로는 가공 처리로 설탕이 많이 함유된 시리얼, 공복에 함께 먹으면 체중 증가와 심장병의 위험 요소가 크게 증가하는 토스트와 마가린, 과일즙 함량보다 설탕이나 액상과당이 소다만큼 많이 들어가 있는 마켓에서 파는 과일 주스, 타닌산(tannic acid)이 위장의 산도를 높여 위궤양 같은 위장 관련 질병들을 초래할 수 있는 토마토는 아쉽지만 우리가 공복에 피해야 할 음식들이다.[2]

그럼 빈속에 마시는 커피는 어떨까? 소화 장애를 유발할까? 우리는 기상하자마자 침대에서 나와 커피 한 잔을 마시기 위해 곧장 주방으로 이동하여 커피머신의 전원 스위치를 누르면서 하루를 시작할 수 있다. 또 내가 때마침 간헐적 단식을 시작했다면 아침을 먹기 전에 블랙커피를 마신다. 나처럼 많은 사람들이 빈속에 커피를 마시는데 건강에 괜찮을까?[3]

지금까지 우리의 상식은 "모닝커피는 식도에도 독이 될 수 있다. 공복 상태에서는 위산이 많이 분비되는데, 커피 속 카페인은 위산 분비를 더욱 촉진하기 때문이다"[4]라는 정도의 수준으로 알고는 있다.

연구에 따르면 커피의 쓴맛이 위산 생성을 자극 할 수 있는데 많은 사람들은 커피가 위를 자극하고 과민성 대장 증후군(IBS)과 같은 장 질환의 증상을 악화시키며 가슴앓이, 궤양, 메스꺼움, 산 역류 및 소화 불량을 유발한다고 한다.

> 영국 일간 『익스프레스』는 의약업체 로이즈파머시이(Lloyds Pharmacy) 니틴 마카디아(Nitin Makadia) 약사의 말을 인용해 "공복에 마시는 커피는 소화기관을 손상 시킨다"라고 전했다. 니틴은 "무언가를 섭취하기만 해도 위액이 분비되는데, 빈속에 커피를 마시면 분비된 위액이 소화할 음식물이 없어 결국 위점막이 손상된다"라고 설명했다. [5]

이와 관련하여 MBN 채널 〈엄지의 제왕〉에 출연한 한 소화기 내과 전문의는 "빈속에 커피를 마시는 사람은 위 점막의 손상 등 위에 빠른 노화를 촉진시켜, 장상피화생(腸上皮化生/Intestinal metaplasia, 만성 위염의 진행에 따라 위 점막 조직이 장 점막의 형태로 바뀌는 것을 말하며 위암의 위험요소 중 하나, 필자 주) 발생률 증가로 이어진다"라고 밝혔다.[6]

하지만 커피가 공복에 미치는 영향을 구체적으로 설명하는 연구는 제한적이다. 그리고 일반적으로 커피소비와 소화문제 사이의 강한 연관성은 아직 확립되지 않았다. 이는 많은 사람들이 아침 먹기 전에 커피를 먼저 즐기지만 공복에 마시는 것이 해롭다는 과학적 증거가 없다는 것이다.

이와 관련하여 전문가들의 의견은 어떤 사람들의 경우, 이를테면 소수의 사람들 중 커피에 극도로 민감한 사람들의 경우 가슴앓이, 구토 또는 소화 불량을 경험하거나 부담감을 느낀다면, 이는 개인적으로 공복에 커피를 계속 마실지의 여부를 선택해야 하는 문제로 남겨 두자는 게 대체적인 생각이다.[7] 결국 빈속에 커피를 마시는 것이 좋은지 나쁜지에 대해서는 과학은 아직 확답을 내놓지 않고 있다.

만일 어떤 사람이 빈속에 마시는 커피가 자신의 느낌으로 소화 장애를 유발한다고 판단된다면 과학은 그 부분은 그런 장애를 느끼는 개개인의 신체에 대한 커피의 민감성 때문이므로 스스로 자신의 신체에 귀를 기울여 커피를 계속 마실지 여부를 판단하라는 것이다.

#1. 빈속에 커피를 마실 때 여러분의 몸이 어떻게 반응하는지 확인하는 게 중요하다. 사람마다 똑같은 걸 먹고 마셔도 각각 반응이 다르기 때문이다. 만약 공복일 때, 커피를 마신 후 기분이 좋아진다면 멈출 필요가 없다. 하지만 불편함을 느낀다면, 습관을 바꿀 필요가 있다.

"영양에 관한 한, 모든 사람에게 맞는 방법은 없다"라고 영양사인 스테파니 사소스(Stefani Sassos)는 말한다. "내 몸을 나보다 더 잘 아는 사람은 없다. 커피를 비롯한 모든 음료, 음식에 대한 내성은 매우 개인적인 부분이다."[8]

#2. 영양학자인 알리사 럼지(Alisa Rumsey)는 "커피 섭취와 이로 인해 일어나는 인체 반응은 사람마다 각기 다르다"라며 "일부 사람들은 카페인에 예민할 수 있는데, 특히 빈속일 때 그 정도가 심할 수 있다"라고 말했다.

따라서 자신의 신체 반응을 잘 살피는 것이 가장 중요하다. 만약 빈속에 커피를 마셔도 괜찮다면, 아침에 일어나자마자 마시는 모닝커피를 굳이 끊을 필요가 없다. 하지만 이로 인해 불편함을 느낄 땐 조절을 하는 것이 좋다.[9]

#3. 공복상태에서 커피 섭취의 불편함이 두드러지게 나타나는 경우 영양사인 마야 펠러(Maya Feller)는 커피를 마실 때 위의 산도를 진정시키는 음식을 함께 먹을 것을 추천했다. 커피를 즐길 때 첨가된 설탕과 합성 크림을 조심할 것을 명심하도록 권하면서 "잘 익은 바나나, 오트밀, 계란, 시트러스(감귤류) 계열이 아닌 과일, 그리고 통곡물 토스트를 추천한다"라고 말했다.[10]

"만약 당신이 아침 식사 전 커피를 마신 후 괜찮다면, 커피 스케줄을 변경할 필요는 없지만, 당신의 속이 너무 불편하다면, 이제 상황을 바꿀 때가 된 것 같다'라는 게 커피와 소화 장애에 관련된 과학의 결론이다.

그래서 대부분 우리는 지금까지 빈속에 커피를 마신다면 소화 등 '장애를 일으킬 것이다'라는 신화적 믿음을 견지해 왔는데, 이제 우리는 이에 대한 수정된 의견을 가질 필요가 있다는 것이 관련 전문가들의 결론이다.

하지만 빈속에 커피를 마신 경우 소화 장애가 아닌 다른 부분에서 유의해야 하는 과학적 결과는 나와 있다. 한 연구에 따르면 커피를 먼저 마시는 것이 당뇨병과 심장병의 위험 요소인 혈당 조절에 부정적인 영향을 미칠 수 있다는 것이다.

영국 베스대학(UK's University of Bath)의 영양, 운동, 신진대사 센터의 공동책임자인 제임스 벳츠(James Betts) 교수는 기자회견에서 "우리는 거의 절반의 사람들이 아침에 일어나서 업무 시작 전에 커피를 마신다"라는 것을 알고 있지만, 하지만 우리는 "지금까지 이런 습관이 우리 몸에, 특히 우리의 신진대사 및 혈당조절에 어떤 영향을 끼치고 있는지에 대해 아주 제한된 지식만을 가지고 있었다"라고 말했다.[11]

그러나 우리는 최근 아침 식사 전에 강한 블랙커피를 마시면 혈당 반응이 약 50% 증가한다는 사실을 알았다.

특히 지난밤 편안한 수면을 취하지 못했거나 수면시간이 짧았다면, 졸음으로부터 벗어나기 위해 커피에 의존하는 것이 필연적인데 이런 습관이 혈당조절을 가능하게 하는 신체 능력에 위해(危害)를 준다는 것이다.

그래서 벳츠 교수는 탄수화물이 풍부한 아침 식사를 하기 전 1시간 이내에 진한 커피를 마시지 않는 것이 좋다고 한다.

커피가 혈당조절을 방해하는 기전은 정확히 밝히지 않았지만, 신진대사가 원활하게 이뤄지지 않는 피곤한 상태에서 카페인을 섭취하면 혈당조절 기능이 손상될 수 있다. 혈당조절에 지속적으로 문제가 발생하면 당뇨병에 걸릴 위험이 높아지며, 혈관에 염증이 생길 가능성도 커진다. 그래서 잠을 제대로 못 자고 일어나 커피를 마시면 혈당조절이 어렵기 때문에 기상 후 공복에 커피를 마시기보다는 아침 식사를 하고 커피를 마시는 게 낫다.[12]

사실 커피가 몸에 좋은지 안 좋은지는 아주 오래된 의학계의 큰 논쟁거리 중 하나였다. 이런 가운데 2017년 영국 『의학저널(British Medical Journal)』에 게재된 커피에 관한 과학문헌을 대대적으로 검토한 결과 블랙커피를 하루에 3~4잔 정도 마시면 전반적으로 가장 많은 건강상의 이점을 제공한다는 사실을 밝혀냈다.[13]

이제 결론은 "어젯밤에 뒤척이며 충분한 수면을 취하지 못했다면 아침 식사 전이 아니라 아침 식사 후에 커피를 마셔야 한다(If you tossed and turned last night, make sure you drink coffee after you eat breakfast—not before)"라는[14] 사실이다.

　지금까지 커피에 대한 애증, 즉 커피가 주는 매력이나 이점 때문에 커피로 인한 의학적 경고가 눈과 귀에 안 들어올 수도 있다. 하지만 커피에 대한 이런 애착관계 속에서도 결국 소화와 관련한 불편함이 있는지 자기만의 카페인에 대한 처방은 필요한 것 같다.

　보통 주변에서 커피를 멀리하는 사람이 있는 경우 수면과 관련하여 커피를 마시면 잠을 잘 못 잔다는 얘기는 많이 듣고 있다. 하지만 소화 장애 때문에 커피를 안 마신다는 얘기를 들어본 적은 없는 것 같다.

03
하루에 커피 몇 잔이 적당할까?

- 하루 적정 커피양은 1~2잔으로, 하버드 대학의 연구는 하루에 최대 6잔을
  안전 기준으로 제시하고 있다.
- 커피는 다양한 항산화 성분을 함유하고 있다.
- 성인 대부분이 적정량을 마신다면 커피 자체가 건강한 삶에 기여한다.

미국의 소비자·과학 웹사이트인 'BGR(Boy Genius Report)'은
'건강 음료 커피, 얼마나 섭취해야 하나(Coffee is a health drink,
and here's how much you should be consuming)'라는 제목의 기사
에서,[1] 전 세계에서 수행된 커피와 건강 관련 연구 약 100개를
메타 분석(meta analysis, 수년간 축적된 연구 논문을 분석하는 방법,
필자 주)한 결과 커피에 풍부한 카페인을 통해 건강상 혜택을 얻
으려면 하루 400㎎이 카페인 섭취 상한선이라고 보도했다. 커피
에 함유된 평균 카페인의 양을 감안하면 하루 5잔에 해당하는
양이다.

그런데 실제 이상으로 커피를 더 많이 마시면 어떻게 될까? 그
해답은 소설가 오노레 드 발자크(Honore de Balzac)에게 물어야

할 것이다. 거의 25년 동안 매일 약 47컵(아메리카노)의 커피, 즉 하루에 마신 약 6갤런의 커피를 한군데로 모은다면 올림픽 규모의 수영장을 채우기에 충분하다는 계산이 나온다.[2]

이십 대 중반에 시도한 인쇄업의 실패로 많은 빚을 지게 된 발자크는 하루에 40잔 가까이 커피를 마셔가며 이름이 알려지기 시작한 1830년 무렵부터 마지막 소설 『가난한 친척』을 마친 1848년까지 20년이 채 안 되는 시간 동안 100여 편의 소설을 남길 수 있었다.[3]

> "'12시간 동안 흰 종이 위에 검은 글씨를 마냥 갈겨 놓는 거야, 누이동생. 이렇게 한 달을 생활하고 나면 꽤 많은 일이 이루어지거든'이라고 그는 편지에 쓰고 있다.[4] 보통 그는 '저녁밥을 주둥이에 처넣고' 여섯 시에 잤다가, 자정에 일어나, 커피를 마시고 정오까지 일했다."

빚에 쫓기는 형편과는 별개로 스스로 '문학의 나폴레옹'이 되고자 했던 발자크는 글을 쓰기 위해 하루에 40잔 가까이 커피를 마신 것으로도 유명한데, 이런 극단적인 과도함은 그에게 돌이키기 힘든 심장질환을 안겨 주었다.

발자크의 매일 마시는 과도한 커피 습성은 결국 이른 죽음을 재촉하는 원인으로 작용하는데, 그는 50대 초반 카페인 중독이나 동맥 손상으로 인한 '심부전증'으로 사망한 것으로 알려졌다.[5]

자연치료제로 기능하는 커피 컵 수는 하루 1~2잔 정도

하지만 여전히 발자크 후예를 자처하는 사람들이 여기저기 넘쳐나고 있다. 세계 인구의 90% 이상은 어떤 형태로든 카페인을 자주 섭취한다. 카페인은 각성제다(그렇다, 약물로 규정한다). 우리를 깨어 있게 하고, 기민하게 움직이게 하며, 생산적이 되도록 도와준다.

매일 아침 커피를 마시지 않으면 일어나 활동하는 것을 상상할 수조차 없는 사람, 커피를 마시지 않고는 오후를 버틸 수 없는 사람도 있다. 어느 정도 자극을 위해 탄산음료나 초콜릿을 찾는 사람도 숱하다.[6]

> 우리나라의 20·30대 젊은 네티즌들은 일상생활에서 가장 끊기 힘든 것으로 커피를 뽑았다. 스타벅스커피코리아가 자사 페이스북 방문자 총 5,184명을 대상으로 조사한 결과에 따르면 전체 응답자 중 3,459명(67%)이 '커피'를 일상생활에서 없으면 가장 참기 힘든 것으로 뽑았다. 그 뒤로 스마트폰(1,043명, 20%), 드라마(381명, 7%), 운동(174명, 3%), 데이트(127명, 2.4%) 순이었다.[7]

이 가운데 조금 더 특별한 경우를 찾는다면 캐나다 작가 겸 일러스트레이터인 39세의 찰스 앤더슨(Charles Anderson) 역시 발자크에 영감을 받아, 그는 15년 동안 하루에 25잔의 커피를 마셨고, 물론 그 내용들을 빠짐없이 트위터에 게시해 오고 있다. 앤더슨은 십 대 시절 공부를 위해 커피를 마시기 시작했으며 20대 중반쯤 25잔 정도 수준에 도달한 후 지금까지 그 양을 유지하고 있다. 그는 커피를 마실 때마다 작품에 대한 아이디어가 떠오른다고 하였다.[8)]

커피는 풍부한 자극성을 지니고 있어 오랫동안 자연치료제로 여겨져 왔다. 커피에 함유된 카페인은 탈모나 대머리를 유발하는 DHT 호르몬의 분비를 차단하는 것으로 조사됐다. 커피는 약산성이다. 이에 따라 여드름을 없애주고 피부의 모공을 조여 건강하고 젊어 보이는 피부를 만든다.

카페인에 포함되어 있는 플라보노이드는 중파장자외선이 유발하는 종양의 형성을 억제하는 것으로 알려져 있다. 커피는 염증과 파킨슨병, 치매 등 각종 질병을 예방하는 효과도 있다. 스웨덴 카롤린스카 연구소(Karolinska Institute)에 따르면 커피는 뇌졸중 발생 위험을 낮추기도 하는 것으로 나타났다.

이렇게 커피에는 여러 가지 효능이 있는 반면, 하루 2잔 이상의 커피를 마시면 뼈에 무리를 줄 수 있다는 부정적 연구 결과도 있다. 카페인이 체내의 칼슘 흡수를 방해하면서 뼈 건강에 악영향을 주기 때문이다. 칼슘 손실이 오랫동안 진행되면 나중에 골다공증에 걸릴 위험이 커진다.

그렇다면 커피는 하루 어느 정도 분량을 어떻게 마셔야 '잘 마신다'라는 소리를 들을까.[9] 우리의 경우 취업포털 커리어가 직장인 564명을 대상으로 한 조사 결과에는, 직장인들이 하루 평균 커피 섭취량은 '2잔(47.9%)'이라는 답변이 가장 많았으며 '3잔(21.2%)', '4~5잔(17%)', '한 잔(11.2%)' 등의 의견이 이어졌다.[10]

유럽식품안전청에 따르면 일반적으로 건강한 성인의 경우 하루 카페인 섭취량이 400mg까지는 건강상의 문제가 없다고 한다. 미국 식품의약국(FDA)도 하루에 카페인 400mg 이상을 섭취하지 않도록 권고한다. 카페인 400mg은 237mℓ 커피 4잔에 해당한다.

하지만 바쁜 현대인에게 카페인 섭취량을 매번 체크하기는 어려운 일이며, 자신의 현재 몸 상태와 체질에 따라서도 적절한 커피양이 달라진다. 이에 전문가들은 모든 이에게 제시할 만한 기준으로, 하루 적정 커피양을 1~2잔 정도로 말하고 있다. 하루에 1~2잔 정도를 기준으로 삼는다면 부작용에서 벗어나 안심하고 커피를 마실 수 있을 것으로 보인다.[11]

커피 컵 수에 따른 질병통제 효과

영국의 데일리메일은 규칙적으로 커피나 차를 마시는 사람이 그렇지 않은 사람에 비해 허리둘레가 얇고 체질량 지수가 낮다는 연구 결과가 나왔다고 보도했다. 최근 런던 대학 연구팀이 9천 명의 실험자를 대상으로 한 연구 결과로 이는 음료 속의 폴리페놀 성분이 대사증후군 발생률을 25% 정도 낮추기 때문이다.

또 하루 2잔의 커피는 파킨슨병에, 3잔은 당뇨병에, 4잔은 우울증에 효과적이라는 연구 결과도 앞서 발표됐다.[12]

♦ 하루 커피 한 잔, 자살 충동과 '눈꺼풀떨림증'(안검경련) 감소

커피가 자살 충동을 줄여준다는 연구 결과도 있다. 여수성심병원 가정의학과에 따르면 국민건강영양조사에 참여한 사람 중 1만 526명의 자료를 분석한 결과 '자살을 한 번도 생각해본 적 없다'라고 답한 비율이 하루 한 잔 커피를 마시는 군에서 가장 높은 것으로 나타났다. 하루 한 잔 커피를 마신 군은 22.8%, 1주일에 한 번 미만으로 마신 군은 12.8%, 한 잔도 마시지 않은 군은 9.3%인 것으로 나타났다. 연구팀에 따르면 커피 속 카페인과 클로로겐산이 중추신경계를 자극해 자살 충동과 생각을 줄여주고, 정신건강에도 긍정적인 영향을 미친다는 점을 확인했다.

또 일반적으로 50~70세에 나타나는 실명 원인이 되는 눈꺼풀떨림증(안검경련) 발병 위험을 낮춘다.[13]

♦ 하루 커피 2잔, 파킨슨병 예방

매일 2잔씩 커피를 마시면 파킨슨병 증상을 완화하는 데 도움이 된다. 미국 하버드대학과 캐나다 맥길대학(McGill University) 연구팀은 파킨슨병 환자가 하루 2잔씩의 커피를 마시자, 증상이 호전되는 효과를 확인했다. 커피 속 카페인이 체내에서 파킨슨병 증상을 악화시키는 물질인 아데노신의 작용을 막아 근육강직 등 운동장애를 완화하는 데 도움이 된다.

♦ 하루 커피 3잔, 간경화 예방

커피를 하루에 3잔씩 마시면 간경화 발생 위험을 50% 이상 줄일 수 있다.

영국 사우스햄튼대학(University of Southampton) 케네디 박사 연구팀은 43만 2,000여 명의 참가자를 대상으로 커피와 간경화의 관계를 분석하는 연구를 진행했다. 그 결과 하루 3잔의 커피를 마신 사람은 간경변 위험이 56%나 줄었고, 사망 위험도 55%나 낮은 것으로 나타났다. 연구팀은 커피 속 다양한 생리활성물질이 간경변을 유발하는 간의 염증이나 섬유화 과정을 억제해 건강상 도움이 된다고 밝혔다.

♠ 하루 커피 4잔, 당뇨 예방

미국 존스홉킨스대학 연구팀은 일반인 1만 2,204명을 대상으로 조사한 결과를 통해, 하루에 커피를 4잔 이상 마시는 사람은 그렇지 않은 사람보다 당뇨병에 걸릴 위험이 33%나 낮다는 사실을 밝혀냈다. 커피 속 마그네슘과 항산화 물질인 클로로겐산이 체내 포도당 축적을 막고 혈당 조절 기능 개선에 도움이 되기 때문이다.[14]

> 커피 맛과 카페인을 싫어하거나 건강을 우려해 마시기를 꺼려하는 사람은 입 대신 코로 커피를 마셔도 뇌가 활성화되고 스트레스가 완화된다. 『미국 농식품화학 저널(Journal of Agriculture and Food Chemistry)』 발표에 따르면 "커피를 꼭 마시지 않더라도 볶은 원두를 작은 주머니에 넣어 책상에 둔 뒤 스트레스를 받을 때마다 향을 맡으면 기분 전환을 하는 데 도움이 될 것"이라고 말했다.[15]

미국 로스엔젤레스의 케크의과대학(Keck School of Medicine)에선 18만 5,000명 이상의 아프리카계 미국인(17%), 일본계 미국인(29%), 라틴계 미국인(22%), 하와이 원주민(7%), 백인(25%)을 평균 16년간 추적했다. 그 결과 하루에 커피 한 잔을 마신 사람들은 커피를 마시지 않은 사람보다 사망 가능성이 12% 낮은 것으로 나타났다. 심지어 매일 2잔 이상의 커피를 섭취할 경우 사망 가능성은 18%나 낮아지는 것으로 나타났다.

또한 유럽 10개국 출신 백인 남녀 52만 명을 대상으로 16년간 추적 조사한 결과, 하루 3잔 이상의 커피를 마신 남성들은 커피를 섭취하지 않은 사람보다 사망 가능성이 18% 낮은 것으로 나타났다. 여성의 경우 사망 가능성이 8% 낮았다.[16]

커피가 직접 사망률을 감소시킨다는 결론의 단서는 없다. 하지만 커피는 카페인(caffeine), 클로로겐산(chlorogenic acids), 멜라노이드(melanoidins), 카페스톨(cafestol), 카윌(kahweol) 및 트리고넬린(trigonelline)과 같은 다양한 항산화 성분을 함유하고 있다.[17]

하루 커피 섭취의 최대한계는 6잔

카페인 과다 섭취의 대표적인 부작용은 수면 장애나 가슴 두근거림, 탈수·혈압 증가 등이다. 카페인으로 뇌 각성이 지나치면 불안하거나 정서 장애, 부정맥 등의 원인이 되기도 한다. 그뿐만 아니라 위산 분비를 촉진해 역류성 식도염·위염·십이지장궤양 등을 일으키고 이뇨작용으로 방광염이 발병률을 높이고 칼슘과 철분 흡수를 방해한다.[18]

임상 영양과 관련하여 미국의 한 저널은 하루에 커피 6잔 이상을 마시면 최대 22%까지 심장질환의 위험을 증가시킬 수 있음을 시사한다.

사우스 오스트레일리아 대학(University of South Australia)의 연구자들은 37~73세 사이의 347,077명에 대한 건강기록 등의 패턴을 분석한 결과 하루 6컵 이상의 커피를 마신 사람들은 하루에 1~2컵을 마시는 사람들에 비해 연구기간 동안 심혈관 질환이 발생할 확률이 22% 높다는 사실을 발견했다.[19]

이는 마시는 커피가 당신에게 좋아 보일 수도 있지만, 새로운 연구는 한계가 있음을 암시한다(Drinking Coffee Can Be Good for You, but a New Study Suggests There's a Limit). 그래서 하버드 대학의 연구는 하루에 최대 6컵을 안전기준으로 제시하고 있다.[20] 왜냐하면 카페인의 가장 치명적인 부작용은 '중독성'이기 때문이다. 이런 이유로 다음과 같은 증상들이 나타난다면 카페인을 좀 줄여야 한다는 몸의 신호라고 미국 존스 홉킨스대학의 연구는 전하고 있다.[21]

♦ 두통

커피뿐 아니라 홍차, 초콜릿, 에너지드링크, 콜라, 커피우유 등에도 카페인이 들어있기 때문에 하루에 카페인을 과도하게 섭취하면 두통이 발생할 수도 있다.

◆ 불안감

커피를 너무 많이 마시면 불안감이 증가하거나 초조함, 신경과
민의 증상들이 더 생길 수 있다.

◆ 가슴이 두근두근

커피가 체질적으로 잘 맞지 않거나 과도하게 커피를 마시면 가
슴이 두근거리는 증상이 나타난다. 커피를 마신 후 가슴이 쿵쿵
울린다면 카페인양을 줄여야 하는 신호다.

◆ 잠을 잘 못 잔다

너무 많이 마시면 자야 할 시간에 제대로 잠을 못 이룬다. 영
국식음료협회(BDA)에 따르면 커피를 마신 후 카페인은 5~6시간
후 혈류에서 함유량이 50%로 감소하고 12~24시간이 지나야 사
라진다.

EU 회원국 13개국 중 7개국에서 하루에 카페인 400㎎(237㎖
커피 4잔에 해당한다.) 이상을 섭취하는 인구가 상당수로 나타났
다. 덴마크인 약 33%, 네달란드인 17.6%, 독일인 14.6%가 그 권
고량 이상을 섭취한다.[22]

미국 사우스캐롤라이나대학 생물통계학 준시우 리우 (Junxiu Liu) 교수는 커피 섭취량과 전체 사망, 심혈관 사망의 관련성을 검토한 결과, 55세 미만의 사람들이 커피를 1주에 28잔 이상(하루 4잔 이상) 마신 경우 남녀 모두 사망위험이 유의미하게 증가한다는 결과를 제시했다.[23]

커피가 유럽에 전파된 시기는 16세기쯤이지만, 대중화하기 시작한 건 17세기 후반에 이르러서다. 이때부터 사상 초유의 커피와 건강에 대한 의학적 논쟁이 시작된다.

당시만 해도 의사에게 진찰받고 처방받아야만 커피를 살 수 있었는데, 프랑스 마르세유 시민들은 이 규제를 철폐해줄 것을 요구했고, 당국은 요구를 받아들여 커피를 처방 목록에서 제외했다. 의사들은 반발했다. 1679년 엑스지방 의사회에서 콜롱 교수를 초청해 논문 '커피가 마르세유 시민에게 해로운지 아닌지'를 발표하게 했다. 그는 "커피가 신체에 광범위하게 나쁜 영향을 끼친다"라고 비난했고, 이 사건을 계기로 커피는 약에서 유해 음료로 탈바꿈하게 됐다. 이후 지금까지도 커피가 건강에 미치는 영향에 관한 논쟁은 계속되고 있다.[24]

연구자들은 커피가 유익한 성분들을 많이 가지고 있다고 지적한다. 구운 콩은 1,000개 이상의 생물 활성 화합물이 복합적으로 혼합된 것으로, 일부는 잠재적으로 치료용 항산화제, 항염증 또는 항암 효과를 가지고 있다.

지난해 커피 효과에 대한 기존 연구 200여 건을 조사한 광범위한 연구에서는 하루 3잔에서 4잔까지 마시는 것이 가장 큰 장점이라고 결론지었다.[25] 미국 존스홉킨스 블룸버그 공중보건대학의 엘리시어 과야르(Eliseo Guallar)는 『영국의학저널(BMJ)』 리뷰에서 "커피 섭취에 따른 신체 영향에 대한 불확실성이 여전히 남아 있지만 성인 대부분이 적정량을 마신다면 커피자체가 건강한 삶에 기여하게 된다"라고 말했다.[26]

04
커피의 역설, 블랙커피와 그 '쓴맛'

- 칼로리, 지방, 탄수화물이 적은 음료를 찾고 있다면, 블랙커피가 우리가 찾는 음료로서 가장 알맞은 음료가 될 것이다.
- 카페인의 쓴맛(자극)에 대한 학습이 이루어지면서 쓴맛에 적응하고, 오히려 이를 토대로 커피의 더 깊은 맛을 느끼도록 훈련된다.
- 커피 섭취 시 긍정적인 효과와 부정적인 효과가 동시에 존재한다는 사실을 항상 기억하고 유의해야 한다.

칼럼니스트 다그니 프루너(Dagney Pruner)는 온라인 미디어 브로바이블에 '여자가 자신도 모르게 남자에게 반하게 되는 순간'이라는 글을 게재했다.

여자들이 남자에게 매력을 느끼는 순간 '16가지'는 물론 자신의 취향이라는 조건을 달았지만 흥미로운데 '열여섯 가지 매력적인 행동' 중에서 아홉 번째 랭크된 내용이 바로 '블랙커피만 마신다(Black coffee drinkers).', 즉 '블랙커피를 마시는 남자'를 매력적으로 생각했다.[1]

커피를 마실 때 시럽을 잔뜩 넣는 남자, 휘핑크림이 가득한 달콤한 라떼를 마시는 남자, 고구마 라떼만 찾는 남자는 섹시하게 보이지도 않고 이상하게 매력이 없다는 이야기다. 매력을 상징하는 '블랙커피'는 때로는 실연에 따른 자신의 처지를 '쓴맛'과 함께 '비애감'의 상징으로 돌변하기도 한다.

"사랑이 떠나 버린 다음 날 창밖에 비는 쏟아지고 타버린 토스트 한 조각과 쓴 커피 한 잔을 마주하며 왜 갑자기 사랑이 떠나 버렸는지를 곰곰이 생각해 보지만…."

레이시 제이 돌턴(Lacy J. Dalton)의 노래 '블랙커피(Black Coffee)'의 노랫말 전반적인 부분을 필자가 의역해 전개해 본 문장이다. 노래에는 블랙커피를 적색경고(red warning)로 비유하기도 한다.

하지만 실제 우리가 마시는 블랙커피는 쓴 커피 맛을 느껴야 하는 '비애감'이나 '적색경보'와는 전혀 다른 가장 순수하고 건강한 커피일 뿐이다.

블랙커피의 영양가와 그 '쓴맛'

블랙커피는 설탕, 우유, 크림 또는 향시럽과 같은 첨가물을 첨가하지 않은 일반적으로 추출되는 단순한 커피다. 첨가물로 맛을 냈을 때에 비해 약간 쓴맛이 나지만 진한 블랙커피 한 잔을 좋아하는 사람이 많다.

사실, 어떤 사람들에게는 커피 한 잔으로 하루의 시작을 여는 것이 그들의 일상적인 생활의 한 부분으로 자리 잡았다. 활력을 느끼고 하루를 준비할 때 마시는 블랙커피를 좋아한다면 이제 그 블랙커피에 대해 진가를 알아볼 시간을 갖자.

♦ 블랙커피의 영양가

만약 칼로리, 지방, 탄수화물이 적은 음료를 찾고 있다면, 블랙커피가 우리가 찾는 음료로서 가장 안성맞춤의 음료가 될 것이다. 다시 말해서 커피를 마실 때 우유, 설탕, 크림 등을 첨가하지 않는 것을 전제로 하는 말이다.

반대로 블랙커피에 이러한 첨가물을 사용하면 커피 한 잔도 초대형 케이크 한 조각만큼이나 많은 칼로리를 내포하게 된다는 것쯤은 이제 우리도 상식적으로 잘 알고 있다. 일반적으로 블랙커피 8온스 한 잔에는 다음의 내용이 포함된다.[2]

지방 0% / 콜레스테롤 0% / 나트륨 0% / 탄수화물 0% / 설탕 0% / 칼륨 4%

보다시피 블랙커피는 작은 양의 칼륨을 제공하는 것 외에 칼로리, 지방, 콜레스테롤을 제공하지 않는다. 즉 너무 많은 칼로리를 추가하지 않는다는 것이다. 이처럼 블랙커피는 칼로리 함량이 매우 낮기 때문에 건강에 해를 끼치지 않는 일반 음료를 찾는 사람들에게 이상적인 음료다. 물론 커피에서 더 많은 영양을 얻고 싶다면 라떼, 모카, 카푸치노 등과 같은 다양한 유형의 커피 음료를 선택하면 된다.

♦ 커피의 역설-쓴맛 때문에 커피를 마신다

'달고나 커피'가 연상되듯 요즘 '달달하다'라는 말의 표현이 일상화된 것처럼 우리에게는 '쓴맛'과 관련된 생활 표현들 중 아직도 유용하게 자주 쓰는 표현들이 회자되고 있다. 그만큼 삶의 고단함이 만만치 않아서일까? '달면 삼키고 쓰면 뱉는다'라는 속담과 함께, 인생의 쓴맛, 단맛을 다 보았다는 의미로 '왜 소태 씹은 얼굴을 하고 있어?'라는 표현도 들어 익숙하다.

소태나무는 소태나무과의 작은 교목으로 맛이 소태(쓸개)처럼 쓰다고 해서 붙여진 이름이다.[3] 소태나무의 쓴맛의 성분은 크와신(quassin)이라는 물질로 어머니들이 젖을 뗄 때 이 즙을 가슴에 발랐다고 하는데 위장을 튼튼하게 하는 약재나 살충제, 또는 염료로도 사용하며, 맥주의 쓴맛을 낼 때 호프 대신 이용하기도 한다.[4]

그런데 지금 우리들의 하루는 이 쓴맛(?)으로부터 시작되는 '쓴맛 전성시대'에 살고 있다. 많은 사람들이 커피로 하루를 시작하고 이제 그것은 우리 문화의, 우리 삶의 일부가 되어 버렸다.

그러면 왜 우리는 커피를, 커피의 쓴맛을 좋아할까? 진화논리에 의한다면 우리는 그것을 내뱉고 싶어야만 한다.

원래 쓴맛은 독성분으로 인해 본능적으로 피하는 맛이다. 인간의 혀는 에너지원, 즉 당분을 섭취하기 위해 단맛을 느끼게 됐고 독이 들어 있는 것을 먹지 않기 위해 쓴맛을 느껴야 했다. 이 때문에 단맛을 선호하고 쓴맛을 멀리하게 되는 것이다.[5] 때문에 동물이 쓴맛을 느끼는 것은 자기방어 기구의 일종이다. 그래서 쓴맛을 느끼면 삼키기 직전에 토해내고 독극물의 해로부터 모면하게 된다.[6]

이런 쓴맛이 결과적으로 외부의 유해물질로부터 자신의 신체를 보호하기 위한 자연경보시스템으로 진화했음을 알 수가 있다.

그런데 커피의 역설이라고나 할까? 새로운 연구에 따르면, 내뱉어야 할 쓴맛 때문에, 즉 쓴맛에 더 민감할수록 더 많은 커피를 마신다고 호주의 노스웨스턴 의학연구소와 큐아이엠알 버거호퍼 의학연구소(QIMR Berghofer Medical Research)가 발표했다.

우리가 보통 생각할 때 카페인의 쓴맛 때문에 사람들이 커피를 덜 마실 것이라고 생각할지 모르지만 현실은 정반대로 나타나고 있다. 이와 관련하여 노스웨스턴대 예방의학 조교수인 마릴린 코넬리스(Marilyn Cornelis)는 "카페인의 쓴맛(자극)에 대한 학습이 이루어지면서 쓴맛에 적응하고, 오히려 이를 토대로 커피의 더 깊은 맛을 느끼도록 사람들이 길들여져 가고 있다"라고 말했다.[7] 사람들의 놀라운 적응능력의 한 단면이다.

이와 더불어 조지 페리(George H. Perry) 펜실베이나 주립대학 (Pennsylvania State University, USA) 교수팀이 유전자 연구를 통해 우리 인간이 쓴맛에 대해 다소 둔감하다는 사실을 밝혀냈다.[8] 또 156명을 대상으로 커피를 마시기 전과 후 미각과 후각을 테스트하는 실험을 진행한 덴마크 오르후스(Aarhus) 대학의 알렉산데르 펠드스타드 교수연구팀은 커피가 쓴맛은 무디게 하고 단맛은 강하게 만든다는 연구 결과를 발표했다.[9]

쓴맛을 다르게 느끼거나 전혀 느끼지 못하는 사람을 우리는 '미맹(味盲)'이라고 하는데[10] 커피에서 우리는 쓴맛을 잃어버리는 것은 아닐까?

오래전 오스트레일리아에서 처음으로 '검은백조(Black Swan)'가 발견되었을 때 박물학자와 철학자들은 모두 혼란에 빠졌다. 백조는 당연히 흰 것으로 생각해 왔기 때문에 이 검은 새들을 과연 백조라고 불러야 할지 의문이 생긴 것이다.[11]

학자들은 결국 그것들을 '검은 백조'라고 부르기로 했지만, 하얗다는 특징의 백조다운 본질이나 개념은 없애야만 했다. 하얗다는 것은 더 이상 백조라는 본질의 일부가 될 수 없었다. 이처럼 블랙커피에서도 쓴맛은 더 이상 '쓴맛'으로만 존재하는 것이 아닌 커피 애호가들에게는 '단맛'으로 느껴지는, 바로 커피 쓴맛의 역설 현상을 몸소 체험하는 것이라 여겨진다.

블랙커피의 건강상의 이점

다른 첨가물 없이 순수한 블랙커피만을 마시기로 작정했다면 블랙커피는 우리에게 몸과 마음 모두를 위해 많은 혜택을 제공한다는 것을 알게 되어 더 만족스러운 블랙커피 타임으로 우리를 이끌 것이다. 블랙커피를 마시면 도움이 되는 중요한 건강상의 이점은 다음과 같다.[12]

♦ 운동효과의 향상

블랙커피의 가장 큰 장점 중 하나는 운동 효과가 크게 향상되도록 도와준다. 필요시 체육관 트레이너가 운동하기 전에 블랙커피를 권하는 이유이기도 하다. 블랙커피가 에피네프린(epinephrine, 아드레날린) 수치를 증가 시켜 강렬한 육체노동에 적응할 수 있도록 몸을 준비시킨다. 또한 저장된 체지방을 분해하고, 지방세포를 혈류로 방출하여 격렬한 신체 활동을 위한 연료로 사용할 수 있는 형태로 변화시킨다. 카페인은 상업적으로 판매되는 여러 지방 연소 보조제의 성분 중 하나이고 그것은 신경계를 자극함으로써 신진대사율을 높일 수 있다.

♦ 심장 질환의 위험 감소

블랙커피를 규칙적으로 섭취하면 혈압이 상승할 수 있지만 이런 반응은 시간이 갈수록 감소한다. 연구에 따르면 매일 1~2잔의 블랙커피를 마시면 뇌졸중 위험을 20% 감소시키는 등 다양한 심혈관 질환 발병 위험을 줄일 수 있다. 카페인이 심박 수를 증가시키면 심혈관 건강에 좋다. 이것은 시간이 지남에 따라, 블랙커피가 당신에게 더 강한 심장을 준다는 것을 의미한다. 게다가, 신체의 염증 수준도 감소시킨다.

♦ 당뇨병 위험의 감소

당뇨병 위험을 줄이려면 매일 블랙커피를 마셔야 나중에 장기 손상과 심장 질환 유발을 막을 수 있다. 커피는 인슐린 생산을 증가 시켜 당뇨병을 통제하는 데 도움이 된다. 카페인을 함유한 커피와 카페인을 제거한 커피 모두 당뇨병 예방에 도움이 된다.

♦ 기억력의 향상

연령이 높아지면 인지 능력이 떨어지고 치매, 파킨슨병과 알츠하이머병의 위험이 증가한다. 아침에 블랙커피를 마시면 뇌의 기능이 향상된다. 블랙커피는 뇌가 활동적으로 머무를 수 있도록 도와주어 기억력을 향상시키는 데 도움이 된다. 연구에 따르면 블랙커피의 규칙적인 섭취는 알츠하이머병의 위험을 65%, 파킨슨병의 위험을 60% 줄인다고 한다. 특히 파킨슨병은 도파민의 감소와 관련이 있는데, 카페인은 뇌의 도파민 수치를 높여준다.

♦ 간 건강의 증진

가장 중요한 블랙커피의 이점 중 하나는 간 건강을 향상 시킨다는 것이다. 간은 많은 기능을 수행하는 신체의 중요한 기관이다. 건강을 유지하는 것이 중요하며 블랙커피가 이에 제격이다. 블랙커피의 규칙적인 섭취는 알코올성 간경변 뿐만 아니라 간암, 지방간질환, 간염 예방과도 관련이 있다. 연구에 따르면 매일 4잔의 커피를 마시는 사람들은 어떤 종류의 간 질환에도 걸릴 확률이 훨씬 낮다고 한다. 블랙커피 성분이 혈액에서 발견되는 유해한 간효소의 수치를 낮추는 데 도움을 될 수 있기 때문이다.

♦ 위를 깨끗하게 하는 데 도움을 준다

커피는 이뇨성 음료로 섭취할수록 소변이 자주 나온다. 소변을 볼 때마다 위에서 독소와 박테리아가 밀려 나온다는 것을 의미한다. 이것은 우리의 위를 깨끗하게 하고 일반적으로 건강을 유지시켜 주는 데 도움을 준다.

♦ 암 위험 예방

연구에 따르면 블랙커피를 정기적으로 섭취하면 간암, 유방암, 결장암 및 직장암과 같은 특정 유형의 암 발병 위험을 낮출 수 있다. 커피는 몸의 염증을 줄여 종양 발생을 예방하는 데도 도움이 된다. 특히 간과 대장암은 세계에서 세 번째와 네 번째로 많은 사망을 일으키는 암인데 하루 4~5잔의 블랙커피가 대장암 15%, 간암 40%, 여성의 피부암 위험을 약 20% 낮춘다.

♦ 중요한 영양소(항산화제)의 제공

블랙커피의 많은 건강상의 이점들은 풍부한 항산화 성분 때문이다. 블랙커피에서는 망간뿐만 아니라 칼륨, 마그네슘, 비타민 B2, B3, B5와 같은 강력한 항산화제를 발견할 수 있다. 인체는 과일 및 채소와 같은 다른 인기 있는 항산화제 공급원보다 커피에서 더 많은 영양소를 흡수한다.

♦ 당신을 더 똑똑하게 만든다

카페인은 향정신성 자극제다. 커피를 마실 때 카페인은 소화계로 이동한 다음 혈류로 이동하여 결국 뇌로 이동한다(약 30~45분 소요). 뇌에 닿으면 억제성 신경전달물질 중 하나인 아데노신을 차단한다. 이로 인해 다른 신경전달물질(노르에피네프린과 도파민)을 증가 시켜 뇌의 뉴런을 빠르게 발화시킨다. 즉 커피가 두뇌를 깨우는 것이다. 피로회복 또는 집중력을 발휘할 때 커피를 마시면 도움이 된다.

♦ 스트레스와 우울증 감소

커피 냄새만 맡아도 마음이 차분해진다. 너무 많은 노동 압력과 긴장은 우울증과 스트레스로 이어져 많은 건강 문제를 일으킬 수 있다. 그러나 긴장감이 느껴질 때 블랙커피를 마시면 기분이 전환되어 상황이 나아질 수 있다. 커피는 중추 신경계를 자극하고 기분을 높이는 중요한 신경 전달 물질인 도파민, 세로토닌 및 노르아드레날린의 생성을 증가시킨다. 특히 카페인은 뇌의 도파민('쾌락 화학물질')을 증가시키는데 4잔 이상의 블랙커피가 우울증에 걸릴 확률을 20%, 자살 가능성을 50% 낮춘다고 연구 결과는 밝히고 있다.

♦ 통풍을 막아 준다

연구 조사에 따르면 4잔 이상의 블랙커피를 즐기는 사람들의 경우 통풍 위험은 57% 감소한다. 커피에 함유된 강력한 항산화제는 인슐린과 요산의 체내 농도를 낮추어 통풍이 발생할 위험을 줄여준다. 통풍이 있어도 증상을 완화하는 데 도움이 된다.

블랙커피의 여러 장점과 체중감량에 도움이 된다는 결과는 우리에게 충분히 커피의 매력에 빠져들 수 있게 한다. 하지만 부작용이 없을까? 모든 것과 마찬가지로 블랙커피 역시 과도하게 섭취하면 부작용이 발생한다.[13]

서울대 의대 조비룡 교수는 '커피가 건강에 미치는 효과'라는 주제의 발표에서 "커피는 섭취자의 신체적, 정신적 건강에 긍정적인 효과를 보인다는 연구 결과가 나온 바 있지만 대부분의 질병 발병률과의 상관관계에서 U자 곡선을 그리기 때문에 무조건 많이 섭취하는 것이 좋은 것은 아니다"라며 "게다가 커피 속 카페인은 중독현상을 불러 두통, 피로함, 어지러움 등의 금단증상도 보일 수 있다"라며, 따라서 커피 섭취에는 긍정적인 효과와 부정적인 효과가 동시에 존재한다는 것을 섭취 시 유의해야 한다고 우리에게 환기시키고 있다.[14]

어떤 면에서 본다면 블랙커피의 장점만큼이나 그 단점이 개개인마다 카페인분해 능력에 따라서 다 다르게 나타날 수가 있다.

결국 자신의 체질에 맞는 하루 섭취량을 고려할 필요가 있을 것이다. 전반적으로 블랙커피는 적당히 섭취하면 칼로리, 지방 또는 콜레스테롤이 포함되지 않은 훌륭한 음료임에는 틀림없는 것 같다.

05
콜드브루(cold brew)와
아이스커피(핫커피+얼음)

- 영어권에서는 더치(Dutch)커피라는 단어 자체가 없어 모두 '콜드브루'라고 통칭한다. 그리고 핫커피에 얼음을 넣는 아이스 아메리카노와 콜드브루는 구분되어야 할 개념이다.
- 콜드브루 커피가 핫커피 보다 쓴맛과 산미가 낮아 속 쓰림이나 다른 소화기 질환을 일으킬 가능성이 적으나, 이처럼 높아지는 콜드브루 선호도에 비례해서 역시 점증되고 있는 고카페인 함량문제나 장시간 저온추출에서 발생할 수 있는 식중독균 오염문제는 항상 관심을 요구하는 과제로 등장하고 있다.
- 아이스커피(핫커피+얼음)가 콜드브루보다 항산화 성분이 더 많아 우리의 건강에 더 도움이 되는 것으로 나타났다.

대한민국 직장인이라면 식후 커피 한 잔을 즐기는 것은 당연한 일상이다. 이제는 '아아(아이스아메리카노)'에 이어 '아바라(아이스바닐라라떼)', '얼죽아(얼어죽어도아이스)'로 통하는 세상이다. 커피는 직장인들과 밤새 공부하는 학생들에게 단순한 음료가 아닌 하루를 시작하고 버티게 해주는 '마시는 링겔'과 같다.[1] 일상적인 생활에서 '디카페인 커피'와 함께 최근 콜드브루 등 커피의 기호가 점점 더 넓혀지고 있다.

콜드브루(Cold Brew)는 차갑다는 뜻의 콜드(Cold)와 끓이다, 우려낸다는 뜻의 브루(Brew)의 합성어로[2] 차가운 물 또는 상온의 물로 장시간(짧게는 3~4시간에서 최대 하루까지)에 걸쳐 추출하는 커피다. 이 커피의 추출 방식은 네덜란드인들이 만들어낸 것으로 알려졌고 이들의 제조 방식을 일본인들은 더치(Dutch)커피라 부르는데, 결과적으로 콜드브루와 더치커피는 부르는 방법이 다를 뿐 같은 것을 의미한다.[3]

하지만 영어권에서는 더치(Dutch)커피라는 단어 자체가 없으며, 찬물을 통해 낸 커피를 모두 '콜드브루' 라고 통칭한다.[4] 그리고 뜨거운 물로 추출한 커피에 단순히 얼음을 넣거나 식혀 마시는 아이스 아메리카노와 콜드브루 역시 구분되어야 할 개념이다.[5]

콜드브루와 핫커피(+아이스커피)의 특성

보통 커피에 대한 폴리페놀, 무기물 및 산화 방지제 등 커피의 건강상의 이점을 얘기할 때 우리 대부분은 뜨거운 커피를 전제로 얘기한다는 것을 알 수가 있다. 그럼 차가운 커피는 우리 몸에 어떤 영향을 줄까?

일부 학자들의 견해는, 우선 커피의 영양 성분은 온도에 영향을 받지 않아 그래서 차가운 커피는 뜨거운 커피를 마시면서 혀를 대본 경험을 가진 사람들에게는 좋은 선택이 될 수 있다고 한다.[6]

♦ 항산화제 극대화는 아이스커피(핫커피+얼음)로

항산화라는 개념은 산화의 억제를 말하며, 세포의 노화 과정과 그에 대한 예방을 설명할 때 주로 등장하는 개념으로 세포의 노화는 곧 세포의 산화를 의미한다. 따라서 최근 건강에 대한 관심이 높아지면서 항산화 효과에 대한 대중들의 관심은 점점 높아지고 있다.[7]

클리블랜드 클리닉(Cleveland Clinic)은 우리가 커피가 몸에 이롭다고 얘기한다면 그것은 커피가 지닌 항산화 성분에서 비롯되는데, 새로운 연구에 따르면 핫커피는 콜드브루보다 항산화제(antioxidants)가 50% 더 많다고 한다.[8]

커피에 함유된 항산화제의 이점은 암, 심장병, 간 질환, 당뇨병, 조기사망 위험을 낮춘다는 것이다. 2018년 사이언티픽 리포트(Scientific Reports)에 발표된 토마스 제퍼슨 대학교의 연구는 핫커피가 콜드브루보다 항산화 성분이 더 많아 우리의 건강에 더 도움이 되는 것으로 나타났다.[9]

두 커피의 항산화력을 측정한 결과, 핫커피는 18.34~20.72, 콜드브루는 이보다 낮은 13.36~17.45의 수치를 보였다.[10] 그래서 시원한 커피를 만든다면 뜨거운 커피를 추출한 후 그 커피를 얼음 위에 부어 먹는 것이 더 건강한 커피를 섭취하는 방식이라고 말한다.

하지만 수치가 보여주듯 핫커피와 콜드브루의 영양성분의 차이가 있다 해도 크게 의미를 두지 않는 해석도 내놓고 있다. 하버드대학교 보건대학 프랭크 후(Frank Hu) 교수는 차가운 물에 장시간 우린다고 해서 생물체에 영향을 미치는 구성성분에 변화가 일어나는 건 아니라고 설명했다.

후 교수는 콜드브루도 핫커피와 같은 각종 질병을 예방하거나 건강에 긍정적인 영향을 주는데 기여하는 항산화 성분, 폴리페놀, 각종 미네랄 성분의 수치는 거의 비슷할 것으로 봤다.[11]

♦ 심장 마비 예방은 아이스커피로

커피는 많은 질병으로부터 우리를 보호하는 데 도움을 주는 항산화제의 좋은 공급원이다. 이중 아이스커피(Iced Coffee)는 특히 심장마비로부터 우리를 보호하는 데 도움이 된다.

콜로라도 대학의 요게스와란 박사(Dr. Yogeswaran)의 연구에 의하면 "아이스커피에는 혈압을 안정시키고 인슐린 민감도를 높이며 혈압을 낮추어 효과를 볼 수 있는 카페인, 마그네슘, 트라이골린, 페놀화합물 등의 화합물이 들어 있어 놀랍도록 도움이 된다"고 말했는데, 어떤 온도에서든 매주 커피를 마시는 것이 심장마비에 걸릴 확률을 7%까지 낮추는 데 도움이 될 수 있다고 한다.[12]

♦ 설탕을 첨가할 필요가 없는 단맛의 콜드브루

콜드브루의 장점 중 하나는 원래 단맛이 나기 때문에 쓴맛을 감추기 위해 설탕을 첨가할 필요가 없다는 것이다.[13] 하버드 보건대학 프랭크 후교수는 콜드브루의 장점에 대해 "많은 사람들이 콜드브루 커피가 더 맛있다고 생각한다"라며 "이는 많은 사람들이 커피를 마실 때, 크림, 우유, 설탕의 형태로 지방이나 칼로리를 섭취하고 싶은 유혹을 줄여 줄 것"이라고 말했다.[14]

스텀프타운 커피의 교육 훈련 운영책임자 에밀리 로젠버그(Emily Rosenberg)는 클로로겐산(CGA)이 쓴맛에 영향을 준다고 설명한다. "열이 쓴맛과 산미를 만들어 낸다"는 것이다

> 볶은 커피콩의 커피추출 과정에서 특정 오일 및 지방산을 포함하는 일부 화합물은 뜨거운 고온에서 용해되어진다. 반면 뜨거운 열에 노출되지 않는 차가운 양조 과정에서는 커피콩에 들어 있는 좋은 향 화합물은 추출되지만 케톤, 에스테르 및 아마드 같은 바람직하지 않은 성분은 추출되지 않는다.

일반적으로 뜨거운 커피를 마시면 컵 위를 덮고 있는 것은 쓴맛과 산과 기름이다. 그래서 산성 맛을 부드럽게 중화하기 위해서 대부분 우유나 크림을 넣어서 많이 마시고 있다.[15]

로스팅 과정에서 커피 내의 클로로겐산이 가열되면 '기나산(Quinic Acid)'과 '카페인산'으로 분해되는데, 쓴맛과 독특한 톡 쏘는 (신)맛이 더욱 뚜렷해진다. 그리고 커피가 열에 더 오래 가열될수록, 그 산(Acid)들이 발달함에 따라 그 맛은 더 깊어진다. 즉, 뜨거운 물로 내린 커피가 같은 원두를 사용하더라도 콜드브루보다 더 쓴맛과 산미가 나는 경향이 있다는 걸 의미한다. 이 과정에서 일부 커피 애호가들은 이를 희석하기 위해서 설탕 등 단맛을 사용한다는 것이다.

콜드브루 커피가 핫커피 보다 쓴맛과 산미가 낮아 속 쓰림이나 다른 소화기 질환을 일으킬 가능성도 적다는[16] 이야기가 나오는 이유이기도 하다.

♦ '핫커피/콜드브루' 선택으로 알아보는 '그/그녀'의 성격

물리적 온도의 영향으로 '그/그녀'의 성격을 판단 할 수 있다면? 그러려면 첫 만남의 데이트 장소를 카페로 정하고 '그/그녀'가 선택하는 커피, 혹은 음료를 주문하는 것을 한번 주목해 보

자. 차가운 아이스계열인지 아니면 따뜻한 음료인지를…..

데이트를 나가 상대를 판단할 때 눈여겨볼 기준으로는 우선 카페에서 커피를 주문할 때 아이스커피를 주문하는지 '따뜻한 커피'를 주문하는지 살펴볼 필요가 있다는 것이다. 오늘의 날씨 영향이나 개인적 취향에 따라 달라질 수는 있겠지만 물리적 온도의 영향이 '그/그녀'의 성격과 연관되어 있다는 것이다.

우리는 흔히 문화적 수사언어로 '냉철한 판단, 따뜻한 마음'이라는 절제된 표현에 익숙해 있다. 하지만 차가운 이성, 따뜻한 마음이 더 이상 진실처럼 들리지 않을 수도 있다.

예일대(Yale University) 심리학자들은 사람들이 따뜻한 커피를 마신 사람들이 아이스커피를 마신 사람들보다 더 관대하고 배려심이 있다고 판단한다는 것을 발견했다.

> 물리적 온도의 영향은 관계나 성격의 특징을 묘사하는 '따뜻함'과 '추움'이라는 단어가 단지 비유만은 아닌 사람들의 행동에도 영향을 미치는 것으로 보인다고 예일대 심리학 교수인 존 A.바그(John A.Bargh)가 그 연구 결과를 사이언스(Journal Science)를 통해 발표했다.

뜨거운 커피를 마시던 차가운 커피를 선호하던 사람은 모두 화씨 98.6도(우리의 경우 섭씨 36.5~37, 필자 주)의 온도를 가지고 있지만 어떤 커피를 선택 하느냐 에 따라 그 사람의 성격이 차가운 사람 혹은 따듯한 사람으로 분류 또는 그에 따른 행동으로 나타난다는 것이다.[17] 이를 단적으로 표현한다면, 뜨거운 커피가 당신을 더 쾌적하고 관대한 분위기에 빠지게 할 수 있다.

"아침에 뜨거운 커피 한 잔은 실제로 우리를 더 긍정적인 사고방식으로 만들 수 있습니다"라고 한 연구자는 말한다. 『사이언스 저널』에 실린 한 연구는 핫커피 한 잔을 섭취하는 것과 같은 육체적 온기를 경험하는 것이, 대인관계에서도 온기를 증진시키는 선순환 행동으로 나타난다는 사실을 알았다.

일련의 연구에서, 연구원들은 뜨거운 커피 한 잔을 들고 있는 참가자들로부터 아이스커피를 들고 있는 사람들보다, 다른 사람들을 더 너그럽고 자상하고 따뜻한 사람으로 볼 가능성이 많았고, 그들은 또한 그들 자신보다 친구를 위한 선물을 선택할 가능성이 더 높았다는 사실을 발견했다.[18]

아침에 혹은 첫 대면에서, 뜨거운 커피의 향기가 대인관계에서 우리를 깨우고 스트레스를 덜 받게 하는 것이다.

콜드브루:
고카페인 논란과 식중독에 노출되는 온도 통제문제

콜드브루(cold brew)가 아이스커피(iced coffee)와 다른 점은, 열을 가하지 않고 만든다는 것이다.

콜드브루 과정에는 분쇄커피를 냉수나 실온수에 12시간에서 24시간 동안 담가 맛을 추출하는 과정을 거치는데, 비즈니스 인사이더(Business Insider)가 발표한 조사 결과는 콜드브루가 부드럽고 단맛이 나는 커피로 선호도가 점점 높아지고 있음을 보여주고 있다.[19] 하지만 이처럼 점점 높아지는 콜드브루 선호도에 비례해서 역시 점증되고 있는 고카페인 함량문제나 장시간 저온추출에서 발생할 수 있는 식중독균 오염문제는 항상 관심을 요구하는 과제라고 볼 수 있다.

♦ 콜드브루 고카페인 함량문제

카페인 함량은 원두와 추출 조건에 따라 천차만별이지만, 같은 환경이라면 아메리카노가 고온으로 단시간 내에 우려내는 반면, 콜드브루는 찬물에 장시간 동안 우려내기 때문에 누적되는 카페인이 더 많다.[20] 이는 저온의 물로 장시간 커피를 추출하는 방식의 콜드브루가 쓴맛이 적고 다른 커피보다 맛은 부드러울지 몰라도 섭취에는 각별한 주의가 필요함을 의미한다.

"평소에 콜드브루를 많이 마시는데 저는 콜드브루가 아메리카노랑 카페인 함유량이 비슷할 줄 알았어요. 소비자들이 카페인 함유량을 잘 알 수 있게 표시해주면 좋겠어요" - 대학생 송은미 씨(가명, 25세)[21]

#1. 한국소비자원이 시중에 판매 중인 원두커피 36종의 카페인 함량을 조사했다. 그 결과 콜드브루 커피 한 잔당 평균 카페인 함량은 212㎎으로 에너지음료 한 캔(58.1㎎)의 네 배에 가까운 것으로 나타났다.

이는 아메리카노 한 잔의 평균 카페인 함량(125㎎)과 비교해도 상당히 높은 수치로, 용량에 따라서는 콜드브루 커피 한 잔만 마셔도 성인의 1일 카페인 최대 섭취 권고량(400㎎)을 초과하는 것이다.[22]

#2. 경기도 내 유통 중인 더치커피의 카페인 함량이 표시보다 높은 것으로 조사됐다. 경기도가 도내 더치커피 15개 제품을 수거해 카페인 함량을 검사한 결과 7개 제품에서 카페인이 표시기준보다 초과 검출됐다. 이 가운데 2개 제품은 표시된 함량의 120%를 넘어 부적합 판정이 나왔다.

나머지 5개 제품도 '어린이, 임산부, 카페인 민감자는 섭취에 주의해 주시기 바랍니다' 등의 문구나 주표시 면에 '고카페인 함유'와 총 카페인 함량을 표시해서 이 제품이야 '고카페인' 제품임을

드러내야 하지만 이런 표시를 하지 않았다.[23]

#3. 아이스커피도 열량이 과도해 지나친 섭취는 피해야 할 것으로 보인다. 소비자문제연구소인 컨슈머리서치에 따르면 대형 커피전문점 8개 브랜드의 아이스커피 4종인 아메리카노, 카페라테, 캐러멜마키아토, 카페모카 등의 열량을 조사한 결과, 커피 한 잔의 열량이 최대 밥 한 공기(201g)의 평균 열량인 300㎉에 근접하는 것으로 조사됐다.[24]

이런 조사의 결과에 대해, 콜드브루는 많은 원두를 넣고 더 오랜 시간 추출하기 때문에 최종 제품의 카페인 함량은 원액에 물을 얼마만큼 넣어 희석하느냐에 따라서도 달라지는 것이지[25] 콜드브루 자체가 고카페인 함량 커피라고 정의하는 것에는 이의를 제기하는 것이 관련 업계 종사들의 주장이자 현실이다.

카페인이 뜨거운 물에 잘 녹는 성질을 가지기 때문에 차가운 물로 우린 콜드브루는 카페인이 적어 위의 부담, 카페인 중독 등의 위험이 낮다고 커피업계 및 커피 전문가들은 설명한다.[26]

커피 전문가이자 그라운드앤하운즈 커피(Grounds&Hounds Coffee Co)의 창립자인 조던 카처(Jordan Karcher)는 버슬(Bustle, 온라인 미국 여성 잡지, 필자 주)과의 인터뷰에서 "일반적으로 콜드브루에는 카페인이 적게 함유되어 있어, 두 번째 커피를 정말 마시고 싶어 하지만 카페인 때문에 걱정하는 사람들에게는 도움이 된다"고 말했다. 콜드브루는 일반적으로 100g당 약 40㎎의 카페인을 함유하고 있는 반면, 뜨거운 커피는 100g당 약 60㎎의 카페인을 함유하고 있다고 밝혔다.[27]

하지만 현실은 그것이 공정상의 실수인지 아니면 어설픈 희석 비율의 차이 때문인지는 몰라도 결과적으로 콜드브루 커피에 일반커피보다 더 많은 카페인이 들어 있는 제품이 유통되고 있다. 예를 들어, A 회사 B 제품 더 블랙 아메리카노의 카페인 함량은 94㎎인데, 콜드브루 커피 아메리카노는 126㎎이었다.[28] 결국 카페인을 더 적게 섭취하는 게 목적이라면 커피 종류를 따지기보다 커피를 적게 마시는 게 낫다는[29] 결론을 갖게 된다.

카페인은 졸음을 방지하고 신진대사를 원활하게 해주고 노폐물을 배출하고 혈당 조절도 해준다.

하지만 과다 섭취할 경우 불면증, 신경과민, 소화불량, 두근거림 등의 부작용이 나타날 수 있고 이외 심할 경우 간 손상, 신부전, 경련 등의 증상도 나타날 수 있기 때문이다.[30]

♦ 작업장의 엄격한 위생관리 요구

켈로냐에 본사를 둔 체리 힐 커피(Cherry Hill Coffee)의 브랜드, N7니트로 콜드브루(N7 Nitro Cold Brew Coffee)가 리콜되었다고 인테리어 헬스(Interior Health)지가 보도했다.[31] 원인은 제조 공정 상 온도 문제로 인해 보툴리누스 중독균 등 식중독을 일으킬 가능성이 있다는 것이다.

보툴리누스균은 인간에게 유해한 대표적인 세균으로, 식중독인 보툴리누스 중독을 유발한다. 보툴리누스는 라틴어로 '소시지'를 뜻하는 보틀리우스(botulus)에서 따온 이름이며 18~19세기 독일에서 사람들이 소시지를 먹고 식중독 증상을 일으키며 사망한 사고에서 유래되었다.[32]

콜드브루는 노출된 작업장에서 찬물로 장시간 대기 중에서 추출될 뿐 아니라 전문 추출기구의 세척이 쉽지 않기 때문에 엄격한 위생관리가 필요하다.

또 에스프레소 머신을 이용한 진한 커피추출물의 항균 활성도에 비해 콜드브루는 그 농도가 비교적 낮아 항균 활성도는 더 낮은 편이다. 또 콜드브루잉 커피 원액을 희석하여 음료로 제조하므로 항균활성도는 훨씬 더 낮아져 세균 번식의 위험에 더 노출될 수 있다. 따라서 세균 오염의 위험을 항상 엄격하게 관리해야 한다.[33]

부산시 특별사법경찰과는 커피 제조판매업체 68곳을 수사해 식품위생법 위반 혐의로 10곳을 적발했다. 차가운 물에 장시간 우려내는 액상커피인 콜드브루에서 기준치를 92배나 초과한 세균이 나왔다. 적발된 10곳은 세균 수 부적합

4곳, 유통기한임의 연장 3곳, 미신고 무인카페 운영 3곳이다.[34] 그런가 하면 경기도가 도내 더치커피 15개 제품을 수거해 대장균군, 세균수를 검사한 결과 대장균군(기준 음성)과 세균수(기준 1ml당 100 이하) 모두 적합한 것으로 나타났다.[35]

"특허까지 받은 세계 최초 '투과식 대용량 액상추출기'는 살균과 세척에 용이한 스테인리스로 제작되었으며 더치커피를 추출한 후 바로 '병입'되기 때문에 외부 영향을 적게 받는다. 뿐만 아니라, 플라즈마 살균방식을 이용한 수소살균정수기를 사용하여 세균 문제 등 안전성을 보장한다."[36] 더치커피만 전문으로 생산하는 한 회사 책임자의 설명이다.

커피는 산성(acidic/酸性)식품

'오리고기는 몸에 좋은 알칼리성 식품입니다.' 오리고기를 파는 가게에 붙어 있는 홍보용 문구이다. 이처럼 우리는 생활 속에서 '산성'이나 '알칼리성'이라는 말을 자주 듣는다.

그럼 산성과 알칼리성은 무얼 뜻하는 걸까? 그리고 왜 산성은 몸에 나쁘고 알칼리성은 몸에 좋다고 애기할까?

우리 몸은 태어날 때 원래 약한 알칼리성이었다. 그런데 산성

식품만 자꾸 먹게 되면 당연히 균형이 깨지고 몸에 이상이 생길 수밖에 없다.

● '산성식품'의 거룩한 오명(?)

결과적으로 산성식품이 나쁜 것이 아니라 산성식품만 좋아하는 습관 때문에 산성식품은 나쁜 것이고 알칼리성 식품은 몸에 좋은 것으로 받아들여진 것이다. 그래야 산성식품을 좀 덜 먹으면서 상대적으로 알칼리성 식품을 찾게 되고, 결국 몸에 필요한 영양소의 균형을 맞출 수 있기 때문이다.

사람들이 산성 식품만 너무 많이 먹고 알칼리성 식품은 잘 먹지 않기 때문에 발생한 해프닝성 결과라 보여진다.

대표적인 산성식품으로는 단백질을 많이 포함하고 있는 육류, 달걀, 생선 등을 들 수 있는데, 그 이유는 단백질 속에 함유되어 있는 황(S), 인(P), 질소(N) 등의 원소들이 몸 안으로 들어와서 산성 물질을 만들기 때문이다. 그 외에도 우리가 좋아하는 과자, 아이스크림, 사탕, 초콜릿 등이 모두 산성 식품에 해당한다.

그럼 어떤 것들이 알칼리성 식품일까? 채소나 과일 같은 식물성 식품과 다시마, 미역, 김 등 해조류가 이에 속한다. 특히 우리나라의 대표 음식인 김치는 무, 배추 등의 재료에 젓갈, 고춧가루, 파, 마늘, 생강, 갓 등을 섞고 유산균을 발효 시켜 익힌 것으로서 비타민 A, B, C와 칼슘, 칼륨, 철분 등이 풍부한 알칼리성 음식이다. 이처럼 알칼리성 식품은 칼슘(Ca), 나트륨(Na), 칼륨(K), 마그네슘(㎎) 등의 알칼리성 무기질이 많이 함유된 식품을 말한다. 이 알칼리성 무기질이 우리 몸속에 들어가면 몸 안에 있는 물에 녹아 알칼리성을 만든다.

그런데 앞에서 오리고기는 왜 알칼리성 식품이라고 했을까? 분명히 육류는 산성 식품이라고 하지 않았는가!

오리고기는 비록 육류이지만 알칼리성 식품의 물질들이 많이 들어 있어서 알칼리성 식품이다. 반면 '신맛'이 나는 과일의 경우, 그 자체는 산성이지만 우리 몸속으로 들어가면 알칼리성으로 변하기 때문에 알칼리성 식품이라는 이야기다.[37]

쌀, 고기, 생선, 달걀 등, 우리가 이런 것들을 먹지 않고 살수 있을까? 우리의 현실로 볼 때 거의 불가능한 이야기다. 반면 채소, 과일, 우유만 먹고 산다고 생각해 봐도 이 역시 현실성 없는 얘기일 것이다. 산성 식품이 몸에 나쁘다고 산성 식품을 먹지 않고 살 수도 없고, 알칼리성 식품이 몸에 좋다고 알칼리성 식품만 먹고 살 수는 없다.

우리가 좋아하는 고기, 달걀, 생선, 과자, 아이스크림, 사탕, 초콜릿 등이 모두 산성 식품에 해당하는데 몸은 약알칼리성⋯. 그래서 균형을 맞추기 위해, 그리고 억지로라도 알칼리성 식품을 먹이기 위해서 '산성식품'은 나쁜 것으로 규정(?)할 수밖에 없는 이유가 성립되는 것이다. 여기에다 커피까지 가세해서 산성식품 '+α' 가 되는 것이다.

♦ 약산성커피 콜드브루

흔히 산성도를 체크할 때는 산도(pH) 검사 도구를 이용하는데 검사 도구의 스케일 범위는 0부터 14까지이며, 0 ~ 7까지는 산성, 그 이상은 염기성(알칼리성)을 나타낸다.

결과적으로 대부분의 커피 종류는 pH4.85~5.1의 산성이다. 그 이유는 커피를 우려내는 과정에서 커피콩으로부터 산이 배출되기 때문이다. 따라서 이러한 과정을 통해 만들어지는 커피는 결과적으로 4.85~5.1의 산성을 지니게 되는 것이다.[38]

> 토머스 제퍼슨대의 조교수인 메간 풀러(Megan Fuller)는 『사이언티픽 리포터(Scientific Reports)』 저널에 발표한 연구를 통해 콜드브루와 같은 차가운 커피나 핫커피 등 모든 커피들이 4.85에서 5.13 사이의 산성(pH) 수치를 갖는다고 했다. 이는 종래 일부 커피 회사 혹은 관련 전문 블로그를 통해서 콜드브루가 핫커피보다 산도가 낮아 속 쓰림과 위장 증상을 덜 유발한다고 주장한 내용과 차이가 나는 것이다.[39]

콜드브루 커피에 관한 연구가 핫커피에 비해 아직 많지 않은 상태에서 관련 커피 회사들 혹은 그 부근의 사람들에 의해 주도된 과장된 잘못된 건강의학 정보가 인터넷으로 퍼지는 결과를 낳고, 결국 그 정보를 몇몇 커피제조사들의 이를 상업적으로 이용하는 것이 아닌가 하는 우려를 갖고 있는 것도 사실이다.

필라델피아의 제퍼슨 대학 니니 라오(Niny Rao)화학담당 부교수는 이 문제에 답을 얻기 위해 직접 콜드브루의 산도 및 항산화 작용에 대한 연구를 하게 되었다는 계기를 밝히기도 했다.[40]

반대로 콜드브루가 가슴앓이가 적고 핫커피보다 건강하다는 주장이 과장되었다고 보는 일반적인 관점과는 달리 콜드브루가 그래도 찬물로 우려내기 때문에 산도가 낮다는 관점을 강조하는 시각에 근거를 둔 주장도 나오고 있다. 메디스팟(Medicspot)의 소속 전문의 마힌탄 요게스와란 박사(Dr. Maheinthan Yogeswaran)는 만약 우리가 아이스커피(iced coffees)나 콜드브루(cold brews)를 선호한다면, 핫커피 보다 마시는 것에는 이점이 있다고 버슬(Bustle)과의 인터뷰에서 말했다.

예를 들어, 콜드브루 산도가 낮은 것으로 알려져 있다. "이것은 여러분의 소화기관을 안정적으로 유지시켜 배탈이 덜 날 가능성이 있다"라고 말하면서 또 산도가 낮으면 건강한 치아를 유지하는 데도 도움이 된다고 말한다.[41]

실제 체육 관련 개인 트레이너로 일하는 맥스 로리(Max Lowery)

는 과민성 대장증후군(irritable bowel syndrome, IBS)에 시달리는 사람들에게는 콜드브루를 강력하게 추천했다.

일상생활의 건강과 연관해 봤을 때 어느 날 커피가 믿을 수 없을 정도의 높은 산성을 지녔으며 자신의 체험으로 비추어 봤을 때 이것이 체내에 염증을 일으키는 원인으로 작용하는 것을 알았다. 그가 착수한 일은 좋아하는 커피에서 약 70%의 산도(acidity)를 제거하는 일이었다.[42]

"모든 커피콩에는 기름이 들어 있고, 이 기름 안에는 콩의 지방산이 들어 있습니다. 일반적인 핫커피 추출과정은 93℃의 온도에서 물이 콩 위로 통과되는데, 섭씨 60도에서도 여전히 산을 포함한 기름이 콩에서 커피로 방출되어 산성을 더 높여줍니다."

하지만 열을 가하지 않는 콜드브루에서는 콩의 기름이 배출될 이유가 없다. 따라서 '콜드브루 커피'는 기존 핫드립 커피에 비해 산도가 최대 70%까지 떨어질 수 있어 과민성 대장증후군에 시달리는 사람들도 안심하고 섭취하여 콜드브루가 주는 훨씬 부드럽고 달콤한 맛을 만끽 할 수 있다는 것이 그의 주장이었다.

♦ 콜드브루가 건강에 미칠 수 있는 영향

대부분의 사람들에게 커피의 산성은 큰 문제가 없지만 위궤양, 과민성대장증후군 등을 경험하고 있는 사람들의 경우에는 커피가 건강 상태를 악화시킬 수도 있다.

커피가 이러한 상태를 직접 유발하는 것으로 나타나지는 않았지만 이미 이런 병세로 진단을 받은 경우에는 커피를 피해야 한다는 것이다.[43] 이제 그 대안으로 산도를 완전히 제거할 수는 없지만 산수치를 낮추는 몇 가지 방법이 제안되고 있다.[44]

△다크 로스트를 한다(오랫동안 볶는 것). △핫커피 대신 콜드브루가 된 커피를 선택한다. △브루잉(끓이기) 시간을 늘린다. △투박하게 그라인드 된 것을 고른다. △더 낮은 온도에서 브루잉한다.

진한 커피 로스트가 가벼운 로스트보다 산도가 낮은 경향이 있다. 산도가 낮은 커피라면 현재로써의 최상의 선택 방법은 '다크 로스트된 커피를 차갑게 내리는 것'임을 알 수가 있다.[45]

스페셜티 커피협회(Specialty Coffee Association)의 최고 연구 책임자이자 커피 과학재단의 전무이사 인 피터 줄리아노(Peter Giuliano)는, 최근 콜드브루 커피 회사인 토디(Toddy)와 협력하여 콜드브루에 대한 과학적 연구 프로젝트를 추진하면서 커피에 대한 과학적 접근에 대한 희망적 메시지를 내놓았다.[46]

"커피 추출의 모든 요소(수온, 분쇄크기, 추출시간, 필터유형, 커피유형)는 커피 맛에 영향을 미칩니다"라고 말하면서, "과학에 대한 약간의 이해만으로도 소비자에게 산도가 낮은, 그러면서도 커피의 풍미를 획기적으로 향상시킬 수 있는 방법을 찾고 있다"라고 말했다.

 사실 커피 추출 방식의 차이 때문에 콜드브루가 일반 커피보다 산성에 약해 소화기 계통에 좀 더 편안할 수 있지만, 산미가 약하기 때문에 호불호가 갈릴 수도 있고 또 콜드브루는 일반 커피보다 카페인 농도가 더 진한 것으로 알려졌기 때문에 카페인에 민감한 사람에게는 주의가 필요하다는 것이[47] 현재까지 콜드브루를 바라보는 시각이다.

06
'디카페인 커피'는 안전하고
건강한 커피인가?

- 디카페인을 선택하는 제일 큰 이유는 불면이다. 카페인의 각성작용이 적기 때문이다.
- 우리가 디카페인 커피라고 부르는 것은 원두에서 적어도 97%의 카페인이 제거된 커피를 지칭한다.
- 보다 더 큰 쟁점이라면 카페인이 제거된 '디카페인 커피'가 일반 커피와 동일한 건강상의 이점을 갖는지의 여부다. 우리가 커피를 단순히 순수한 음료로만 마시는 것이 아니기 때문이다. 사실 이것은 "대답하기 어려운 질문"이라는 것이 현재 학계의 중론이다.

커피를 마시고 싶지만 커피 한 잔만 마셔도 잠을 못 자는 이들, 아기 때문에 카페인 섭취를 피하고 있는 임산부들. 이들이 택한 커피가 바로 디카페인 커피(decaffeinated coffee)다.[1] 디카페인을 선택하는 제일 큰 이유는 역시 불면이다. 카페인의 각성작용이 적기 때문이다.

당연히 수면에 문제가 없고, 카페인의 각성 작용에 과민하지 않은 사람이라면 굳이 디카페인 커피를 마실 이유는 없다. 다만

임신 중이거나, 모유수유를 하는 산모, 불안증세가 있는 사람에게 카페인이 든 커피는 금물이다.[2]

> 커피를 마신 후 불면증, 불안, 두통, 과민성, 불안감, 메스꺼움 또는 혈압 상승을 경험하는 사람들이 커피를 마시기로 결정했다면 디카페인 커피가 인기 있는 대안이 될 수 있다.[3]

비공식적 커피 자료에 따르면 1900년대 초, 독일의 커피상인 루드비히 로즐리우스(Ludwig Roselius)는 커피콩을 선적 후 항해 중 우연히 바닷물이 커피의 카페인을 씻어낸다는 사실을 발견했다.

그로부터 몇 년 후 디카페인 특허도 신청했지만 상업적 이익 때문인지 몰라도 결국 그가 취한 방법은 소금물 대신에, 벤젠(benzene)이라는 보다 더 강력한 화학 용제를 사용하여 작업을 마무리했다. 하지만 인위적 카페인의 제거 수단에 벤젠이 사용된다는 사실을 알자 비난과 함께 더 이상 그런 방식의 디카페인 생산을 허용할 수가 없었다.

벤젠은 소량이라도 들이마시면 눈, 피부, 호흡기 자극뿐만 아니라 졸음, 어지러움, 두통까지 일으킬 수 있다. 장기간 그리고 높은 복용량으로 벤젠은 임산부의 암, 혈액장애, 태아발달 문제와 연관되어 있다고 알려져 있다.

오늘날, 많은 커피 제조사들은 카페인을 제거하기 위해 허용한도 내 범위에서 화학물질을 사용하는 등 보다 안전한 카페인 제거 방법으로 전환하고 있다.

그럼에도 불구하고 여기에서 우리는 여전히 화학물질을 사용하지만 안전한 카페인 제거법에 대해 일말의 의문을 안 가질 수가 없는 것이 현실이다. 그래서 "디카페인은 안전하고 건강한 커피인가요?" 하고 묻게 된다.

다음은 데이비스 캘리포니아 대학의 화학공학과 교수이자 UC 데이비스 커피 센터(Davis Coffee Cente)의 책임자인 리스텐파트(William D. Ristenpart) 박사의 디카페인 추출방식 설명이다.

"일반 커피원두에서 카페인을 제거하는 세 가지 핵심 방법이 있는데, 가장 흔히 사용하는 방법으로는 화학적 촉매, 이산화탄소(CO2) 그리고 물을 사용하는 방법이다.

모두 볶지 않은 녹색원두 상태에서 카페인을 녹이거나 모공이 열릴 때까지 담가 두거나 찐 다음 카페인을 추출한다."[4]

커피 생두 안에는 수백 가지가 넘는 화학물질이 포함돼 있는데 이 중에서 카페인만 추출해 내기란 그리 쉬운 작업이 아니다. 생두를 뜨거운 물에 끓여서 녹아 나온 성분들을 활성탄소를 채운 관에 통과시키거나 커피콩을 뜨거운 증기로 쪄낸 후에 용매(이염화메탄) 혹은 에틸아세테이트로 여러 번 커피콩을 씻어내는 등 다양한 방법에 의해 카페인이 제거된다.[5]

우리가 디카페인 커피라고 얘기할 때는 원두에서 적어도 97% 의 카페인이 제거된 커피를 지칭하는데,[6] 현재까지 알려진 디카페인 추출방식은 다음과 같다.

화학기반 공정(Solvent-based process)

커피콩(생두)을 뜨거운 물에 우려내거나 스팀으로 쪄낸 후 염화메틸렌과 에틸아세테이트를 이용 카페인을 제거하는 방식이다.

사용되는 화학적 용매들은 모두 휘발성이 높기 때문에 로스팅 과정에서 거의 모두 공기 중으로 날아가게 돼 우리가 마시는 커피에는 거의 남지 않는다.[7] 아세테이트 에틸(자연적으로 일부 과일에서 발견됨)과 염화메틸렌(접착제, 페인트, 의약품과 같은 산업 분야에 일반적으로 사용됨)과 같은 합성 화학 물질에 대해 1999년에 FDA는 디카페인 커피에 함유된 미량 성분의 화학적 독성들은 건강에 영향을 미치기에 너무 소량이라고 결론지었다.[8]

스위스 워터프로세스(Swiss water process)

물을 이용한 카페인 제거 공법이다. 커피 생콩을 뜨거운 물에 담궈 카페인과 여러 가지 화학물질을 우려낸 후 활성탄소를 통

과 시켜 카페인을 분리하여 제거하고 나머지 성분은 다시 커피 생콩에 흡수시킨 후 건조시키는 방식이다.[9]

이산화탄소 공정(Carbon dioxide process)

이산화탄소 추출법은 물과 원두를 통에 담고 고압력의 이산화 탄소를 쏴 카페인만 녹여내는 방식이다.[10] 기체의 확산성과 액체의 용해성을 이용한 방법이다.

디카페인 추출방식 중 '수처리과정(Swiss Water Process)'은 카페인을 제거하는 데 뛰어나다고 하지만 시설(유지)비가 비싸 규모에 맞게 생산하는 데 있어 한계가 있고, 물 세척의 경우 커피 본연의 맛과 향이 어느 정도 손실되는 것은 필연적이지만 커피 본연의 유익한 성분이 어느 정도 빠져나가고 또 어떤 부분이 물 세척 과정에서 독성으로 변했는지 아직 밝혀진 부분이 없다는 것이다.[11]

그리고 보다 더 큰 문제는 카페인이 제거된 '디카페인 커피'가 일반 커피와 동일한 건강상의 이점을 갖는지 여부다. 우리가 커피를 단순히 순수한 음료로만 마시는 것이 아니기 때문이다. 사실 이것은 "대답하기 어려운 질문이다"라고 캘리포니아 데이비스 대학(University of California, Davis)의 영양학과 조교수인 안젤라 M. 지브코빅(Angela M. Zivkovic)은 말한다.

"우리는 아직 확실한 답을 가지고 있지 않습니다. 간단히 말해서, 일부 연구는 카페인을 함유하지 않은 커피가 건강상의 이점과 관련이 있다고 주장하지만 더 많은 연구가 필요합니다."[12]

물론 이 과정에서 처음 커피묘목(coffee tree) 단계에서부터 디카페인 묘목을 개발 접목시켜 디카페인 커피를 생산하면 되지 않을까 하는 생각을 갖게 되는데, 커피 중에 샤리에 커피(Charrieriana coffee)가 원래부터 카페인이 없는 품종이고, 시험재배 중인데 추출된 커피에서 아직은 역겨운 맛(?)이 난다고 한다.[13] 하지만 기대해볼 만한 것 같다. 현대의 접목 품종개량기술로는 충분히 새로운 품종을 개발할 수 있기 때문이다.

또 요크 대학의 구조 생물학 연구소(University of York's Structural Biology Lab)의 논문에 따르면 설탕이 단맛으로 커피의 쓴맛을 단순히 희석한다기보다는, 설탕이 쓴맛의 카페인 분자에 영향을 미쳐 쓴맛의 분포를 줄이도록 영향을 미친다고 하는데 카페인 쓴맛 분자들이 설탕을 피한다는 것이다.[14] 당을 이용하여 디카페인 효과를 얻을 수 있지 않을까 하는 아이디어를 제공하고 있다.

이제 시중에 보급된 디카페인 커피 맛을 보고 어떤 이는 디카페인 커피의 향미가 일반 커피에 비해 약하다고 말하기도 하고 추출 색상이 더 묽어졌다고 하기도 하며 민감한 사람은 커피 맛이 덜 쓰게 느껴진다고도 한다.

커피의 쓴맛은 알칼로이드 성분이 대부분을 차지하는데 그 성분들 중의 하나가 카페인이다. 디카페인 커피는 이러한 쓴맛을 나타내는 카페인을 제거한 상태이므로 쓴맛이 상당히 줄어든 상태이다[15] 보니 그런 맛에 대한 평가가 나올 만도 하다. 이처럼 추출과정에서 더 연구나 보완이 필요한 것 외에 현재 드러나 있는 디카페인 커피의 단점은 무엇일까?

첫 번째로는 카페인의 추출 과정에 있다. 카페인을 추출하는 과정에서 원두를 물에 불리거나 찜하기 때문에 커피의 맛이 변한다는 점이다.

두 번째는 미량의 카페인이 소량 함유되어 있기 때문에 체질에 따라서 반응을 일으킬 수 있다는 점이다. 경우에 따라서는 원래 커피의 20% 정도의 카페인을 함량하고 있을 수 있기 때문에 주의가 필요하다.[16]

세 번째로는 디카페인 커피는 카페인이 제거됐기 때문에 카페인이 체내에서 일으키는 영향은 기대할 수 없다는 것이다. 운동 수행 능력 향상이나 신진대사 향상, 각성효과 등이 이에 해당된다. 동시에 과도한 카페인으로 인한 불면증이나 소화기 질환 유발 등과 같은 부정적인 영향도 없음은 물론이다.[17]

네 번째로는 디카페인 커피는 일반적으로 아라비카 콩보다 지방 함량이 높은 콩으로 만들어지는데, 이는 콜레스테롤 수치와 심장의 장기적인 건강에도 영향을 미칠 수 있다는 것이다. 디카페인 커피에 흔히 사용되는 콩은 로부스타로 이는 체내에서 지방산 생성을 자극하는 지방이 많다.[18]

디카페인 커피라고 해서 카페인이 100% 제거된 것은 아니라는 사실을 대부분 커피를 마시는 사람들이 다 알고 있기는 하다.

카페인이 1~2% 정도의 양이 남아 있어도 카페인 없는 커피로 분류된다. 디카페인 커피의 기준은 각국에 따라 차이가 있지만 국제기준은 97% 이상 카페인이 제거된 커피를 말한다(EU는 커피 생콩에는 0.1%, 추출물에는 0.3% 초과하지 않는 것을 요건으로 하고 있고, 일본은 카페인을 90% 이상 제거한 커피에 대해 카페인 없는 커피라고 규정하고 있다). 그러므로 보통 디카페인 커피 한 잔에도 10mg 이하의 카페인이 포함되어 있을 수 있다.[19]

평균적으로 8온스(236mL)의 디카페인 커피 한 잔에는 최대 7mg의 카페인이 들어 있는 반면 일반커피 한 잔은 70~140mg이 들어 있다. 카페인양으로 이를 비유한다면 일반 카페인 커피 1~2잔 마시는 카페인양은 디카페인 커피 5~10잔 마시는 것과 같다고 할 수 있다(우리가 보통 사무실에서 사용하는 일반적인 종이컵은 6.5온스다. 그리고 최근 일부 커피 전문점에서 빅사이즈 혹은 점보용량의 컵을 사용하는 경우도 있지만 대부분 테이크아웃할 때 사용되는 종이컵은 10온스, 혹은 12온스 이상이다, 필자 주).

인기 있는 프랜차이즈 디카페인 커피(기준10~12온스 컵)와 카페인 함량을 비교한 것을 보면[20] 스타벅스(Starbucks) 20㎎, 던킨도넛(Dunkin' Donuts)7㎎, 맥도날드(McDonald's)8㎎이다.

그럼 이렇게 커피에서 카페인이 제거된 디카페인 커피의 효능은 어떨까? 디카페인 추출 과정에서 커피의 일부 요소의 손실이 불가피하더라도 커피의 다양한 질병 예방 효과가 전해질 때 디카페인을 마시는 이들은 궁금증이 하나 생긴다. 과연 디카페인도 이와 같은 효능이 있을까?[21]

#1. 미국 서던 캘리포니아 대학 종합암센터의 스티븐 그루버 박사는 디카페인 커피, 인스턴트커피 등 모든 종류의 커피가 대장암 예방에 도움 된다는 연구 결과를 발표했다. 간 건강에도 이 같은 결과가 나왔다. 미국국립암연구소 연구팀의 연구 결과 일반 커피와 디카페인 커피 구분 없이 커피를 하루 3잔 이상 마시는 사람은 커피를 마시지 않는 사람에 비해 간 기능 효소의 혈중 수치가 낮은 것으로 나타났다.

#2. 디카페인 커피만으로 실험한 한 연구에서는 디카페인 커피에 뇌의 노화를 막는 효과가 있다는 사실을 발견했다. 마운트 시나이 의대 신경정신병과 지울리오 마리아 파시네티 교수는 "디카페인 커피가 인식 능력을 촉진하는 폴리페놀을 함유하고

있기 때문에 인식능력 예방에 효과적일 수 있음을 시사한다"라고 설명했다.[22]

#3. 카페인을 제거하는 공정 과정에서 약간의 소실이 일어나기는 하지만, 디카페인 커피의 항산화 작용을 하는 클로로겐산(chlorogenic acid), 하이드로신남산(hydrocinnamic acid)과 폴리페놀(polyphenols)은 일반커피와 마찬가지로 그대로 남아있다. 그러므로 파킨슨병, 알츠하이머, 간암, 결장암, 제2형 당뇨병, 담석의 예방에 도움을 준다는 최근 연구 결과는 디카페인 커피에도 그대로 적용된다.[23]

최근 국내에선 커피 부흥을 이끄는 스페셜티 커피와 함께 디카페인 커피 시장도 조금씩 넓어지는 추세다. 스타벅스의 경우 지난해 디카페인 커피 판매량이 1년 만에 두 배나 늘었다. 커피를 즐기는 소비자가 더 많아지면서 생겨난 수요다. 커피는 마시고 싶지만 자주 마실 수 없거나 카페인 섭취를 하면 안 되는 이들에게는 사실상 유일한 대안이기 때문이다. 커피를 마시는 행위 자체를 갈망하는 이들에게 맛이 조금 떨어진다는 점은 그리 중요하지 않을 수 있다.[24]

하지만 디카페인 커피라도 카페인이 소량 들어있기 때문에 임산부나 청소년, 커피가 체질에 안 맞는 이들은 디카페인 커피라도 자신의 몸이 보내는 신호에 유의할 필요가 있다.

미국 국립의학도서관(National Library of Medicine)에 따르면, 한 잔의 일반 커피는 물론, 디카페인 커피도 카페인에 민감한 반응을 보일 수 있다고 하는데, 그래서 FDA는 "카페인에 부정적인 방식으로 강하게 반응하면 디카페인 커피도 피하는 것이 좋다"[25]라는 권고를 내리고 있다.

디카페인 커피는 일반 커피보다 덜 시지만, 여전히 혈청 가스린 농도를 증가시키며 이는 산성을 유발한다. 즉, 카페인이 함유된 커피와 디카페인 커피의 건강 위험성은 일치한다고 볼 수 있다는 것이다.

그래서 만약 건강상의 이유로 카페인을 끊으려 한다면, 디카페인 커피도 마시지 않는 것이 좋다는[26] 결론을 얻게 된다.

그리고 위에서 언급된 것처럼, 운동수행 능력 향상이나 신진대사 향상, 각성효과 등 카페인이 체내에서 일으키는 영향은 기대할 수 없거나 "디카페인 커피에 흔히 사용되는 콩은 로부스타로 이는 체내에서 지방산 생성을 자극하는 지방이 많다"라고 에둘러 설명한다. 그러나 이는 디커페인 커피와 콜드브루의 경우, 아라비카종 혹은 핫커피에서 따지는 '커피신선도' 같은 변수를 고려하거나 반영할 필요 없이 원가가 조금 더 절약되는 커피를 선택하여 동일한 음료를 만들어 낸다는 것이다. 업체의 입장에서는 원가를 고려한 타당한 선택일 수밖에 없다고 보여진다.

07
인스턴트커피의 매력과 그 장단점

- 인스턴트커피는 일반 커피에 비해 카페인의 양이 적다. 그래서 카페인의 민감성을 가진 사람들에게는 인스턴트커피가 더 나은 선택이 될 수 있다.
- 커피와 크림이 함께 든 봉지커피(커피믹스)를 마셔도 항산화 성분인 폴리페놀의 발현이 일부 변형되지만 커피의 유익한 효과가 손상되지는 않는다.
- 일회용 종이컵도 형광 현미경으로 살펴봤을 때 미세 플라스틱이 물속에 방출된다는 사실과 지식도 공유해야 할 것 같다.

한국인에게 커피믹스(3-in-1 커피)는 여전히 대세다. 남성의 커피믹스 대(對) 블랙커피(아메리카노) 섭취 비율은 거의 5대 1이다. 여성에선 커피 미섭취 그룹, 블랙커피 섭취 그룹, 커피믹스 섭취 그룹의 비율이 각각 14.7%, 22.3%, 63.0%였다.

최근 커피전문점이 증가하면서 아메리카노 등 원두커피를 즐기는 사람이 늘긴 했지만, 커피믹스는 여전히 한국인이 가장 선호하는 커피인 셈이다. 『영양과 건강』 저널에 발표한 이화여대 식품영양학과 권오란 교수팀이 2013~2016년 국민건강영양조사에 참여한 성인 남녀 1만 1,201명(남 4483명, 여 6718명)을 대상으로 분석한 결과다.

권 교수는 "우리 국민은 인스턴트커피 분말에 설탕과 크림 등 세 종류의 재료가 섞인 3-in-1 커피를 물에 녹여 먹는 방식으로 커피를 주로 섭취한다"라고 말했다.[1]

이를 뒷받침하듯 외국인 의전관광 전문 여행사 코스모진에서 운영하는 코스모진 관광 R&D 연구소가 지난 8~9월 방한 외국인 관광객을 대상으로 '가장 맛있는 한국 차'에 대한 설문조사를 진행한 결과 응답자 926명 중 53%(491명)가 '믹스커피'를 1순위로 꼽은 것으로 나타났다. '믹스커피' 다음으로는 '식혜(26%, 241명)'가 꼽혔으며 '매실차(11%, 102명)' '율무차(6%, 55명)' '수정과(4%, 37명)' 등이 뒤를 이었다.[2]

믹스커피가 국내외 모든 사람들에게 여전히 사랑을 받고 있다는 사실이다.

'원두커피' vs '인스턴트커피'/ 몇 가지 영양학적 차이

9세기 이슬람의 율법학자들이 커피를 마셨다는 최초의 기록이 등장하고, 18세기 프로이센의 국왕이었던 프리드리히 2세는 아침엔 7잔, 오후엔 한 주전자의 커피를 마셨다고 했다. 그들이 어떤 이유로 커피를 즐겼는지 확실하지는 않지만, 그 이후 수많은 세월이 흘러서 우리도 이제 자연스럽게 커피 한 잔과 함께 하루를 시작한다.

눈을 떠서 커피를 마시며 하루의 일과를 정리하는 사람들도 있고, 또 춘곤증이 스며드는 오후엔 기지개와 함께 졸음을 깨기 위해 어떤 이들은 커피를 찾기도 한다. 커피는 이처럼 다양한 역할로 오랫동안 우리의 삶과 함께 해왔다. 친구들과의 수다를 위한 작은 소도구 역할은 물론, 그 진하고 달콤한 향기로 외로운 어느 날, 한 줄기 위안으로 다가오기도 하며, 늦은 밤 야근에 지친 누군가에게는 자율신경의 자극으로 한 줌의 활력을 불어넣어 주기도 한다.[3]

커피는 이제 우리의 생활에서 가장 인기 있는 음료 중 하나다. 그것은 맛있고, 대부분의 사람들에게 매우 건강한 음료다. 하지만, 어떤 사람들은 인스턴트커피(Instant Coffee)가 갓 갈아낸 커피만큼 건강에 좋지 않다고 주장한다.

이 주장의 배경에는 많은 사실과 신화가 함께 뒤섞여 있는데,[4] 그간 잘못 알려진 혹은 과소평가된 인스턴트커피의 매력을 이번에 한 번 챙겨 보는 것도 괜찮을 것 같다

그럼 우리 국민의 식생활에서 차지하는 비중이 높은 커피믹스는 건강에 어떤 영향을 미칠까?

인스턴트커피는 일반 커피의 분말 및 수용성 버전이다. 인스턴트커피는 종종 우리의 긴박한 욕구를 충족시켜주는 달콤한 옹달샘 역할을 하기도 한다.

대학 기말고사를 위해 밤샘해야 하거나, 갑작스러운 디지인 변

경을 위한 회사 야근이나, 가까운 24시 편의점이 갑자기 문을 닫았거나, 이른 아침 카페인 소동이 필요한데 원두커피가 떨어졌을 때, 인스턴트커피는 커피 메이커 없이도 뜨거운 물 한 잔으로 짧은 순간에 우리의 커피욕구를 충족시켜주는 유일한 방식이다.

우리가 하는 일은 컵에 파우더 한 스푼을 넣고 뜨거운 물을 붓는 일이다. 그런데 많은 사람들이 현재 다양한 종류로 출시된 인스턴트 커피를 '진짜 커피'로 분류하지 않는다는 것이다. 사실 100% 커피콩으로 만든 제품인데도 불구하고 말이다.

이러한 믿음은 주로 인스턴트커피가 거의 존재하지 않는 이탈리아와 지중해 지역에서도 특히 널리 퍼져 있다.[5]

물론 인스턴트커피는 풍미와 향을 풍기는 갓 내린 멋진 커피('이하 원두커피')와 경쟁할 수는 없다. 그러나 맛보다 고려해야 할 것이 더 많은 것이 인스턴트커피다. 두 품종 모두 100% 커피콩으로 만들어졌음에도 불구하고 둘 사이에는 몇 가지 영양학적 차이가 있다.

♠ 아크릴아미드 함량/일반 원두커피〈인스턴트커피

아크릴아미드(Acrylamide)는 커피콩을 로스팅하는 과정에서 생성되는 독성 화합물이다. 아크릴아미드는 특정 음식을 가열하면서 아미노산과 당이 반응하는 동안 형성되는 화학 물질로 고온에서 조리한 녹말이 많은 식품에서 발견되는데 예를 들면, 감자 칩과 감자튀김이 이 경우에 해당된다.

최근 연구에서 다양한 커피의 아크릴아미드 함량을 측정 비교 해 본 결과 △인스턴트 제조커피 358mcg/kg △일반 원두커피 179mcg/kg로 보다시피 인스턴트커피에서는 일반 원두커피에 비 해 아크릴아미드의 양이 두 배나 많은데 이는 제조 과정에서 높 은 열처리로 인한 것이다.

> 국무부위생부연감(Roczniki Panstwowego Zakladu Higieny) 에서 발표된 연구에 따르면 인스턴트커피는 신선한 구운 커피보다 두 배나 많은 아크릴아미드를 포함하고 있음을 확인했다. 영양신경과학연구(Nutritional Neuroscience)는 식 품오염 물질로 묘사된 아크릴아마이드가 우리 체내에 축적 되어 신경병증, 즉 신경계 기능 장애를 일으킬 수 있다는 것을 보여준다. 미국 암 협회에 따르면, 이 화학물질에 과 도하게 노출되면 암의 위험도 증가할 수 있다고 밝혔다.[6]

동물실험(쥐)에서는 평생 동안 아크릴아미드에 노출되면 암 위 험이 증가한다고 한다. 그런 면에서 이 화학물질은 인간의 발암 의심 물질이라고 볼 수 있다.

그러나 아크릴아미드와 인체 건강에 대한 많은 대규모 역학 연 구에도 불구하고 암과의 연관성은 인간에게서 아직 확인되지 않 거나 염려할 수준은 아니라고 한다.[7]

♦ 카페인 함량/일반 원두커피＞인스턴트커피

우리 건강에 있어서 카페인(Caffeine)은 흔히 양날의 검에 비유한다. 카페인 함량 여부에 따른 개개인에 미치는 영향이 각기 다르기 때문이다.

생활에서 카페인이 우리에게 주는 긍정적 측면은 △스포츠 및 신체적 성능상의 이점 △주의력 및 정신집중력 및 유지 향상 △인지건강상태 및 치매에 대한 잠재적인 보호 효과 등이다.

하지만 카페인은 때때로 위산 역류와 같은 위장 문제를 악화시키고 너무 지나친 카페인 섭취는 일부 사람들에게 불안과 스트레스 수준을 유발시키는 원인으로 작용한다. 결국 카페인의 긍정적·부정적인 영향에 따른 수용 여부는 개인에 따라 달라질 수밖에 없을 것이다.

일단 인스턴트커피에는 카페인의 함유량이 일반 원두커피보다 적다는 사실을 기억하는 것이 중요하다.

> 다량의 카페인 섭취는 일부 건강 문제와 관련이 있다. 수면 장애, 불안, 위장 장애, 떨림 및 심장 박동 변화가 발생할 수 있다. 카페인 섭취를 줄이려는 사람들에게는 인스턴트커피가 적합하다. 미국 건강 정보 사이트 헬스라인(Health-line)에 따르면 인스턴트커피 한 티스푼은 30~90㎎의 카페인을 제공하지만 일반 커피는 70~140㎎을 제공한다고 밝히고 있다.[8]

또 다른 조사에서도, 갓 내린 일반커피에는 약 95~165㎎의 카페인이 들어 있지만, 동등한 크기의 인스턴트커피는 약 63㎎의 카페인만 산출되었다.[9]

인스턴트커피가 제조 공정상 건조 전 커피 액체를 한번 우려냈다는 것을 기억한다면, 지금 인스턴트커피를 한 잔 마시기 위해 분말과립에 물을 더한다는 것은 커피가 두 번째로 희석되는 과정임을 알 것이다.

그래서 인스턴트커피가 카페인의 양이 적고, 그래서 카페인의 민감성을 가진 사람들에게는 인스턴트커피가 더 나은 선택이 될 수 있다고 이야기하는 것이다.

◆ 항산화 물질 공급원/일반 원두커피=인스턴트커피

한국식품과학회 주최로 인천 송도컨벤시아에서 열린 국제학술대회에선 서울대 식품공학과 장판식 교수가 커피 믹스 안의 커피 크림이 인스턴트커피의 항산화 효과에 미치는 영향을 실험한 결과를 발표해 관심을 모았다.

폴리페놀 등 항산화 성분이 풍부하게 든 식품(커피 포함)을 우유와 함께 섭취하면 폴리페놀이 우유 단백질과 결합해 항산화 효과가 떨어진다는 것이 학계의 중론이었다. 장 교수팀은 우유 단백질 함량이 다른 크림 2종을 사용해 크림도 커피의 항산화 효과를 약화시키는지를 실험했다. 그 결과 크림의 종류에 상관없이 커피에 크림을 넣어 마셔도 커피의 항산화 효과가 그대로 유지된다는 사실을 확인했다.

장 교수는 "크림(우유 단백질 포함)과 커피가 섞일 때 생긴 P-PP(protein-polyphenol) 복합체가 소장에서 강력한 항산화 성분인 폴리페놀의 구조에 영향을 미치지만 커피 단독으로 섭취한 것과 비교할 때 항산화 효과엔 별 변화가 없었다"라고 말했다.

커피와 크림이 함께 든 봉지 커피(커피믹스)를 마셔도 항산화 효과에선 손해 보지 않는다(블랙커피 대비)는 것이다.[10]

커피는 세상에서 가장 폴리페놀(Polypheno)이 풍부한 물질 중 하나이며, 커피가 함유하고 있는 주요 화합물 중 하나는 클로로겐산(chlorogenic acid)이다.

클로로겐산은 혈압과 혈당 조절에 관한 건강상의 이점을 가진 식물성 영양제다.

그런데 커피의 클로로겐산 함량 여부는 관련된 열처리 정도에 따라 달라진다. 예를 들어, 그린커피콩과 라이트커피로스트는 중간 혹은 다크로스트보다 훨씬 더 높은 농도의 클로로겐산을 함유하고 있다.

반면 일부 인스턴트커피는 높은 열처리 과정을 거치기 때문에, 낮은 단계 열처리에서 살짝 볶아 간 커피보다 클로로겐산의 수치가 낮을 가능성이 높다.

최근 3개국의 카페에서 구입한 다양한 커피에서 클로로겐산 함량(인분당/㎎)을 분석해본 결과 커피를 더 오래, 진한 로스트를 마시는 경향이 있는 이탈리아인들의 선호하는 '이탈리아 에스프레소'에서는 46, 가볍고 순한 로스트를 강조하는 '스페인 에스프레소'는 142를 나타냈다. '인스턴트커피'는 64다.

데이터가 보여주듯 인스턴트커피는 이탈리아 에스프레소보다 클로로겐산을 더 많이 함유하고 있지만 스페인산 원두커피보다는 덜 함유하고 있음을 알 수 있다.[11]

인스턴트커피와 분쇄해서 마시는 일반 원두커피는 상대적으로 유사한 영양 성분을 가지고 있으며 동일한 폴리페놀 화합물을 포함하고 있다면 결과적으로 그들이 제공하는 건강상의 이점과 관련하여 큰 차이가 나지는 않을 것이다.

연구에 따르면 커피가 우리의 건강에 다양하고 유익한 효과를 제공하는데 이들 중 일부는 카페인의 긍정적인 효과와 관련이 있고 또 다른 일부는 클로로겐산 및 기타 폴리페놀 때문일 것이라고 추정했다.[12]

인스턴트커피의 '건강/실용적' 측면에서의 장단점

영양 관련 국제학술지 『음식과 기능(Food & Function)』에 발표된 인스턴트커피의 효능은 일반 원두커피처럼 항산화, 항균, 항암, 2형 당뇨병과 간질환 예방도 가능하며 '실용신경학'의 논문에서는 경각심을 높이고 전반적인 웰빙, 집중력, 기분을 향상시킨다고 한다.[13]

♦ 건강상의 이점

이화여대 식품영양학과 권오란 교수는 국민건강영양조사에서 한국인에게 가장 인기 있는 〈3-in-1〉 커피(커·설·프림→믹스)는 삶의 질을 높이고 대사성 질환 개선을 돕는 것으로 확인됐다고 밝혔다.

권 교수는 "적당량의 커피(하루 2~6잔)를 마시는 것은 신진대사 기능장애를 낮추고 건강과 관련된 삶의 질(QOL)을 향상시키는 등 건강에 긍정적인 영향을 줬다"라며 "커피·설탕·크림을 함께 섭취하면 항산화 성분인 폴리페놀의 발현이 일부 변형되지만 커피의 유익한 효과를 억제하는 것은 아니다"라고 설명했다.[14]

한국식품과학회에서 주최하고 국제학술대회에서 발표한 신상아 중앙대 식품영양학과 교수의 연구 결과에서도 커피믹스(커피·설탕·크림)을 자주 마신 남녀 모두 커피를 일절 마시지 않는 남녀보다 대사성 질환 위험도가 현저히 낮게 조사됐으며, 여성에서는 블랙커피를 즐긴 그룹보다 하루 1컵 또는 2컵의 커피 믹스를 마신 그룹에서 대사성 질환 유병률이 낮았다.

신 교수는 "폴리페놀이 풍부한 커피가 대사증후군 위험을 낮추는 등 건강상 이점이 있다는 것을 뒷받침한다"라고 설명했다.[15]

> 인스턴트커피는 다음과 같은 건강상의 이점이 있다. △암 위험 감소(관찰) △신체적, 정신적 성능 향상 △흑색종의 위험을 낮춤(동물연구) △혈당조절 개선 △다양한 건강보호용 폴리페놀을 제공 △알츠하이머병과 치매(관찰) 위험을 낮춤 △커피를 마시는 사람들의 수명연장(관찰) 등이다

우리는 이를 통해 인스턴트커피도 일반 원두커피와 동일한 잠재적인 건강상의 이점이 있다는 결론을 얻게 된다.[16]

♦ 실용적 측면에서의 장점

당장 현장에 커피메이커가 없을 때 인스턴트커피는 커피에 대한 우리의 갈망적 욕구에 대해 쉽고 완벽하게 해결해 준다. 인스턴트커피는 일반적으로 유통기한도 길고 휴대성이 뛰어나 여행 혹은 캠핑, 바쁘게 이동 중일 때도 편리하다.[17]

- 사무실이나 출장, 여행 중에 가져갈 수 있다.
- 원두커피 구입가격보다 훨씬 저렴하다.
- 가장 편리한 옵션이며 컵과 뜨거운 물만 있으면 된다.
- 카페인이 적다(카페인에 민감한 사람들에게 유익함).
- 선택의 폭이 다양하다.

인스턴트커피에 대한 이런 실용적 측면은 한국을 방문한 외국인 관광객들의 반응에서도 나타나고 있다.[18]

한 프랑스 관광객은 믹스커피를 가장 좋아하는 이유로 "우선 맛이 좋고, 우유나 설탕을 따로 넣을 필요 없이 봉지만 뜯으면 바로 물에 타서 마실 수 있어 편리하다", 미국인 관광객은 "많은 양에 가격까지 저렴해 가족이나 친구에게 줄 여행 기념선물로도 적당한 것 같다"라고 말했다.

♦ 건강상 단점

인스턴트커피는 신진대사를 활발하게 하고 수명을 늘리며 제2형 당뇨병의 발병 위험을 줄이는 등 일반 원두커피가 갖는 많은 건강상의 이점을 공유하지만, 마시는 데에도 몇 가지 단점은 있다.[19]

- 갓 내린 원두커피의 맛과는 경쟁할 수 없다.
- 원두커피보다 더 높은 농도의 아크릴아미드의 함량.
- 인스턴트커피(커피 및 커피봉지)에 포함된 다양한 감미료와 유성크림.
- 카페인이 적다(이른 아침 자각/운동 전 활력을 얻으려는 사람들의 경우).[20]

분명한 단점 중 하나는 인스턴트커피가 일반 커피에 비해 카페인이 적다는 점인데, 그것이 건강에 반드시 나쁜 것은 아니지만,

일상생활이 필요한 커피 애호가들에게는 의도하지 않은 결과를 초래하여, 그들이 인식하는 것보다 더 많은 커피 섭취량과 카페인에 대해 무감각할 수가 있다.

또한 인스턴트커피는 매우 편리하고 만들기 쉽기 때문에 더 많은 노동 집약적인 업무로 에너지를 요구할 때는 보다 더 많은 커피를 마실 가능성이 있다. 이 경우 카페인에 대한 민감성은 수면장애 및 위장장애를 유발할 수 있음을 고려해야 한다.[21]

◆ 커피믹스 속 지방함량 문제

이는 모두 사실이 아니지만, 커피크림 지방에 대해서 지구 세 바퀴를 돌아도 빠지지 않는 지방으로 이뤄져 있다는 한 때의 루머는[22] 칼로리 높은 믹스커피를 즐기는 사람들의 고민을 잘 대변해 주는 것 같다.

실제 국제학술지『영양연구(Nutrition research)』에 발표된 한국인을 대상으로 한 연구에서는 이런 우려가 현실적 결과로 나왔다고 볼 수 있다. 한림대춘천성심병원 가정의학과 김정현, 박용순 교수팀이 40세 이상 6,906명을 대상으로 조사한 연구 결과에 따르면 하루에 3잔 이상 마시면 오히려 비만 위험도를 1.6배나 높인다는 것이다.[23]

이런 연구 결과에 대해 누베베한의원 유영재 원장은 "우리나라의 경우는 칼로리 높은 믹스커피를 즐기는 경향이 있기 때문"이라고 그 원인을 밝히고 있다.

> 커피·설탕·프림이 한 봉지에 모두 든 커피믹스를 하루 3잔
> 이상 즐기는 중년 남성은 블랙커피를 마시는 중년 남성에
> 비해 대사증후군 발생 위험이 2배 더 높았다고 신한대 식
> 품조리과학부 배윤정 교수팀이 밝혔다. 대사증후군은 비
> 만·고혈압·고혈당·고지혈증·동맥경화 등 여러 질환이 한꺼
> 번에 나타나는 상태를 말한다. 방치하면 사망에 이를 수
> 있는 무서운 질환이다.[24]

하지만 지금은 커피믹스 속 지방함량에 대해 우리는 개선된 시각을 가질 필요가 있을 것 같다.

식품의약품안전청 및 커피믹스 업계에 따르면 커피크림의 주성분은 옥수수로부터 만든 전분당과 순식물성 야자유, 우유단백질(카제인)로 이루어져 있고, 또 식물성 유지인 야자유를 주로 사용하고 있기 때문에 트랜스지방과 콜레스테롤 성분이 없다는 것이다.

일반적으로 커피믹스 1봉에는 4.7g의 커피크리머가 들어 있는데, 이 중 지방의 양은 1.6g으로 지방의 1일 권장 섭취량인 50g에 비교했을 때 불과 3.2%에 해당하는 미량이다. 또한 이마저도 체내에서 모두 대사돼 25kcal의 열량으로 전환되며, 이는 토마토 반쪽, 호두 반쪽 정도에 해당하는 열량으로 몸의 움직임이 많지 않은 독서 20분만으로도 모두 소비되는 정도의 열량일 뿐임을[25] 알 수 있다.

커피와 설탕, 프림을 일회분씩 포장한 스틱형 커피믹스는 동서식품이 지난 1987년 처음 출시했다.[26] 초당 193개가 팔린다고 하는 커피믹스의 매출액은 한국인의 필수품인 라면보다 더 크다.

지금은 카페 문화의 정착과 액상커피 등의 다양한 형태의 커피가 시장에 나오면서 커피믹스의 판매량이 주춤하기도 했지만 황금비율의 맛을 자랑하는 일명 다방커피인 커피믹스의 인기는 쉽게 사그라들지 않을 것 같다.[27]

♦ 인스턴트커피 관련 또 다른 유의점

인스턴트커피 하면 우리가 그 사용 용도를 생각할 때 일회용 종이컵을 생각하지 않을 수 없다.

그런데 우리가 사용하는 일회용 종이컵은 액체가 새는 것을 막기 위해 컵의 표면을 '폴리에틸렌(PE)'이라는 합성수지의 일종으로 코팅해 만들어진다. 폴리에틸렌이 녹으면 환경호르몬 등이 나온다고 알려져 있지만, 폴리에틸렌은 105~110℃의 온도에서 녹기 때문에, 심하게 보통의 끓는 물(100℃)에는 녹지 않는다.

식품의약품안전처에 따르면, 폴리에틸렌은 분자량이 매우 크기 때문에 적은 양이 녹는다고 해도 체내에서 흡수할 수 없어 건강에 큰 영향을 미치지 않는 것으로 보고됐다.[28] 하지만 품질의 균형이 깨진다면? 그리고 검출기준에 새로운 항목이 추가된다면? 등등 우리는 항상 주변 환경에 관심을 가질 필요가 있다.

실제 우리가 흔히 사용하는 일회용 종이컵에 뜨거운 커피나 차를 담으면 대량의 미세 플라스틱이 음료에 녹아내리는 것으로 확인됐다.[29]

매일 테이크 아웃해서 종이컵으로 커피를 즐긴다면, 커피 한 잔에 2만 개가 넘는 미세 플라스틱을 함께 마시는 것과 같다. 이 같은 소식은 사이언스다이렉트, 뉴스메디컬, 기가진 등 과학/IT 전문지 등을 통해 보도됐다.

인도 카라그루프 공대(Indian Institute of Technology Kharagpur)에서 환경 공학을 연구하는 수다 고엘(Sudha Goel) 교수연구팀은 이번 실험을 위해 시판되고 있는 일회용 종이컵 5종류를 수집했다. 이 중 4종은 고밀도 폴리에틸렌 계열의 플라스틱 필름으로 안쪽이 코팅돼 있었다.

> 연구팀은 종이컵에 85~90도의 뜨거운 액체를 100mL 붓고 15분간 방치한 뒤 그 모습을 형광 현미경으로 살펴봤다. 그 결과 미세 플라스틱이 물속에 방출되는 것을 확인했다. 이 미세 플라스틱 수를 계측한 결과, 미크론 사이즈의 미세 플라스틱 입자는 100mL 중 약 2만 5천 개가 포함돼 있었다.

또 플라스틱 사용을 줄이기 위해, 따뜻하거나 차가운 음료의 온도를 오랫동안 유지하기 위해 텀블러를 사용하는 사람들이 늘고 있다. 하지만 대만의 신장내과 의사인 훙융샹(洪永祥)은 한 프로그램에서 건강과 환경을 위해 텀블러를 사용하는 습관이 오히려 건강을 해칠 수 있다며 한 가지 사례를 공유했다.[30]

> 대만의 50대 남성이 출근길에 음식점으로 부주의하게 돌진하는 사건이 있었다. 이 남성은 약을 먹은 상태도, 정신적으로 문제가 있는 상태도 아니었다.
> 이후 병원에서 정밀 검사 결과 남성은 납 중독 증상이 있어 대뇌 퇴화 현상이 나타난 것으로 밝혀졌다. 납 중독을 일으킨 원인은 매일 들고 다니던 텀블러(tumbler)에 있었다.

실제로 남성은 20여 년간 회사에서 커피를 스테인리스 텀블러에 담아 마셨는데, 텀블러를 오랫동안 사용해 곳곳에 녹이 슬어있고 긁힌 흔적이 가득했다. 부식된 텀블러 내부 표면에서 중금속이 나와 남성의 대뇌피질이 퇴화했고, 이후 치매 증상이 나타나며 1년 후에는 흡인성 폐렴으로 사망에 이르렀다.

물론 지금은 대부분의 사람들이 커피믹스를 물에 탈 때 스푼 대용으로 커피믹스 봉지를 이용하여 커피를 저으면 인쇄 면에 코팅된 합성수지제 필름이 벗겨져 커피 속에 인쇄성분이 용출될 우려가 있어 사용해서는 안 된다는 사실쯤은 다 알고 있다.[31] 이제 일회용 종이컵도 형광 현미경으로 살펴봤을 때 미세 플라스틱이 물속에 방출된다는 사실과 지식도 공유해야 할 것 같다.

이제 우리 모두 커피 바리스타(?)를 꿈꾸면서

우리 모두가 한때 커피 바리스타 체험을 한 적이 있다면 그건 순전히 '코로나19' 때문이다.

소위 '진'하고 '달'게 먹는 커피[32] 즉, 진달래 커피가 위력을 발휘한 것은 코로나19가 크게 유행하며 집에 있는 시간이 많아지자 유튜브나 트위터에서 시간을 때울 것을 찾던 사람들 사이에서 유행하기 시작하며 높은 인지도를 가진 레시피 '달고나 커피(Dalgona Coffee)'의 세계 버전을 제조한 경험을 말하는 것이다.

커피가루, 설탕, 뜨거운 물을 1:1:1 비율로 넣고 수백, 수천 번 저어 만든 거품을 물이나 우유에 타 먹는 커피 제조처럼,[33] 인스턴트커피는 다양한 커피제조를 원하는 실험적 바리스타(?)들에게는 인스턴트커피 자체가 아주 훌륭한 원천재료일 수밖에 없다. 수용성이 높기 때문에 작은 알갱이 과립은 뜨거운 음식이나 음료에 잘 녹고 커피 맛은 일부 요리에 좋은 맛을 낼 수 있다.

가령 나만의 '인스턴트커피 모카'를 만든다면 "커피 한 티스푼과 코코아 한 티스푼을 우유 한 컵, 바닐라 추출물, 계피 한 꼬집, 그리고 진한 크림 한 토핑과 섞는다. 원한다면 감미료 혹은 시럽을 추가한다"의 식이다.

커피분말을 사용한 스테이크 조리법을 시도하는 등 인스턴트커피는 다양한 레시피에 응용되어 약간의 커피 맛으로 음식의 진미를 더할 수 있을 것이다. 인스턴트커피의 흥미로운 점 중 하나는 바로 이런 다양한 레시피에서 잘 작동할 수 있다는 것이다.[34]

물론 진정한 커피 애호가들에게 이런 식의 인스턴트커피를 운운하는 것 자체가 어불성설(語不成說)이자 말이 안 될 것임을 잘 알고 있다. 왜냐하면 그들이 공들여 추출한 커피와 맛과 향의 면에서는 비교할 수 없기 때문이다.

하지만 인스턴트커피가 원래 그런 의도로 탄생한 것이 아닌, 그것은 휴대가 용이하고 저렴하고 편리한 옵션을 제공하기 때문에 인스턴트커피는 여전히 매력적으로 우리 주변에 함께하고 있는 것이 현실이다.

이런 점을 염두에 둔다면, 인스턴트커피는 최상의 풍미와 향을 즐기는 커피를 마시는 것에 신경 쓰지 않는 사람들에게는 아주 적절한 선택의 커피임을 알 수 있다.

미국의 록 싱어송 라이터이자 피아니스트로, 우리에게는 오히려 '피아노 맨'으로 더 잘 알려진 빌리 조엘(Billy Joel)은 "내 커피잔 속에 위안이 있다"라는 명언을 남겼다.

어쩌면 우리 모두가 가끔은 더 달콤한 인스턴트커피 속에 우리 역시 위안을 찾고 있는지 모르겠다. "커피는 어둠처럼 검지만

내가 그 조그만 세계를 음미할 때 풍경은 나를 축복했다"라는
소설가 무라카미 하루키의 커피에 대한 생각을 떠올리면서….

제2장

나의 일상적인
커피습성

혼자 마시는 커피의 깊이는 고독의 깊이다. 외로울수록 커피 향은 짙고
저리다. 괴로울수록 커피 맛은 쓰고 아프다. 커피를 사랑할 수밖에 없는
이 시대, 이 시간, 우린 각성의 일탈을 꿈꾼다. 달콤한 중독이어 브라보.

- 나재필 편집부장(충청투데이)

01
당 섭취의 통로 커피

- 우리나라의 30~65세 성인은 음료수 중 커피를 통해 섭취하는 당이 가장 많다.
- 현재 카페에서 제공되는 스무디 종류에 함유된 평균 당 함량은 57g, 즉 3g 짜리 각설탕이 20개 가까이 녹아 있는 셈이다.
- 과학자들은 설탕이 첨가된 커피가 바쁜 하루를 준비하는 가장 좋은 방법이라고 말할 때 이는, 카페인과 설탕을 동시에 섭취하면 뇌의 성능이 더 향상되기 때문이다.

여름에는 살짝 단 음료를 마시는 게 좋다. 날씨가 더운 중동 지방에서는 땀으로 빠지는 전해질을 보충하기 위해 차에 설탕을 타 마시는 문화가 있다. 마찬가지로 탈수증상이 심한 운동선수들이 경기 중에는 물 대신 이온음료를 마신다.

땀을 많이 흘렸을 때, 물만을 마시면 탈수 증상이 온다. 땀과 함께 빠져나간 무기질이 보충되지 않기 때문이다. 크게는 탈수증상으로 이어질 수도 있다. 차에 설탕을 타 먹는 것은 탈수 증상을 예방하기 위한 생활의 지혜다. 이런 상식을 적용해 여름에는 건강을 위해서 커피에 시럽을 한 스푼 정도 타 먹는 것이 좋다.[1]

그런데 우리의 일상은 매일 경기장 혹은 운동장의 필드가 아닌 사무실 내에 있다. 이런 상태에서 단맛의 유혹에 이끌린다면 어떻게 될까?

직장인 김지은 씨(30세)는 요즘 점심식사 후 식곤증에 시달린다. 나른한 오후 4시, 졸음도 쫓고 당분도 보충할 겸 평소처럼 커피믹스와 초콜릿을 집어 들던 김 씨는 망설임 끝에 결국 내려놓고 말았다. '단 것은 살찌니까, 건강에 좋지 않으니까…'라는 생각에 블랙커피 한 잔을 마시는 것으로 아쉬움을 달랬다.[2]

사실 피로한 날에는 아메리카노보다는 달콤한 커피가 더 당긴다. 마감에 쫓기는 업무를 하면서 스트레스를 받을 때 달콤한 초콜릿을 먹으면 기분이 나아지고 위안이 된다. 하지만 이런 효과는 잠시 후에는 사라지기 때문에 또다시 단 것을 찾게 된다. 이 때문에 초콜릿 한 조각으로 시작해 한 봉지를 다 먹게 되는 경우도 흔하다.[3]

> "작정하고 세어보니 하루에 5~6잔은 마시는 것 같더군요. 출근해서 한 잔, 점심 먹고 한 잔, 담배 피울 때 한 잔, 쉬는 시간 한 잔, 퇴근쯤 한 잔, 저녁 먹고 한 잔. 믹스커피 특유의 끈적끈적함이 있습니다."[4]

우리나라의 30~65세 성인은 음료수 중 커피를 통해 섭취하는 당이 가장 많다.[5] 그러던 어느 날 음료수에 들어가는 설탕의 양이 공개되면서 네티즌들이 경악했다. 최근 한 온라인 커뮤니티에는 '음료수에 들어가는 설탕의 양'이라는 제목으로 게시 글이 올라왔다.

이 게시물에 의하면 생크림이 얹혀진 커피에는 각설탕이 12개나 들어가 있다. 심지어 우리가 무심코 마시는 쥬스 700mL 정도도 각설탕이 무려 18개가 들어가 있는 경우도 있다. 특히 탄산음료에는 물 빼고 설탕이 반 이상을 차지하고 있다. 이에 네티즌들은 "충격적이다. 음료수에 들어가는 설탕의 양이 이 정도였어?", "마음껏 마셨는데 음료수에 들어가는 설탕의 양을 보고 이제 음료수 적게 마시기로 했다", "그동안 설탕물을 마시고 있었다니 맙소사!"라는 반응을 보였다.[6]

하지만 점심식사 뒤에 습관처럼 마시는 음료수 칼로리를 걱정하는 사람은 거의 없는 것처럼(?) 보인다.

〈인터뷰〉 김란(직장인): "제가 원래 단 거를 좋아해서 시럽을 넣거나 마끼아또나 모카 같은 거 즐겨 마시는 편이에요."

〈인터뷰〉 이지원(세브란스병원 가정의학과 교수): "음료에 포함되어 있는 액상 과당 등은 혈당을 높이게 되고 당뇨를 유발하고 비만을 일으킬 뿐만 아니라 아이들에게 있어 주의력결핍장애 같은 정신질환을 유발할 수 있고…"[7]

미국의 한 연구에서 쥐에게 달콤한 쿠키를 줬더니 쥐가 단맛에 의존하게 돼 설탕을 갈망하고 폭식하며 주지 않으면 금단증상이 나타나는 의존성을 보인다는 사실을 확인했다.

설탕 등 당류를 섭취하면 우리가 무언가를 더 좋아하고 더 원하게 만드는 신경전달물질인 도파민이 다량 생성된다. 시간이 지나감에 따라 도파민에 대한 내성이 생겨 더 많은 도파민과 설탕을 찾게 되는 현상이 나타난다. 설탕 섭취가 뇌의 보상중추를 자극해 설탕을 갈망하게 하고 점점 더 많은 양의 설탕을 섭취해야 만족하게 하는 것이다.[8]

영국의 전문가들은 설탕이 담배와 같다고 비유했다. 설탕 섞인 단 음식 또는 음료가 담배만큼 해로우며, 담배처럼 '끊기' 어려워하는 현대인들을 묘사한 말이다. 이들은 최근 '무설탕 요거트'라고 광고하며 판매 중인 제품에서도 티스푼 5개 분량의 설탕이 함유돼 있다고 밝혀 충격을 줬다.

영국 리버풀대학교 임상유행병학 교수인 사이먼 케이프웰(Simon Capewell) 박사는 "설탕은 새로운 담배와 같다"면서 "건강을 중시하지 않는 냉소적인 산업계가 부모와 아이들을 다당(多糖) 음료수와 정크푸드로 내몰고 있다"라고 지적했다.

현재 세계보건기구에서 권장하는 설탕 권장 섭취량은 하루 최대 10티스푼이다. 커피 또는 콜라를 한번 마시는 것만으로도 하루 권장량을 훌쩍 초과한다. UN은 공식 성명에서 "비만과 당뇨, 심장계 질환은 설탕이 과도하게 든 음료 등 지나친 설탕 섭취와

직접적인 관계가 있다"라고 밝힌 바 있다.[9]

그렇다면 설탕은 왜 건강에 잠재적으로 해가 될까? 설탕은 우리 몸의 영양학적 요구를 채워주지 못한다. 설탕을 '무의미한 칼로리(empty calories)' 범주에 포함시키는 이유는 영양상 가치가 없기 때문이다. 그리고 천연 식품에도 당질이 들어있기 때문에 굳이 인위적으로 가공한 설탕을 먹을 필요는 없다.

과일과 뿌리채소 등에는 프럭토스(fructose), 유제품에는 락토스(lactose)와 같은 당 성분이 들어있다. 일상적인 식사를 통해서도 이미 당분을 섭취하고 있다는 것이다.[10] 그래서 아이스크림이나 빵, 탄산음료 같은 가공식품에 들어 있는 첨가당은 과일 등 자연식품에 들어 있는 천연당과 달리 식이섬유나 비타민, 무기질 같은 영양소는 없으면서 몸에 축적되는 성향이 강해 과다 섭취 시 질병을 유발할 가능성이 높다.[11]

그리고 가공을 거치지 않은 건강한 단맛을 내세워 인기를 끌고 있는 흑당음료의 당(糖) 함유량이 최대 1일 기준치의 절반가량에 달하는 것으로 나타나 섭취하는 데 있어 주의할 필요성이 제기됐다.

흑당음료 1컵(평균중량 308.5g) 평균 당류 함량은 1일 기준치(100g)의 41.6%(41.6g)에서 57.1%(57.1g)까지 이르는 것으로 나타났다. 이는 각설탕(3g) 약 14개 분량의 당류에 해당하는 양이다.[12]

이제 단맛과는 확실하게 이별을 고해야 한다. 커피에 들어 있는 항산화물질은 암세포 발생을 억제하는 효과가 있다고 알려졌고 하루 3~5잔을 마시면 당뇨병 위험을 줄인다는 보고가 있긴 하지만 이것은 원두, 블랙커피에 해당하는 이야기일 뿐이다.[13]

다행인 것은 당류, 특히 설탕은 비만의 주범이며, 가급적 먹지 않는 게 좋다는 분위기가 조성되고 있다. 외국의 경우에도 최근 영국은 당분 함유량이 높은 음료에 최대 24펜스(한화 360원)를 부과하는 설탕세(sugar tax) 제도를 본격 시행했다. 태국(타이)도 지난해부터 청량음료 등에 설탕 함량에 따라 세금을 매기고 있다. 필리핀 역시 올해부터 감미료가 든 음료에 세금을 부과하고 있는 등 당분 규제에 들어갔다.[14]

#1. 우리가 커피전문점에 갔다고 해서 모두 커피만을 마시는 것은 아니다. 그래서 만일 과일이나 요거트 등을 재료로 한 음료를 선택할 경우 당 함량을 체크하는 주의가 필요하다. 당 함량이 가장 높은 음료의 경우 한 잔에 무려 각설탕 29개 분량이 들어가는 것으로 확인됐다.

컨슈머리서치가 스타벅스, 엔제리너스, 이디야커피, 탐앤탐스, 투썸플레이스, 파스쿠찌, 할리스커피 등 7개 전문점의 커피를 제외한 음료 89개 제품을 조사한 결과 당 함량이 가장 높은 음료는 스무디 종류였다. 89개 제품에 함유된 평균 당 함량은 57g이었다. 3g짜리 각설탕이 20개 가까이 녹아 있는 셈이다.[15]

#2. 실제 식약청이 스타벅스, 커피빈 등 22개 커피전문점, 패스트푸드점, 제과제빵점 등의 커피, 음료 1,136종에 대한 당류 함량을 분석한 결과, 커피는 헤이즐넛 라떼 20.0g, 화이트초콜렛 모카 16.0g, 바닐라 라떼 15.1g, 카라멜 마키아또 14.5g 순으로 조사됐다. 아메리카노와 같이 당이 적은 음료도 소비자가 시럽을 2번만 넣어도 한 잔당 하루 권장량의 약 24%의 당류를 섭취하게 된다.[16]

#3. 캘리포니아 대학교(University of California, San Diego)의 연구원들이 19,400명의 커피와 차를 마시는 사람들의 식단을 비교했을 때 커피 마시는 사람들이 차를 선호하는 사람들보다 훨씬 더 많은 칼로리를 추가한다는 사실을 최근 퍼블릭 헬스(Public Health)에 발표했다. 차 마시는 사람들의 경우 3명 중 1명만이 설탕, 꿀, 우유, 또는 다른 종류의 크림을 첨가하는 데 비해, 커피 마시는 사람들이 경우에는 3명 중 2명이 설탕, 우유, 크림과 같은 칼로리 첨가제를 사용했다.

예를 든다면 이미 오전 중에 칼로리를 듬뿍 채운 커피를 마신 사람들이 오늘 하루 칼로리 섭취량을 생각하지 않고 오후에도 거리낌 없이 칼로리 첨가제를 잔뜩 채워 커피를 마시는 행태를 반복하고 있다는 것이다.[17]

'최악의 설탕범벅 음료'로는 스타벅스 대표 캐러멜 핫초콜릿에

귀리 우유를 넣은 생크림을 곁들인 것으로, 23티스푼 이상의 설탕과 758칼로리를 함유하고 있다고 미국심장협회가 전했다. 이 협회에 소속된 영양학자인 가브리엘(Holly Gabriel)은 이 발견이 "충격적"이라고 말하면서 "커피숍과 카페는 설탕과 설탕의 크기를 줄이고 설탕 대체물"을 찾기 위해 보다 큰 조치를 취해야 한다고 보도 자료에서 밝히고 있다.[18]

런던에 본부를 둔 설탕량 규제를 주장하는 단체인 '액션온슈가(Action On Sugar)'의 새로운 조사는 다른 나라 역시 인기 있는 체인점의 음료들이 여전히 설탕과 칼로리가 가득 차 있다는 것을 지적하고 있다.[19]

우선은 일단 소비자 자신이 먼저 스스로 건강하게 커피를 마시기 위해 주문 시 몇 가지 사항들을 자신의 커피입맛과 기호를 고려하여 체크할 필요가 있겠다.[20]

휘핑크림 빼주세요

카페서 카페모카나 프라푸치노를 주문하면 이런 질문이 나온다. "휘핑크림 올려드릴까요?" 하지만 커피를 건강하게 마시려면 "아니요"라는 대답이 정답이다. 새하얀 휘핑크림은 달달하면서도 부드러운 식감을 더해주지만 식물성 안정제나 유화제 등이 첨가돼 건강에 이로운 음식은 아니다.

아메리카노 주세요

달콤한 커피는 기분전환용 등으로 횟수를 줄이고 시럽이 없는 아메리카노로 마시는 것이 건강에 좋다.

(콜레스테롤이 높다면) 핸드드립 주세요

콜레스테롤 수치가 높다면 종이필터로 카페스테롤(cafestol)을 걸러내는 핸드드립이나 필터가 있는 더치커피를 마시면 좋다. 하지만 일반 성인이라면 일반 에스프레소머신으로 추출한 커피도 괜찮다.

너무 뜨겁지 않게 주세요

암 유발 물질이라는 커피의 억울한 누명은 벗겨졌지만 대신 '뜨거운' 커피는 식도암을 유발할 수 있다는 조건이 붙었다. 세계 보건기구가 경고한 65도보다 높은 커피는 10분 정도의 시간을 두고 천천히 마시는 것이 좋다. 빨대를 사용할 경우 목 안쪽으로 '뜨거운' 커피가 더 깊숙이 들어올 수 있기 때문에 피하는 것이 좋다.

(잠자기 5시간 전) 카페인 없는 음료 주세요

사람의 체질에 따라서 카페인 분해 능력에도 차이가 있으므로, 카페인에 민감한 사람은 자기 10시간 전에도 마시지 않는 것이 좋다.

그렇다면 당을 현명하게 섭취하는 방법은 무엇일까. 많은 사람들이 대표적인 다당분 식품인 밥, 고구마, 감자, 과일 등에 함유된 당은 '좋은 당', 과자나 커피믹스, 빵, 음료 등에 함유돼 있는 첨가당(대표적으로 설탕)은 '나쁜 당'으로 치부해버리는 경향이 있다. 그러나 과학적으로 몸에 좋은 당과 나쁜 당은 구분할 수 없으며 실제로는 체내에서 똑같이 취급되는 성분이다.

밥에 들어 있는 당분이나 설탕 등 음식에 들어 있는 당은 소화 과정에서 최종적으로 단당류로 분해돼 흡수된다. 천연 식품에서 얻은 당분이나 화학 과정을 거친 합성 당분을 가릴 것 없이 화학식이 같으면 몸속에서 대사되고 분해되는 과정은 동일하다.

전문가들은 당분과 비만의 관련성에 대해 설탕을 얼마나 섭취하는지 또는 어떤 종류의 당을 섭취하는지의 여부보다는 과잉 섭취가 가장 큰 원인이라고 지적한다. 설탕 역시 탄수화물의 한 형태이기 때문에 단 음식만을 무조건 기피하기보다는 다양한 영양소를 섭취하되 탄수화물 식단의 전반적인 조절이 필요하다는 것이다. 따라서 과잉 섭취하지 않는 이상 하루에 믹스커피 1~2

잔, 소량의 초콜릿 정도는 큰 문제가 없다는 것이다.[21]

아직 우리나라의 당류 섭취량은 외국과 비교할 때 크게 우려할 만한 수준은 아니다. 시장조사기관 '유로모니터'가 2015년 발표한 자료에 따르면 미국인들의 일일 당류 평균 소비량은 126.4g이다. 독일은 102.9g, 영국은 93.2g이다. 우리나라는 61.4g으로 미국의 절반에도 미달하는 수치다.[22]

그리고 무조건 당을 나쁜 영양소로 취급해 섭취를 중단하거나 대폭 줄이게 되면 오히려 건강을 해칠 수 있다. 당은 체내 에너지의 주요 공급원으로 생명 유지에 꼭 필요한 성분이기 때문이다.

특히 뇌는 에너지원으로 포도당만을 사용하기 때문에 당의 역할이 절대적이다. 몸이 지칠 때 당 함량이 높은 식품을 섭취하면 피로 회복에 도움이 되는 이유다.

김용 박사(한국식품의료연구소장)는 "당은 무조건 신체에 해롭다는 잘못된 인식만으로 장기간 당 섭취를 극단적으로 줄이면 뇌, 신경, 백혈구 등에 영구적인 손상이 생길 수도 있다"라며 "특히 두뇌 활동이 많은 학생이나 직장인들은 적정 수준의 당을 꾸준히 공급해줘야 한다"라고 말했다.

면역력이 약해진 암 환자도 당분을 무조건 기피할 필요는 없다. 국립암센터는 암 환자의 당분 섭취와 관련해 "우리 몸에서 암세포보다 당분을 더 필요로 하는 기관은 뇌와 심장"이라며 "암 치료 가운데 암 환자에게 필요한 것은 적절한 칼로리와 충분한 단백질 섭취이며, 암 환자라고 해서 음식 중 단 것을 제한할 필요는 없다"라고 했다.[23] 한편 스페인 바르셀로나 대학(University of Barcelona)의 과학자들은 설탕이 첨가된 커피가 바쁜 하루를 준비하는 가장 좋은 방법이 될 수 있다고 제안한다.

카페인과 설탕을 동시에 섭취하면 뇌의 성능이 더 향상된다는 것인데, 카페인은 뇌에 작용하고 졸음과 피로를 퇴치할 수 있는 자극제이고, 여기에다 당의 일종인 포도당이 뇌 세포가 제대로 기능하는 데 필요한 주요 연료라는 것도 잘 알려져 있기 때문이다.

"이 두 물질은 지속적인 주의력과 작업 기억력을 담당하는 뇌의 두 영역의 효율을 높임으로써 인지 성능을 향상시킨다"라고 연구원인 조셉 세라 그라블로사(Josep Serra Grabulosa)가 말했다.[24]

이와 관련하여 김용 박사는 "비만과 건강에 대한 과도한 우려와 경각심으로 인해 당류를 아예 끊거나 지나치게 멀리하면 오히려 건강을 해치고 두뇌 활동에도 지장을 받을 수 있다"라면서 "평소 식품을 과잉 섭취 않는 균형 잡힌 식습관과 신체활동을 유지하면 적정량의 당분 섭취는 건강에 도움이 될 수 있다"라고 말했다.[25]

한국식품조리과학회지에 실린 경희대 조리외식경영학과 연구에 따르면, 실험에 사용한 컵의 색 빨강, 주황, 노랑, 초록, 검정, 흰색 총 6가지 중에서, 빨간색 컵에 담긴 커피에서 가장 단맛을 높게 느꼈다고 하는데[26] 아직도 단맛의 유혹에 이끌리는 사람들은 자신이 실내에서 사용하는 컵의 색깔을 빨간색으로 바꾸면 설탕이나 시럽첨가 없이도 단맛의 커피 유혹에서 어느 정도 벗어나는 데 도움이 될 것 같다.

  사실 커피에 적절한 설탕의 첨가는 커피의 향미와 풍미를 더 풍부하게 해주는 양념(?)에 해당된다. 여전히 단맛이 곁들인 커피 향을 원한다면 건강상 허락되는 범위 내에서 설탕을 가미하는 자신만의 비법을 갖는 것도 괜찮을 것 같다.
  필자 역시 커피업 종사자로서 블랙커피를 선호하지만 여름철 에스프레소 머신에서 추출한 원액커피를 냉장고에 보관하여 물과 얼음으로 희석해 아이스커피를 만들 때 일정 비율 시럽을 꼭 사용한다. 그래야 청량감이 더 살아나는 느낌(?)이 들기 때문에….

02
수면의 질을 떨어뜨리는 커피

- 카페인으로 인해 자는 수면시간 총량이 전체적으로 1시간 감소했고, 즉시 잠들지 못하고 잠드는 데 걸리는 시간이 크게 증가했으며, 취침 6시간 전에 마신 커피라 하더라도 카페인에 민감한 사람일 경우, 취침 직전 마신 것처럼 동일한 부작용이 나올 수 있다.
- 수면장애 측면에서 카페인 사용의 위험은 일반인과 전문가들 모두가 과소평가하고 있는 것이 현실이다.
- 만성적인 수면 부족에 일조하는 것이 우리가 마시는 커피라는 사실을 이해할 필요가 있다.

"잠은 통상 근육을 이완시키고 환경자극 인지를 줄여 우리 몸이 휴식을 취하도록 한다." 잠이 면역세포를 활성화시켜 감염 예방에 도움을 준다는 『실험의학 저널(Journal of Experimental Medicine)』의 최근 발표 내용이다.

튀빙겐대학의 스토얀 디미트로프(Stoyan Dimitrov) 박사와 루시아나 베제도프스키(Luciana Besedovsky) 박사가 주도한 이번 연구는 잠을 자는 동안 인체가 어떻게 감염과 싸워 이를 물리칠 수 있는지, 반대로 만성 스트레스 같은 다른 조건들은 우리 몸을 왜 질병에 취약하게 만드는지를 설명해 준다.

예부터 흔히 '잠이 보약'이라는 말을 써 왔다. 대체로 잠을 자는 동안 우리 몸은 낮에 활동하면서 손상된 조직들을 복구하고, 어린이들을 성장시키며, 뇌에 축적되는 노폐물을 청소해 치매를 예방한다는 것이다. 따라서 전문가들은 성인의 경우 하루 7시간 정도의 충분한 수면을 취하는 것이 건강에 가장 적합하다고 보고 있다.[1]

그럼 영국 국민건강보험(NHS)과 미국수면재단(NSF)이 권고하며, 많은 사람이 따르는 '8시간 수면'의 근거는 어디에서 온 걸까?

수면주기가 중요한 이유

전 세계 학계에서 이루어진 수많은 연구 결과들과 수백 편의 논문들이 강조하는 한 가지 사실은, 잠을 너무 짧거나 길게 자는 이들이 비교적 병을 앓고 있을 가능성이 높고 수명이 짧다는 사실이다. 즉 하루 6시간 이하로 잠이 부족하거나 오히려 10시간 이상 잠을 많이 자는 이들이 평균적으로 더 건강하지 못하다 사실이다.

수면은 렘수면(REM, Rapid eye movement/얕은수면)과 비렘수면(NREM, Non-REM/깊은수면)으로 구성되는데 렘과 비렘은 정상적으로 약 4~5회 정도의 주기를 하룻밤에 가진다. 수면주기가 중요한 이유는, '깊은수면'·'얕은수면'이 반복되면서 신체와 정신이 번갈아 가며 휴식을 취하기 때문인데, 이것이 바로 우리가 매일 7.5~8시간의 수면을 취해야 하는 이유다.[2]

우리가 잠을 자는 동안 우리 몸의 다른 기관은 푹 쉬고 있지만, 뇌는 그렇지 않다.

뇌는 잠자고 있을 때 더 바쁘다.[3]

우리가 잠자는 동안 두뇌에 있는 수십만 개의 뉴런으로 엄청난 양의 기억 처리를 해낸 두뇌가 제대로 작동하도록, 우리의 뇌는 믿을 수 없을 정도로 동기화된 리듬 패턴으로 아주 천천히 깊고 느리지만 뇌 표면 전체에 놀라운 통합의 과정을 이어간다. 다시 말한다면 뇌는 전날의 기억을 통합하고 다음 날을 준비하는 것이다.

그런데 우리가 충분한 수면을 취하지 못했을 때 피로를 이기기 위해서 커피를 찾으며 "뇌가 터질 것 같다"라고 하는 말은 수면부족으로 인한 자신의 피곤한 심정을 제대로 표현한 말이라고 생각한다.

이처럼 우리는 하루에 7~8시간의 수면을 목표로 해야 한다는 기본적인 경험 법칙을 들었지만 현실은, "수면은 중요하지만 매일 8시간이 필요한가?"라는 의문 속에 몸에 충분한 휴식과 활력의 기회를 만들어 주는 8시간의 잠은 '게으름'의 표상이 되고, 오랜 시간 일하고 6시간 이하의 수면을 취하는 것이[4] 부지런한 의지의 한국인 표상으로 떠받들어지고 있는 것이 지금의 시대 현실이다. 2003년 국립국어원 '신어' 자료집에 수록된 단어 '3당4락(三當四落)'은[5] 이런 시대적 흐름을 반영한 신조어라고 볼 수 있다.

자연히 우리는 생활에서 이런 흐름에 동조하기 위해서, 업무현장에서는 피로에 지친 심신을 달래기 위해서 새로운 동력 수단으로서 카페인, 즉 커피를 찾게 된다.

20세기 초반만 해도 10분의 1 미만의 사람들이 밤에 6시간 미만의 수면으로 생존하려고 했다. 하지만 지금은 두 사람 중 한 명이 잠을 거의 자지 않고 지내고 있는데 선진국의 경우 성인의 2/3가 권장되는 8시간 수면에서 제외되고 있는 실정이다.[6]

그래서 우리 중 많은 사람들이 아침부터 몰려오는 수면부족에 따른 피로를 퇴치하고 새로운 동력을 얻기 위해 커피머신의 에스프레소 버튼을 이 시간에도 여러 번 누르고 있는 것이 현실이다.

카페인에 의한 수면방해

지금은 우리 중 많은 사람들에게 있어서 커피는, 아침이나 오후 중반의 슬럼프에 우리가 필요로 하는 새로운 에너지를 공급해주는 우리의 일상생활에서 필수적인 부분이 되어 버렸다.

문제는 출근 후 아침에 커피를 한 잔 하고 점심 후 다시 커피를 한 잔 했으면 하는 갈망에 사로잡히지만 카페인과 관련된 과학적 수치는 오후에 커피를 피하라는 것이다.

물론 조사 데이터 상으로는 규모가 아주 작은 수의 사람들을 대상으로 연구한 것이지만, 오후에 마시는 커피가 신체에 미치는 영향에 대해 한 관련 자료에 따르면, 오후 2시 이후, 혹은 최소한 잠자기 6~7시간 전에는 카페인 섭취를 피하는 것이 좋다는, 그렇지 않으면 수면에 부정적인 영향을 준다는 사항이다.

수면 모니터링 장치를 생산하는 제오(Zeo Inc)의 자금지원을 받아 디트로이트에 있는 헨리포드(Henry Ford)병원과 웨인주립의대, 그리고 제오 연구팀들에 의해 수행된, 『임상수면의학저널(Journal of Clinical Sleep Medicine)』에 게재된 이 연구는, 취침 6시간 전에 카페인을 섭취하는 것도 여전히 수면에 영향을 미친다는 것을 발견했다.[7]

> 정상적으로 잠을 자는 건강한 사람 12명을 대상으로 진행한 실험 결과, 커피를 취침 6시간 전에 마셔도 수면을 방해할 수 있다는 연구 결과가 나왔다.
> 미 웨인주립의대(Wayne State College of Medicine) 행동신경과학교수 크리스토퍼 드레이크 박사는 잠자리는 물론이고 취침 3시간, 6시간 전에 커피를 2~3잔 마셔도 수면시간이 짧아질 수 있다는 연구 결과를 발표했다고 미국의 과학뉴

스 포털 피조그 닷컴(Physorg.com)이 보도했다.[8]

비록 연구 참가자들이 아무런 부담 없이 편히 잠드는 것처럼 보였지만, 검사 결과는 잠자기 바로 직전, 취침 3시간 전, 그리고 취침 전 6시에 각각 마신 커피의 사례에서 카페인이 매번 수면을 방해하는 결과가 나왔음을 알리고 있다.

흡수된 카페인으로 인해 하루 자신이 자는 수면시간 총량에서 대체로 1시간 감소했고, 즉시 잠들지 못하고 잠드는 데 걸리는 시간이 크게 증가했으며, 취침 6시간 전에 마신 커피라 하더라도 카페인에 민감한 사람일 경우, 취침 직전 마신 것처럼 동일한 부작용이 나올 수 있다는 결론을 얻었다.

가령 잠들기 3시간 전 에스프레소 2잔 정도에 해당하는 카페인을 섭취했을 경우 평소의 신체적 리듬과 달리 수면 사이클이 거의 한 시간 정도 지체되는 변화가 오는 것을 발견했다.

수면을 방해하는 카페인은 수면주기를 흩트려 버리는 것 외에도, 심장병과 알츠하이머병과 같은 신경 퇴행성 장애와 연관되어 있다. 그래서 오후 2시 이후에는 커피뿐만 아니라 카페인을 함유하는 탄산음료와 에너지 드링크 등 주변 음료들도 피해야 한다는 것이다.[9]

커피를 마시면 잠이 안 오는 이유

그럼 커피를 마시면 왜 잠이 안 올까? 마크 팬더그라스트의 저서 『매혹과 잔혹의 커피사』에서 나오는 1912년 등장했던 커피 대용음료 '포스텀'의 광고는 이렇다.[10]

"커피에 함유된 마약, 즉 카페인 때문에 수많은 사람들이 잠들어 있어야 할 밤에 잠을 못 이루고 있습니다. 커피의 이런 짜증스러운 단점을 (단점이 이것 하나만은 아니지만 어쨌든) 느껴보셨다면 이제는 커피를 끊고 포스텀을 마시지 않겠습니까."

커피를 마약에 비유해서 수면 등에 해로우니까 커피 대신 새로운 음료를 마실 것을 제안하는 광고다.

커피에는 카페인으로 알려진 중추신경계 자극제를 함유하고 있는데, 이 카페인이 뇌의 아데노신(adenosine)이라는 화학 물질에 작용하여 수면을 방해하는 것이다.

아데노신은 우리가 깨어 있을 때 뇌가 만들어 내는 수면유도분자와 같은 역할을 한다. 깨어있는 시간이 길수록 아데노신이 쌓이고 그래서 우리는 잠을 자야 한다고 생각하는데, 카페인이 이 수면유도분자가 가는 길을 방해해서 잠을 못 자게 하는 것이다.[11] 다시 말한다면 카페인이 아데노신 구조와 유사하기 때문에 아데노신 수용체에 아데노신 대신 카페인이 결합하여 아데노신이 결합한 것과 같은 작용을 나타내기 때문에 각성효과가 나타나 졸음이 오지 않게 된다는 것이다.[12]

대부분의 인간은 깨어난 후 12~16시간이 지나면 수면에 대한 강한 충동을 느끼게 되는데 이것을 우리는 '수면압력 (Sleep Pressure)'이라고 한다. 그런데 카페인이 아데노신이 결합해야 할 수용체의 자리를 차지함으로써 뇌에 전달되어야 하는 졸음 신호가 차단된다.[13)

문제는 카페인의 각성효과가 아데노신의 결합을 방해함으로써 생기는 일시적인 현상일 뿐 피로를 근본적으로 해결하는 것이 아니라는 데 있다.

미국 식품의약국에 따르면, 일반적으로 카페인의 반감기는 약 4시간에서 6시간 정도라고 하는데, 이것은 섭취한 지 4시간에서 6시간이 지난 후에도 카페인의 절반이 여전히 우리 체내에 남아 있다는 것을 의미한다.[14) 결국 저녁에 커피를 마시면 잠을 설칠 수밖에 없다는 결론에 도달하게 된다.[15)

수면부족에 따른 문제

분당서울대병원 정신건강의학과 김기웅 교수연구팀은 무작위로 60세 이상 노인 162명을 대상으로, 하루 커피 섭취량과 수면의 질의 관계를 분석했다. 결론적으로 하루 평균 3잔 이상의 커피를 20년 넘게 마신 그룹의 경우 수면의 질이 저하되는 것으로 관찰됐다.[16)

우리의 뇌에는 내분비기관으로 수면조절 호르몬인 멜라토닌을 만들고 분비하는 솔방울 모양의 솔방울 샘(pineal gland)이 있는데, 솔방울 샘의 크기가 줄어들수록 수면의 효율이 감소하는 것으로 나타나, 결과적으로 장기간 커피를 과다 섭취할 경우 솔방울 샘에 영향을 미쳐 노년기에 수면의 질이 나빠질 수 있다는 것이다.

'수면장애'는 건강한 수면을 취하지 못하거나 수면시간은 충분하지만 낮 동안 여전히 피곤한 상태, 또는 수면리듬이 흐트러진 상태 등을 말한다. 건강보험심사평가원에 따르면 국내 수면장애 환자 수는 2017년에 이미 50만 명을 넘어섰다.[17]

그럼에도 불구하고 많은 사람들이 수면부족의 단점을 인식하지 못하거나 수면부족의 징후를 소홀히하는 경향이 있는데, 특히 수면장애 측면에서 카페인 사용의 위험은 일반인과 전문가들 모두가 과소평가하고 있는 것이 현실인 것 같다.[18]

> 취업포털 사이트 커리어가 직장인 503명을 대상으로 설문 조사한 결과 응답자의 39.1%(196명)가 커피의 부작용을 경험한 적이 있다고 답해 눈길을 끌었다. 가장 잦은 증상으로는 '속 쓰림'이 27.4%로 나타났으며 다음으로 '불면증'(22.4%), '신경과민'(14.9%), '소화불량'(11.1%) 순으로 나타났다.[19]

여기에다 과거에 비해서 점점 더 늦게까지 잠을 자지 못하도록 우리를 자극하는 스마트폰 환경은, 여전히 우리가 충분한 수면에 관심을 가져야 한다는 당면과제를 갈수록 더 낮은 순위로 밀어 버린다.

이와 관련하여 버클리 캘리포니아 대학(University of California)의 수면과학자 인 매튜 워커(Matthew Walker)는 생물학적 관점에서 수면부족으로 인해 야기되는 문제점을 '우리 문화가 지닌 전염병'으로 진단하면서, 이에 대한 문제의 시급성을 환기시키고 있다. 개인에게 수면부족을 야기 시키는 직장문화와 제도에 대한 실질적인 변화가 있어야 한다고 말하면서 개인의 각성 이전에 정부의 제도적 개입과 뒷받침의 필요성을 제기한다.[20]

우리가 잠을 자는 낮 동안 입력된 정보를 뇌의 기억중추에 저장하고 스트레스를 완화하면서 심신의 기능을 조절하고 재정비하는 과정이 바로 수면을 통해 이루어진다.[21] 그런데 수면이 부족하면 문제를 해결하고 결정을 내리고 충동과 감정을 조절하는 데 어려움이 있을 수 있다. 우울증, 자살, 중독, 위험을 감수하는 행동도 수면부족과 관련이 있다. 특히 우리가 일상생활에서 느끼는 졸음운전은 수면부족의 현상이 일상에서 나타나는 가장 대표적인 사례다.

우리가 독감에 걸렸을 때, 우리의 첫 번째 본능적 행동은 잠자리에 드는 것이다 수면은 면역체계의 활동에 강력한 영향을 미치기 때문이다.

수면부족은 장, 자궁 내막, 전립선 및 유방을 포함한 다양한 종류의 암 발병과 관련이 있다. 세계 보건기구(WHO)는 야간 근무를 발암 가능성이 있는 요인으로 분류하고 있다. 45세 이상의 성인이 하루에 6시간 미만의 수면으로 생존하려고 할 경우 평생 심장마비나 뇌졸중을 경험할 가능성이 200% 더 높다는 것은 잘 알려진 사실이다.

수면이 부족한 사람들의 세포는 인슐린에 덜 반응하는 것으로 나타나 고혈당증의 당뇨병 전 상태에 걸릴 수 있고, 불충분한 수면은 또한 포만감을 나타내는데 중요한 호르몬인 렙틴수치를 낮추고 배고픔을 알리는 호르몬인 그렐린(Ghrelin, 식욕을 증가시키는 호르몬, 필자 주)을 증가 시켜, 수면 부족이 과도한 간식 섭취와 체중증가에 어떻게 영향을 미치는지 쉽게 알 수 있다.[22]

알츠하이머병의 발병은 주변 뇌세포를 죽이는 경향이 있는 아밀로이드 침착물이라고 하는 독성단백질 다발 또는 '플라크(plaques)'가 뇌에 축적되는 것과 관련이 있다. 그런데 이러한 아밀로이드 침전물은 깊은 수면 중에 뇌에서 효과적으로 제거된다. 너무 적은 수면을 취하는 것이 어떻게 알츠하이머병 발병 위험을 증가시킬 수 있는지 알 수 있다.

2017년 미국 위스콘신대 키아라 치렐리 박사연구팀은 잠을 오래 못 자면 교세포라 불리는 뇌의 특정 세포가 신경세포들 간의 연접 부위인 '시냅스'를 더 많이 먹어 치워 비정상적인 신경회로망을 만들 수 있다는 사실을 밝혀냈다. 수면 부족이 치매 등 뇌 질환과 관련이 높다는 다른 연구 결과도 함께 고려할 때, 불충분한 수면이 뇌의 기억기능에 좋은 것이 아닌 것만은 분명해 보인다.[23]

만성적인 수면 부족이 생각보다 우리 신체에 보다 광범위하게 영향을 끼치고 있지 않은가? 여기에 일조하는 것이 우리가 마시는 커피라는 사실을 이제 이해할 필요가 있을 것이다. 흔히 얘기하는 '꿀잠'을 방해하지 않는 범위 내에서 커피타임이 필요하다.

짧은 수면시간에 잘 적응하는 사람들은 전체 인구의 약 5% 정도가 된다고 하는데,[24] 하지만 프랑스의 나폴레옹이나 발명가 에디슨이 하루 2~3시간만 자고 일했다는 이야기는 대부분 오해라고 한다.[25]

실제 칼럼니스트 벤자민 스폴(Benjamin Spall)이 5년간 각 분야에서 정상에 오른 30여 명의 인물들을 인터뷰한 결과, 성공한 사람의 하루 평균 수면시간은 7시간 29분이었고 아침 일찍부터 시작하여 더 큰 에너지, 집중력과 평온을 얻었다고[26] 하는 사실도 함께 상기해 보자.

그럼 지금 이 글을, 이 책을 읽고 있는 나와 당신, 그리고 우리는 지금 잠을 통해 심신안정과 안녕을 얻고 있는가?

03
'커피냅'의 20분 효과
'냅푸치노(Nappuccino)'

- '커피냅(coffeenap)'은 '커피(coffee)'와 낮잠을 뜻하는 '냅(nap)'의 합성어로 커피를 마신 후 잠시 자고 나면 몸이 더 상쾌해질 수 있다는 것이다.
- '커피 냅'은 하루 일과 중 무력감과 피로감이 유달리 느껴질 때 생산성을 높이는 휴식을 취하기 위한 해결책이 바로 평소 우리가 마시는 '커피 한 잔'에 있을 수 있다는 것이다.
- '커피 냅'은 커피 카페인이 체내에 번지는 약 20분 정도의 틈새 시간을 이용, 그 20분 동안 '쪽잠'(혹은 눈만 감고 있어도)을 자면, 아데노신이라는 피로물질까지 없애줘 피로 회복 효과가 더 강해진다는 것이다.

우리는 운전 중 혹은 간혹 사무실에서 극도의 무기력감과 피로감이 몰려오는 순간순간을 경험한 적이 있다. 어떤 일에 대한 우리의 최선의 의도에도 불구하고 어떤 날 어느 시간대에는 아무것도 하고 싶지 않고 계속 하품만 나오면서 좀 쉬고 싶다 혹은 잠시나마 눈을 좀 부쳤으면 좋겠다는 생각이 들면서, 몇 분이 몇 시간처럼 느껴질 때가 있다.

그런데 이런 번아웃 상황에서 생산성도 높이고 결과적으로 충분한 휴식을 취하기 위한 어떤 해결책이 바로 평소 우리가 마시는 '커피 한 잔에 있을 수 있다는 것이다.[1]

이름하여 '커피냅(coffeenap)'이다. '커피냅'은 '커피(coffee)'와 낮잠을 뜻하는 '냅(nap)'의 합성어로 커피를 마신 후 잠시 자고 나면 몸이 더 상쾌해질 수 있다는 것이다. 커피를 마신 직후 20분 정도 낮잠을 자면 숙면을 취해 맑은 정신으로 잠을 깬다는 것인데 이는 카페인이 효과를 나타내는 시간 간격의[2] 원리를 이용한 것이다.

사실 커피와 수면은 잘 어울리지 않는 것 같지만 가끔 잠깐 낮잠을 자기 직전에 커피 한 잔이 우리에게 놀라운 효과를 줄 수 있다는 것이다.

통상 우리가 하루 일과를 마무리한 후 잠자리에 들기 전 커피한 잔은 우리의 수면을 방해하는 옳지 않은 식습관이다. 그러나 낮잠 직전의 커피 한 잔은 우리가 낮 동안 필요한 에너지를 얻는 데 도움을 주는, 그래서 커피와 수면의 이점을 극대화할 수 있다는 것이다.[3]

그럼 카페인과 낮잠의 공통점은? 이 둘은 모두 우리의 기분을 좋게 하고, 업무나 공부 효율을 향상시킨다. 그렇다면 이 둘을 동시에 즐긴다면? 호주 ABC에 따르면 시드니대학교 친모이추(Chin Moi Chow) 부교수의 수면 및 웰빙 연구팀이 커피를 마시고 낮잠을 잘 경우, 둘 중 하나만 할 때보다 피로회복 등에 더욱 탁

월하다는 것을 확인했다.[4]

미국 CNN이 지난 1997년 영국 러프버러대학(Loughborough University)의 정신생리학 교수 루이스 레이너(Louise Reyner)가 처음으로 소개한 '커피냅(Coffee nap)' 연구를 소개한 이후,[5] 커피를 마신 후 잠시 쪽잠을 자더라도 기분이 훨씬 청량해지는 이유를 알게 된 것이다. 이는 에스프레소에 뜨거운 우유 또는 거품을 결합시킨 카푸치노(cappuccino)에 빗댄 '냅푸치노(Nappuccino)'의 등장을 알리는 말인데, 미국 수면의학회 회원이자 임상 심리학자인 미첼 브루스 박사(Michael Breus, Ph.D)는 '냅라떼(Nap A Latte)'라는 말로 명명하기도 했다.[6]

필자의 입장에서도 외근을 나갈 때 혹은 타 지역 장거리 여행을 위해 운전할 때 항상 챙기는 것이 커피다. 운전에 가장 부담을 주는 것은 장시간 운전에 따른 피로감 후에 몰려오는 졸음이다. 운전 사이 중간중간 커피를 마시지만 결국은 '졸음' 신호에 따라 휴게소에서 잠시 쉬고 필요시 눈을 감고 '낮잠'을 청하는 것이다. 경험해 본 사람들은 알겠지만 눈을 감고 잠시 눈을 붙인 후 수 분 후라도 깨어나면 몸이 훨씬 가벼워진 느낌을 받을 것이다.

대개는 잠을 깬 뒤에 커피를 마시는데 반대로 커피를 마신 뒤 잠시 눈을 붙이는 것을 이른바 '커피 냅'이라고 한다. 커피 속 카페인이 효과를 내려면 20분 정도가 걸리는데, 그 20분 동안 잠을 자면, 아데노신이라는 피로물질까지 없애 줘 피로 회복 효과가 더 강해진다는 것이다.[7]

실제 커피를 마시면 낮잠을 길게 잘 수 없다. 각성효과가 10분 만에 나타나기 시작해 45분이면 최고조에 달하기 때문에 카페인 민감성에 따라 20~30분 만에 잠에서 깨기 때문이다.[8]

이와 관련하여 뉴욕의 신경전문의학박사 엘렌 토피는 두뇌 활동의 부산물인 '아데노신(Adenosine)'이라는 물질에 대해 언급하고 있다.[9] 카페인은 세포의 막 표면에 있는 아데노신 수용체에 달라붙어, 뉴런에게 쉬라는 신호를 전하는 신경전달물질인 아데노신이 달라붙는 걸 방해한다.[10]

그 원리는 이렇다. 사람은 활동이 많아지면 뇌에 아데노신이라는 물질이 생겨 피로를 느낀다. 이때 커피를 마시면 카페인이 아데노신의 활동을 방해해 피로를 덜 느끼게 된다. 잠 역시 마찬가지. 잠깐이라도 눈을 붙이면 사람의 뇌에 쌓인 아데노신이 사라진다.[11]

그럼 '커피냅'이 어떻게 작용하는지 이해하기 위해서는 우리 신체가 카페인을 어떻게 처리하는지 살펴볼 필요가 있다.

커피를 마실 때 카페인은 소장으로 이동하기 전, 위장에 잠시 머무른 후 몸 전체로 카페인이 퍼지는데 술(알코올)의 경우 약 45분, 카페인은 이보다 30분 정도 단축된 15분 정도 걸린다.[12] 이

15분 정도가 바로 '커피냅' 타임이라고 보면 된다.

실제로 일본 히로시마 대학(Hiroshima University)에서 실시된 별도의 한 연구에 따르면 기억력 검사를 하기 직전에 커피 낮잠을 취한 사람들의 얼굴 표정이 눈에 띄게 밝았다는 실험결과를 전하고 있다.[13]

#1. 영국 러프버러대 연구팀은 '커피냅 타임'에 대한 실증적 검증한 결과를 내났다. 총 24명의 피실험자를 대상으로 각각 '커피만', '15~20분의 낮잠만', '커피와 낮잠을 둘 다 실행한 후' 운전 시뮬레이터 실험을 실시했다. 그 결과 '커피냅'의 피실험자가 가장 실수가 적어 최고의 집중력을 유지하는 것으로 드러났다.

러프버러대 연구팀은 "커피를 마신 후 바로 잠을 청하는 것이 좋으며 선잠이라도 20분 이상 자지 않는 것이 포인트"라면서 "일어난 후 아데노신이 줄어들어 더욱 상쾌한 기분이 들 것"이라고 밝혔다.[14]

#2. 1997년 연구에서 12명의 수면부족을 겪는 사람들이 두 그룹으로 나뉘어 한 그룹은 커피만 마시고, 다른 한 그룹은 커피한 컵을 마신 5분 뒤 15분 동안 낮잠을 잤다. 실험은 운전 중 차선을 벗어나는지를 살피는 방식으로 진행됐다. 커피만 마신 그룹의 주행능력은 향상됐다. 하지만 커피를 마신 후 낮잠까지 잔 그룹의 주행은 보다 훨씬 향상된 결과가 나왔다.[15]

#3. 사우스 오스트레일리아 대학(University of South Australia)이 야간 교대근무자들에게 효과적인 피로대책을 얻기 위해 야간 교대근무자를 대상으로 비록 소규모이지만 '커피 냅 타임' 시간을 갖기로 하고, 새벽 3시 30분 냅·타임 직전 참가자들에게 카페인 200mg(일반커피 1~2잔에 해당)을 마시게 한 후 그 영향을 실험해 위약(가짜 카페인)을 복용한 그룹과 결과를 비교했다.[16] 그 결과 카페인 흡수자들이 생산성이나 주의력 모두에서, 즉 일을 할 때 정신을 바짝 차리며 일하는 효과를 얻을 수 있었다.

물론 아직은 '커피냅'에 대한 연구는 제한적이지만 이런 효과에 대해 호기심을 갖는 사람들이 개인적으로 실제 체험을 해본 결과, 커피를 마신 후 반드시 낮잠이 아닌, 약 20분간 조용히 휴식을 취하는 것만으로도 연구에서 밝힌 비슷한 효과를 얻을 수 있었다고 한다.[17]

이론적으로만 놓고 보면 커피와 낮잠은 피로회복에 있어 최고다. 하지만 이 실험을 수행한 수석연구원 센토판티(Stephanie Centofanti)박사는 카페인을 흡수한 근로자들이 잠을 깬 후 현장에 적응하기 직전 축 처진 기분상태인 '수면관성'에서 벗어나기 위해 약 20~30분 정도의 추가 각성시간이 필요하고, 평소 근로자들 중에서도 커피를 많이 마신 사람들이 있다면 과도한 카페인으로 인해 해당 근로자의 전반적인 수면과 건강을 해칠 수 있음을 유의시키고 있다.

또한 이런 내용도 개개인이 지닌 카페인 민감성에 따라 차이가 날 것이다. 많은 양을 마시거나 카페인 민감성이 높은 경우 각성 효과가 보다 확실하게 나타날 수 있다. 카페인 민감성이 높으면 적은 양의 커피에도 쉽게 각성되지만 낮으면 커피를 많이 마셔도 각성효과가 나타나지 않을 수 있기 때문이다.[18]

어쨌든 '커피냅'은 하루를 온통 피곤에 찌들어 보내지 않고 활기차게 보내는, 그래서 신경 과학자인 윌리엄 크리스토퍼 윈터 (William Christopher Winter) 박사의 표현처럼 잘만 관리해 나간다면 "하루를 망치지 않고 휴식을 취할 수 있는 좋은 방법"이 될 수 있을 것 같다.[19]

04
커피와 '블랙아웃' 음주문화

- 커피(카페인)는 '자극제'로 술(알코올)은 '진정제'로 작용한다.
- '알카(알코올+카페인)'를 섭취한 사람들이 알코올(카페인 제외)만 마신 동료들보다 자신의 음주 상태를 낮게 평가, 술집(bar) 혹은 음주장소를 떠나 귀가 또는 이동 시 음주 운전할 확률이 4배나 높다.
- 고위험 음주를 즐기는 남성에서 하루 커피 섭취량이 늘어날수록 염증의 지표물질 농도가 증가한다.

겨울 공항에서 추위를 달래기 위해 만들어졌다는 아이리시 커피. 일상적으로 접하는 음료 중 가장 중독성 높은 두 가지를 꼽으라면 바로 '커피'와 '술'일 것이다.

마성의 두 음료가 만나게 된 과정이 얼마나 은밀했을까 싶지만 아이러니하게도 가장 보편적으로 알려진 이야기에 따르면 '생존' 때문이라고 한다.

대표적인 칵테일 커피인 '아이리시 커피(Irish Coffee)'는 아일랜드 더블린 공항 근처에 한 술집 주인이 추위와 피로에 떠는 승객들을 달래주기 위해 맨 처음 제공했다는 이야기가 바로 그것.[1]

하지만 지금은 '생존' 차원이 아닌 풍류 때문에 술을 첨가한 커피 메뉴가 늘어나고 있다.

카페 로얄 뿐 아니라 카페 깔루아, 카페 글로리아, 카페 알렉산더, 트로피칼 커피, 커피 펀치, 커피 샤워, 스트림 오브 라인 등등 각각의 메뉴에 맞게 추출한 커피에 데킬라, 브랜디, 화이트 럼, 위스키 등의 술과 설탕, 달걀, 꿀, 레몬즙 등의 부재료를 첨가해 레몬, 오렌지껍질, 휘핑크림으로 장식해 제공된다.

이 중 트로피칼 커피는 남국의 정열적인 무드가 살아있는 커피고, 커피펀치는 오후에 마시면 피로가 풀리고 활력이 되살아나 스태미나 커피로 불린다. 또 차갑고 시원한 맥주에 진한 에스프레소를 얹어 먹는 '에스프레소 콘 비라', 여기에다 소주에 에스프레소를 결합시킨 '에쏘주'까지 등장한다.[2]

이처럼 칵테일 주료로 '알카(알코올+카페인)'와 그리고 우리에게 익숙한 술 한 잔 후, 입가심으로 '커피 한 잔'을 가정해 볼 수 있을 것이다.

커피(카페인)의 숙취 해소 효과는 낭설

주말의 '불금'을 맞아 한 주를 정리하는 의미를 지닌 친구들과의 약속, 혹은 회식은 직장인들에게는 한 주의 피로를 풀고 보다

강한 동료애 혹은 근무동기를 일깨우는 주요 의식일 수 있다. 보통 저녁 식사를 겸한 술 몇 잔과 그리고 마무리 커피 한 잔으로 그날 회식을 마무리 짓는 주요한 디저트 일정으로 마무리된다.

대부분 큰 부담이나 의식 없이 혹은 습관적으로 마시는 커피 한 잔이지만, 그런데 언젠가 누군가로부터 알코올 섭취 후 커피 한 잔, 즉 카페인을 마신다면 술이 깨고 몸에 활기를 얻을 수 있다는 얘기가 갑자기 떠오른다. 사실일까?

하지만 이는 현명한 선택이 아니라는 답이 나온다. 미국 브라운대학교 알코올 및 중독연구센터 부소장인 로버트 스위프트 (Robert Swift) 박사는 "카페인이 뇌를 속여 실제보다 덜 취했다고 착각하게 만드는 것일 뿐"이라는 얘기다.[3] 오히려 숙취가 있으면 커피를 피해야 한다는 것이다.

인도 뭄바이 화학기술연구소의 과학자들이 관련 연구논문을 통해 커피를 마시면 숙취를 해소할 수 있을 것이라고 여기는 사람이 많지만, 연구팀은 커피는 숙취에 대한 최악의 아이디어라고 지적했다.

연구팀은 커피를 마시면 ALDH(알데히드분해효소/알코올 분해효소, 필자 주) 활성도를 줄임으로써 술이 깨는 것이 아니라 숙취가 오히려 연장될 가능성이 있다고 지적한다.[4] 커피가 오히려 숙취를 해소하려는 체내의 순환작용을 늦추는 요인으로 등장하는 것이다.

이제 술을 마신 후 입가심으로 커피를 마시던, 아니면 처음부터 '카페인+알코올'이 결합된 술을 마시던 '카페인이 알코올의 효과를 무효화시킬 것이라는 생각을 가진다는 것은 사우스 플로리다대 약학대학의 조교수인 글렌 웰란 박사(Dr. Glenn Whelan)의 지적처럼 '그건 사실이 아니다'라는 말에 유의할 필요가 있다.[5]

커피(카페인/자극제)와 술(알코올/진정제)의 작용

회사원 최우석 씨(28세, 경기도 성남시)는 술자리가 생기면 카페인 폭탄주를 종종 만들어 먹는다. 소주와 양주에 에너지 드링크를 넣어 마시다 요즘은 새로운 방식을 즐긴다. 아메리카노를 소주와 반씩 섞어 마신다. 최 씨는 '소메리카노'라고 부른다. 최 씨는 "평소 커피를 거의 먹지 않지만 밤에 술 먹을 때는 다르다"라며 "카페인 폭탄주가 건강에 안 좋을 거 같아 찜찜하지만 습관이 된 것 같다"라고 말한다.[6]

우리가 술 한잔 후 커피 한잔 등 시차를 두고 마시거나, 이처럼 알코올에 카페인을 결합시킨 '칵테일'을 마실 때 이 두 가지 음료로 인해 우리의 중추 신경계에서는 어떤 반응을 보일까? 알코올과 카페인을 혼합하는 것이 실제로 좋은 생각일까? 흥미로운 조합이 될 수는 있을 것 같긴 같다고?[27]

알코올과 카페인을 섞었을 때 몸과 마음에 어떤 일이 벌어질 것인가에 대해 전문가들은 아데노신(Adenosine)이라는 화학 물질의 관련성을 제시한다.

알코올의 신경행동효과를 연구하는 인디애나대 의과대학 정신과 박사후 연구원인 브랜든 프리츠(Brandon Fritz) 박사는, 사람이 하루 동안 많은 일과에 시달려 피로가 쌓이면 뇌에서 아데노신이라는 물질이 분비돼 자연스레 혈액 속에 쌓이게 되고, 이 아데노신이 신경세포의 활동을 둔화 시켜 졸음을 일으킨다. 여기에다 때마침 마신 술, 즉 알코올은 '진정제'로 작용하여 우리의 행동을 둔화시키고 졸음을 더 유발한다는 것이다. 우리는 이 대목에서 어떤 동료가 술을 한 잔만 마셔도 잠이 비 오듯 쏟아진다고 하는 생리적 이유를 이해하게 될 것이다.

반면 중추신경계 자극제인 카페인은 기본적으로 아데노신 수치를 억제함으로써 오히려 졸음을 쫓는다. 프리츠는 "카페인은 졸음을 유발시키는 뇌의 아데노신 수용체를 차단하여, 졸음 신호를 멈추게 하고 대신 경각심을 불러일으켜 체내 에너지를 활동적으로 전환시켜 몸의 활력을 계속 유지 시키도록 돕는다"라는 것이다.[8]

알코올이 뇌에서 분비되는 아데노신이라는 물질과 한편이 되어 '진정제'로서 우리에게 잠을 자도록 유도하고, 휴식을 취하게 만드는 데 비해, 커피는 카페인을 통해 아데노신의 잠자기 기능을 방해하고 지연시킬 뿐만 아니라 체내에 몰려드는 졸음을 쫓아 일시적이지만 체력 버티기에 일조한다는 것이다.

블랙아웃으로 이끄는 커피(카페인)

이처럼 알코올은 진정제, 즉 휴식을 유도하는 데 반해, 카페인은 각성제로서 쉬고 자야 할 동료를 계속 깨어 있도록 만드는 것이다. 체내 혈중알코올 농도는 높아지는데 카페인이 이를 가리는 역할을 하는 것이다. 그러다 보니 알코올과 카페인이 혼합된 경우 사람들은 여전히 자신은 이성적(?), 즉 정신이 아주 말짱하다고 스스로 평가하는 경향이 있다.

노던 켄터키대학의 심리학자 인 세실 마르진스키(Cecile Marcz-inski)의 연구에서, 같은 양의 술을 마시더라도 '알카(알코올+카페인)'를 섭취한 사람들이 알코올(카페인 제외)만 마신 동료들보다 자신의 음주 상태를 낮게 평가한다는 사실을 밝혔다.

실제로 마르진스키의 연구는 "운전 장애와 부상의 증가율이 '알카' 소비와 관련이 있다"라고 언급하면서 이들이 술과 카페인을 섞어 술을 마신 후 술집(bar) 혹은 음주장소를 떠나 귀가 또는 이동 시 음주 운전할 확률이 4배나 높다고 지적하고 있다.

우리의 경우 상시 음주단속에도 불구하고 음주 운전이 끊이지 않고 적발되는 이유가 되기도 한다.

카페인은 활력과 기민함을 느낄 수 있는 '자극제'인데 반해 알코올은 평소보다 더 졸리게 만드는 '진정제' 역할을 한다. 그런데 카페인이 알코올의 '진정제' 성격을 차단하고, 술을 마셨는데도 불구하고 음주자는 실제보다 더 기민하거나 활력 있다고 착각한다. 이로 인해 평소보다 더 많은 술을 마시려 하거나, 음주 운전을 감행하려고 한다.[9]

술만 마시면 나타나는 일반적인 부작용은 졸음감이다. 하지만, 카페인은 종종 이런 졸음의 부작용을 가릴 수 있어 음주자들로 하여금 평상시보다 더 많은 양의 알코올을 섭취할 수 있게 한다.

호주 국립대학교의 고령화, 건강 및 웰빙연구 센터의 수석 연구자 겸 연구원인 레베카 맥케틴(Rebecca McKetin)은 카페인이 알코올이 함유된 최고치를 증폭시킬 가능성이 있음을 지적하는데, 연구에 따르면, 레드불(Red Bul, 카페인 에너지 음료, 필자 주)을 추가하면 실험 대상자들이 술을 더 마시고 싶어 할 확률이 두 배나 높아졌다고 한다.

질병통제센터(Center for Disease Control)는 '알카(알코올+카페인)'를 섭취한 15세에서 23세의 음주자들이 알코올과 카페인을 섞지 않은 음주자들보다 높은 강도로 폭음을 할 가능성이 4배나 높다는 연구를 공개적으로 지지해 왔다.[10]

몸은 피곤해서 잠을 자야 하는데 그리고 술을 마셔서 적절한 취기가 몸에 서려 졸음이 몰려와 있는데도 불구하고, 커피를 통해 공급된 카페인은 뇌가 분비한 아데노신의 수면유도 기능과 알코올의 진정제 기능을 무시하고, 우리 뇌로 하여금 "아직 나는 졸리지 않아" 그리고 "나는 아직 덜 취해서 한잔 더 해야 해"라고 우리 몸을 위장시키는 것이다.[11]

결국 우리는 취해서 쓰러질 때까지 술을 마시는 고귀한 체험(?)을 하거나 필름이 끊기는 '블랙아웃 음주문화(blackout drinking culture)' 현장을 목격하게 되는 것이다.

위험을 감수하게 하는 '독성강화증후군'

카페인과 알코올의 조합은 음주자의 판단력을 손상시켜, 위험을 감수하게 하는 행동을 유발시키는 소위 '독성강화증후군(toxic jock syndrome)' 현상을 나타낼 수 있다.

술 때문에 사고 후, 혹은 음주 운전으로 인해 사고 친 후 우리가 흔히 변명하는 얘기는 "술에 취해서", "술 때문에"라는 말이다. 자신의 행동결과를 변명하는 현상이 바로 '독성강화증후군'의 후유증이라고 볼 수 있다. 운전대만 잡으면 '욱' 한다는 공익광고의 어느 카피처럼, 술만 마시면 술기운에 돌변하는 사람들, 즉 거리낌 없이 행동하는 사람들이 주변에 더러 있기는 하다.

마이애미 의대 소아과 과장인 스티븐 립슐츠(Steven Lipshultz) 박사는 술기운을 빌어 "일부 사용자들 사이에서 자신의 한계에 대한 인식이 왜곡되어 위험을 감수하는 행동이 더 많이 발생합니다"라고 말했다.[12)]

호주국립대 노화건강연구센터 연구팀은 18~30세 성인 75명(남 29명/여 46명)을 두 그룹으로 나눠, A그룹에는 '보드카(60mL)에 소다수'를 섞어 제공하고 B그룹에는 '보드카와 에너지음료'를 섞은 칵테일을 마시도록 했다.

연구 결과, '보드카와 에너지음료'를 섞어 마신 사람이 '소다수와 보드카'를 섞어 마신 사람에 비해 과음하는 경향, 음주 욕구가 강했고 알코올 농도(BAC) 수치도 높았다.

또 '알코올성 에너지음료'를 마신 실험실 피험자들이 술만 마신 동일한 혈중 알코올 농도를 가진 피험자들보다 자신의 음주 상태를 낮게 평가하는 경향을 보였는데 이는 자신들의 술에 취한 상태를 항상 과소평가하는 성향을 지닌 중독성향의 특성을 보이는 것이다.[13)]

일반적으로 알코올은 음주의 순응도와 지속성을 촉진하는 것으로 알려졌는데, 이에 더해 에너지음료에 포함된 카페인은 취기를 가속화해 알코올과의 시너지 작용으로 음주 욕구를 끌어올린다는 분석이다.

연구를 주도한 레베카 맥케틴(Rebeca Mcketin) 박사는 "요즘 젊은이들 사이에 널리 퍼진 술에 에너지음료를 섞어 마시는 것은 본인이 의도한 것보다 술을 더 마시게 되는데 결국 이것은 자신도 모르는 사이에 과음과 연결된 사고 증가와 관계돼 있다"라고 지적한다.

『영국의학저널(BMJ)』에 실린 연구 결과에서는, 음주 욕구상승이 에너지음료의 달콤한 맛 때문인지 카페인의 영향인지는 확실히 규명하는 데는 아직 한계가 있지만 관련된 이전의 연구에서는 카페인의 영향에 더 무게를 두고 있다고 전하고 있다.[14]

우리는 보통 늦어지는 저녁시간과 함께 비례해서 체내에서 몰려오는 피로감 때문에 적절한 시간 혹은 중도에 술 마시기를 중단하고 일어서는 경우가 보통인데 카페인은 이러 감정을 쓸모없게 만든다.

심리 연구원인 세실 마르진스키(Cecile Marczinski) 씨는 "카페인은 체내에서 6시간 동안 지속되기 때문에, 피로를 못 느끼고 계속 술을 마셔야겠다는 자극은 연장되거나 술을 마시는 시간이 길어지게 된다"라고 그 이유를 설명한다.[15] 결국 술집의 영업종료 시간이 될 때까지 술자리는 계속될 수밖에 없게 된다.

심혈관 질환에 부담을 준다

카페인이 알코올의 졸음효과나 피로효과를 차단시켜 친구들과 함께 오랜 시간 동안 술을 마실 수 있게 하는데, 여기에는 카페인 알코올 두 약물이 모두 보상에 관여하는 도파민(dopamine, 행복호르몬, 필자 주) 수치를 증가 시켜 기분을 최고조로 상승시키는 것도 한몫한다. 이는 사람들이 알코올과 카페인이 결합된 음료를 마시고 싶어 할 수 있는 이유가 되기도 한다. 당연히 알코올 섭취량이 증가하면 알코올 중독 위험이 높아질 수 있다.[16]

여기에다 커피와 같은 카페인이 함유된 음료는 우리의 심장 박동 수를 빠르게 하는 동시에 혈압을 증가시키는 자극제 역할을 한다.

비록 알코올이 신체적으로나 정신적으로 우리를 이완 시키는 경향이 있지만, 그것은 실제로 카페인과 비슷한 심장 박동 수를 증가시킨다. 특히 사람이 기존 심장질환을 갖고 있는 경우 이 둘을 결합하면 심혈관 질환에 큰 지장을 줄 수 있다.[17] 또한 카페인은 두통, 지혈, 흥분, 위장 장애, 비정상적인 호흡으로 이어지는데 그것은 흡사 아드레날린 분출과 맞먹는다.[18]

한편 고위험 음주를 하는 남성에서 커피가 염증 유발물질로 작용한다. 영남대병원 가정의학과 정승필 교수팀이 2015년 국민건강영양조사에 참여한 성인 1,762명(남 759명/여 1,003명)을 대상으로 커피 섭취량과 CRP(C-반응단백질)의 상관성을 분석한 결과

고위험 음주를 즐기는 남성에서 하루 커피 섭취량이 늘어날수록 염증의 지표물질인 CRP의 혈중 농도가 증가한다는 사실이 확인된 것이다.[19]

대체로 흡연·음주하는 사람들이 커피도 더 자주 마시는 것으로 밝혀졌는데, 질병관리본부가 1회 평균 음주량이 남성 7잔, 여성 5잔 이상 또는 평균 음주 빈도가 주 2회 이상인 사람을 고위험 음주로 규정하고 있다.

이런 가운데 미국 『위내과저널(American Journal of Gastroenterology)』에 게재된 한 연구는 정기적인 커피 섭취가 알코올성 간경변의 발병을 예방하는 데 도움이 된다고 밝히고 있다.[20]

긍정적이든 부정적이든 커피와 술은 떼려야 뗄 수 없는 관계라고 봐야 할 것 같기도 하다.

'블랙아웃(blackout)' 음주문화

동료들이 잦은 회식자리를 갖고 과음하는 장면이 많이 나오는 영화 〈가장 보통의 연애〉(2019)에서 전 여자 친구에게 상처받은 재훈은 상습 음주로 인해 거의 매일 아침을 숙취로 시작한다. 재훈은 또한 남자친구와 뒤끝 있는 이별 중인 선영과 '밀당'을 하며 '격한' 음주를 하기도 한다.

영화에서는 재훈이 술에 취해 회사 팀원인 선영에게 전화해 2

시간 동안 통화하고는 이를 하나도 기억하지 못하는 장면도 등장하는데 전날 술자리에서 있었던 일을 기억하지 못하는 '블랙아웃'(일명 '필름 끊김', 필자 주) 현상이다.

"알코올은 혈관을 통해 우리 몸에 흡수되는데 혈액 속의 알코올이 뇌세포에 침투해 일시적으로 뇌 기능을 마비시킨다. 특히 기억과 관련된 중요한 역할을 하는 대뇌 측두엽의 해마가 알코올로 차단되면서 뇌에 기억이 아예 기록, 저장되지 않는 블랙아웃이 발생한다.

짧은 시간 동안 많은 양의 술을 마시는 폭음 습관, 빈속에 술을 마시는 '깡술' 습관, 몸이 피곤한 상태에서 과음하는 경우에 블랙아웃 위험성이 높다." 보건복지부 지정 알코올질환 전문병원인 다사랑 중앙병원 최강 원장(정신건강의학과 전문의)의 설명이다.[21]

음주 후 커피를 마시거나, 카페인이 함유된 칵테일을 과도하게 마시지 않는 가장 매력적인 이유는, 폭음으로 인해 후회할 일을 벌일 가능성을 차단하기 위해서다.

그런데 이미 몇 잔의 술이 우리의 기억과 판단을 방해하고 있는데, 여기에다 카페인을 믹스해서 추가해 버린다면, 취중에 무의식적으로 쓰는, 그래서 연락해서는 안 되는 곳에 문자 메시지를 발송해 버리거나 또는 술에 취한 상태에서 운전대를 잡는 것

과 같이, 훨씬 더 심각한 상황과 같은 불행한 사건의 가능성이 높아질 수 있다.[22]

미국 질병통제예방센터(CDC)도 음주는 또한 반응 시간을 늦추고 균형과 미세 운동 능력을 저하 시키며 판단력을 떨어뜨리는 방식으로 인지 능력을 손상시킨다고[23] 주의를 당부하고 있다.

이제 결론은 '알코올 후 커피 한 잔'이 '에너지 드링크 칵테일'만큼 많은 위험을 내포하지는 않는 것처럼 보이지만, 어쨌든 카페인과 알코올의 조합은 남용할 대상이 아니라는 것이다.[24]

사실 인간의 뇌는 아주 정교하게 설계되어 있어 과정과 과정마다 인풋(INPUT)과 아웃풋(OUTPUT)을 확실하게 매듭짓는다. 하지만 산출의 결과에 대해서까지 뇌가 책임을 지지는 않는다. 이를테면 사랑의 유통기한을 설정하는 것 등이 하나의 사례가 될 것이다.

인간의 뇌는 처음 보는 이성의 매력에 우선 푹 빠져 접선이 이루어지도록 설계되어 있다(열애 과정). 그런데 얼마 후 얼굴 표정을 바꾼다. 예를 들어 연인이 사랑을 통해 결혼 얘기를 꺼낼 무렵이면 뇌는 상대가 결혼배우자로서 그 적합성을 따지도록 한다(연애는 이상, 결혼은 현실). 영화 〈500일의 썸머(500 Days Of Summer)〉(2009)가 이런 상황을 극명하게 잘 보여준다.[25]

(154일째) "썸머를 사랑해. 그녀의 미소를 사랑해. 그녀의

머리칼이나 그녀의 무릎도 사랑해. 목에 있는 하트 모양 점도 좋아하고. 가끔 말하기 전에 입술을 핥는 것도 사랑스러워. 그녀의 웃음소리도 좋고 그녀의 자는 모습도 좋아."

(322일째) "나는 썸머가 싫어. 그녀의 삐뚤삐뚤한 치아도 싫고 60년대 헤어스타일도 싫고 울퉁불퉁한 무릎도 싫어. 목에 있는 바퀴벌레 모양 얼룩도 싫어. 말하기 전에 혀를 차는 것도 싫어."

여기에서 지금까지 사랑의 낭만과 환희에 가려진 상대의 단점이 들어온다. 열애 당시 몰랐던 혹은 장점으로 보였던 행동이나 말투가 눈에 띄게 거슬린다(파트너로서 부적합성 판정). 이는 상대의 도덕성이나 인격의 문제가 아닌 뇌의 농간, 혹은 뇌가 우리를 현실 생활에 적응하도록 진화시킨 생존능력의 결과일 수 있다(이 부분은 필자의 책 『열아홉 살이 사랑을 묻다』에 상세히 전개되어 있음). 사랑이 변하는 이유이기도 하다.

이처럼 호감 속에 접선했던 연인들 사이에서 '사랑이 변하는 이유'를 생존을 위한 진화의 결과로 설명하며 그 책임을 회피하는 인간의 뇌는, 마찬가지로 좋아하는 '알코올(술)'과 '카페인(커피)'의 조합 및 그 후유증에 대해서도 책임질 이유가 없을 것이다.

다시 이 글의 마무리로 돌아가자. 술을 마시면 알코올 성분이 뇌에서 기분을 좋게 하는 성분인 도파민을 솟구치게 만들어 들

뜬 기분으로 말이 많아지고 기운이 더 나게 된다.

하지만 너무 들뜨고 말이 많아지는 것 같으면, 뇌가 가열 혹은 과열되는 것을 방지하기 위해 체내 진정제와 같은 특별효소를 사용해서 피곤함을 느끼게 하여 정신도 흐리게 하고, 반응속도도 느려지게 하여 특히 다음 날 근무를 하기 위해서는 몸이 이제 쉬어야 한다는 신호를 보낸다.

그런데 이 상황에서 커피를 마신다면, 즉 카페인의 각성효능이 체내 알코올의 진정 효과는 낮추는 반면 기분을 좋게 하는 효과는 증가하게 된다.

그 결과 체내 알코올이 뇌의 반응을 더 느리게 만들지만, 몸은 술이 취하지 않은 것처럼 더 활력이 넘치게 된다. 이 상태가 되면 '한잔 더하자'라고 술을 더 마시게 되거나, 반복되는 얘기지만 정신이 멀쩡하니 운전, 즉 '음주 운전'으로 이어지게 된다. 카페인의 각성효과가 혈액 속 알코올 양까지 줄이는 것은 아닌데 말이다.[26]

이제 우리가 좋아하는 술과 커피를 심신이 안정되는 방향으로 관리하고 즐겨야 한다면 새겨야 할 교훈은, 카페인이 취기를 지연 시켜 특히 '알코올 에너지 드링크'를 마시는 사람들은 정상적인 한계를 넘어 계속 술을 마시게 될 가능성이 높다는[27] 사실을 항상 인지하는 것이다. 그리고 한잔 후 입가심으로 마신 커피 때문에 술이 확 깼었다고 운전대를 잡으려는 동료가 있다면 이를 말리는 동료애를 발휘해야 한다는 사실이다.

05
카페인 중독과 금단현상

- 하루에 커피를 3회 이상 마시는 사람들은 커피 그 자체를 즐기기보다는, 카페인에 중독돼 습관적으로 커피를 찾는 것이다.
- 평일 하루 1~2잔을 마신 사람에게도 금단증상이 나타날 수 있는데 두통이 가장 흔한 증상이며, 이 밖에도 피로, 산만함, 구역질, 졸음, 카페인 탐욕, 근육통, 우울하거나 예민한 증상이 함께 올 수 있다.
- 카페인 금단현상은 카페인을 섭취하고 12시간 이후부터 나타나기 시작해 24시간 뒤 최고조에 달한다. 그리고 대부분 사람에서 일주일 이후에 금단증상이 모두 사라진다.

우선, 커피에 관한 상식 하나. 『매혹과 잔혹의 커피사』의 저자인 마크 팬더그라스트(Mark Pendergrast)에 따르면, 카페인은 지구상에서 가장 많이 섭취되는 향정신성 마약이며, 커피는 카페인의 첫째가는 전달식품이다. 카페인 함유 음료의 세계 소비량을 환산하면 전 세계적으로 매일 1인당 한 잔씩 마시는 꼴이다. 미국에서는 그 섭취 형태를 막론할 경우 습관적으로 카페인을 섭취하는 비율이 전 인구의 90%가량에 이른다고 한다.[1] 우리의 경우 원두 소비량은 15만 톤으로 세계 소비량의 2.2%, 세계 6위 규모다.

농촌진흥청에 따르면 기후변화로 인해 지난해 우리나라 경지 면적의 10.1%가 아열대 기후에 속하는데 2080년이면 그 비율이 62.3%로 늘어나, 경북 상주처럼 커피 작물을 재배하는 농가가 일반화되어 '해발고도 1,500m의 고온다습한 고원지대에서 잘 자라는 아라비카종' 토종 커피를 마실 수 있다는[2] 예측을 해 볼 수 있다.

술(에탄올)과 담배(니코틴), 커피(카페인)는 인간이 즐기는 3대 기호식품이다. 이 중 카페인은 주로 커피, 차(홍차와 녹차), 코코아(초콜릿 등) 등을 먹음으로써 섭취하게 된다.

최근 웰빙 식습관의 대두로 카페인이 함유된 음료 대신 과일과 곡류, 생약재에서 추출한 건강음료가 뜨고 해양심층수와 같은 미네랄워터와 기능성 생수의 판매량이 늘고 있는 추세다. 그럼에도 불구하고 우리가 즐겨 먹는 커피와 차는 물론 과자, 빵류, 유제품, 콜라, 초콜릿 등에 광범위하게 함유된 카페인의 양은 결코 적지 않다. 특히 직장인들은 스트레스만 받으면 연줄 커피를 마신다.[3]

카페인(caffeine)은 원래 커피(coffee)에서 유래됐다. 커피라는 단어의 어원도 아랍어인 힘을 의미하는 '카파(caffa)'에서 시작됐다고 한다.[4]

주·부식인 쌀과 김치보다 커피를 더 많이 마신다는 커피공화국 주민답게 아침에 일어나 밤에 잠자리에 들기까지 하루에 커피 5~6잔은 기본이라는 김모 씨(32세, 남)는 회사에 출근해 일을 시작하기 전에는 무조건 따뜻한 커피를 마셔야지만 안정을 찾는다. 커피를 마시지 않으면 일이 손에 잡히지 않아 시간이 지날수록 책상 위에는 커피잔이 쌓여만 간다.[5]

부드러운 형태로 다가오는 금단현상

"고독한 새벽, 초췌한 한기, 뼈마디 저린 삭풍, 그 한복판에 지쳐 쓰러진 겨울을 보며 암갈색 심연의 커피잔을 든다. 원두 콩을 갈아 핸드드립으로 마시진 않더라도 그 메마른 용해가 훈훈하다. 빈속에 흘러내렸을 때의 달콤한 체읍 때문에 새벽이 깨어나고 감각이 깨어난다. 혼자 마시는 커피의 깊이는 고독의 깊이다. 외로울수록 커피 향은 짙고 저리다. 괴로울수록 커피 맛은 쓰고 아프다. 커피를 사랑할 수밖에 없는 이 시대, 이 시간, 우린 각성의 일탈을 꿈꾼다."[6] 새벽녘에 마시는 커피 풍경을 스케치한 멋진 에세이적 탁월한 묘사다.

그런데 이런 커피를, 오늘 아침 우리가 커피를 마시지 못했다면 어떤 일이 일어날까?

졸리고, 짜증 나고, 두통을 느낀다면 마약에 중독된 사람들이 스스로 마약을 끊으려고 할 때처럼 극단적인 금단현상을 겪는 것은 아니지만 그 금단현상이 다소 부드럽고 훨씬 더 온화한 형태를 가질 뿐 근본적으로는 마약중독에서 오는 금단현상과 유사한 형태의 고통을 겪는 것이라고, 미 조지아 에모리대의 신경약리학 교수 인 미첼 쿠하르(Michael J. Kuhar) 박사는 『헬스닷컴(Health.com)』과의 인터뷰에서 밝히고 있다.[7]

#1. 디자이너 이재욱 씨(36세, 서울 용산구)는 아메리카노 커피를 하루 평균 대여섯 잔 마신다. 10년째 이어온 습관이다. "거리낌 없이 자꾸 마시다 보니 물 대신 커피를 먹는 것 같다"라며 "이정도 안 마시면 허전하다"라고 말한다. 이 씨는 평소 긴장되거나 불안한 느낌을 겪는다. 밤에 잠을 잘 못 잘 때도 많다. 커피를 많이 마시기 전엔 없던 증상이다. 흡연이 커피를 부르기도 한다. 담배를 피울 때 커피를 찾게 되고 커피를 마시면 담배를 피우는 일종의 악순환이 일상화됐다. 이 씨는 "과도하게 마시는 커피가 생활에 지장을 초래하고 있다는 사실을 알지만 커피를 손에서 놓기 어렵다"라고 말한다.[8]

#2. 직장인 김모 씨(32세, 여)의 일상엔 '커피'가 빠지는 날이 없다. 아침의 시작은 아메리카노다. 출근길 커피전문점에 들러 중간 사이즈의 아메리카노 한 잔을 산다. 점심 식사 이후 중간 사이즈의 아메리카노 한 잔을 마신다. 업무 과다에 시달리는 오후

시간엔 달달한 믹스커피 한 잔을 마신다. 퇴근 이후 만난 친구들과 저녁 식사 후 또다시 커피 한 잔을 마신다. 김 씨는 매일 아침 "난 커피를 마시지 않으면 머리가 안 돌아간다"는 말을 달고 산다. 커피를 마시지 않으면 정체 모를 두통에도 휩싸인다. 그러다 커피를 마시면 정신이 번뜩 든다. 사람들은 김 씨를 '커피마니아'라 부르지만, 사실 '카페인 중독자'일 수도 있다.[9]

#3. 직장인 A 씨(35세)는 아침에 눈을 뜨자마자 모닝커피를 마신다. 그리고 출근 후 한 잔, 회의하며 한 잔, 식사 후 한 잔, 오후 미팅 때 한 잔. 평일 하루 평균 5잔 이상 커피를 마신다. 평소보다 커피를 덜 마시는 주말이면 온종일 두통에 시달리거나, 피로가 한꺼번에 몰려온다. 이로 인해 평일에는 쌩쌩하다가 주말만 되면 컨디션이 크게 떨어지는 리듬이 반복된다.[10]

독일 프리드리히 쉴러대학 예나(Friedrich Schiller University Jena) 연구원들이 하루에 3회 이상 커피를 즐기는 '24명의 사람들(heavy consumers)'과 커피를 많이 마시지 않거나 전혀 마시지 않는 32명의 개인을 모니터링한 결과, 일반 커피 드링커들은 마시고자 하는 그 커피에 대한 욕구가 높았지만 하루에 커피를 3회 이상 마시는 사람들은 커피 그 자체를 즐기기보다는, 카페인에 중독돼 습관적으로 커피를 찾는 것이라는 연구 결과를 내놨다.[11] 커피를 좋아하고 즐긴다기보다는 커피 그 자체를 반복적으

로 소비하는 패턴을 가진 것으로 전문가들은 이는 중독 증상의 대표적인 특징으로 봤다.[12]

이는 다른 마약과 마찬가지로 커피를 과도하게 마시는 사람도 중독될 수 있음을 시사하는 것이라고 볼 수 있다. 기호 식품으로 커피를 마시는 것이 아니라 커피를 위해 커피를 마시는 것이다.

어느 정도 커피를 마셔야 중독으로 진단할까

그런데 이러한 카페인을 중독이라 불릴 만큼 과다 섭취할 경우, 카페인을 섭취하지 않을 때 불안감을 느끼는 것은 물론 호흡 곤란이 나타나고 심장박동이 빨라지며 심지어 사망에까지 이를 수 있다.

부산대병원 가정의학과 이정규 교수는 "의학적으로는 카페인 중독이라는 질병이 없다. 그래서 특별한 치료방법이나 카페인을 배출하는 약도 없다"라고 말했다. 이어 "카페인이 의식하지 못하는 데 많이 들어 있다. 커피나 콜라 외에도 감기약이나 녹차 등의 일반 식품에도 함유돼 있다. 이를 통해 카페인이 체내에 쌓일 수 있으므로 잘 따져 섭취하는 게 중요하다"라고 덧붙였다.[13]

실제 카페인 중독 때문에 병원까지 찾는 이들이 적지 않다. 건강보험심사평가원 자료에 따르면 2013년에 226명의 환자가 카페인 중독으로 병원을 방문했다고 한다. 최근 한 조사 결과에 따르면 한국인들이 하루에 쌀보다 커피를 더 많이 섭취하는 것으로 드러났다.

보건복지부 질병관리본부 조사에 따르면 2013년에 국내에서 소비된 음식 중 커피가 1위를 차지했다. 일주일에 평균 12.2회 커피를 마시는 것으로 나타났으며, 김치와 쌀이 각각 11.9회, 9.6회로 그 뒤를 이었다.[14]

식약처가 제시한 성인의 카페인 1일 권장량은 400㎎이다. 식약처가 2012년 커피전문점 22개 브랜드의 아메리카노(톨 사이즈)를 수거해 카페인 함유량을 조사했더니 평균 125㎎이었다. 하루 3.2잔을 마시면 권장량을 채운다. 믹스커피는 하루 5잔 이상 마시면 권장량을 초과한다.[15]

그럼 어느 정도 커피를 마셔야 중독으로 진단할까. 미국정신의학회(APA)는 하루 카페인 섭취량이 250㎎(커피 2~3잔) 이상이면서 수면장애·두근거림·위장장애·흥분·안면홍조·맥박 불규칙 등 총 12개 진단항목 중 5개 이상의 증상을 보이면 카페인 중독을 의심해야 한다고 지적했다.

"CHECK LIST/나도 '카페인 중독'일까?"에서, 24시간 커피를 마시지 않은 상태에서 위와 같은 증상이 3가지 이상 나타나면 카페인 중독일 가능성이 크다는[16] 얘기다.

□ 커피를 갈망한다

□ 머리가 아프다

□ 근육통이 생긴다

□ 불안하다

□ 짜증이 쉽게 난다

□ 손이 떨린다

□ 속이 메스껍다

□ 우울하다

□ 집중이 안 된다

□ 피곤하다

미국정신의학회가 밝힌 대표적인 증상은 5가지다. 누구라도 카페인에 중독됐다고 알려주는 신호다.[17]

△두통=카페인 중독 증상을 보이는 사람들의 가장 큰 특징은 두통이다. 카페인을 갑자기 끊을 경우 빠르면 12시간, 적어도 24시간 이내에 '카페인 두통'이 발생한다는 것이다. 이 증상은 20~48시간에 정점에 달하지만 커피 한 모금만 마셔도 금세 사라지는 증상이다. 커피에 들어 있는 카페인은 교감신경계를 자극해 혈관을 수축시키는데, 평소 카페인 섭취가 많은 사람은 뇌혈관 수축 상태일 가능성이 적지 않다. 커피를 중단할 경우 수축된 혈관이 이완되는 과정에서 신경이 두개골을 눌러 두통이 발생하게 된다.

△피로감, 무력감=카페인 중독의 대표적인 증상은 피로감이다. 커피를 매일 마시던 사람이 커피를 마시지 않을 경우 피로감과 졸음, 무력감이 몰려오는 것을 대표적인 카페인 중독 증상으로 꼽는다. 특히 습관적으로 커피를 마시는 사람들이 평소 하던대로 규칙적인 카페인 섭취를 하지 않을 경우 에너지 수준이 크게 감소하게 된다.

△집중력 저하=커피 속 카페인은 도파민 분비를 촉진해 일시적인 각성 효과를 일으킨다. 카페인이 교감 신경계를 자극해 정신을 맑게 하는 효과가 있는 것이 사실이다. 문제는 커피를 마시다가 마시지 않을 경우다. 커피의 섭취가 없으면 두뇌회전이 안된다거나 집중력이 떨어지고 있다고 느끼면 카페인 중독을 의심해야 한다.

△우울증=카페인은 특히 우울증과 같은 기분 장애를 앓고 있는 사람들의 심리적 상태를 악화시킬 뿐만 아니라, 섭취를 중단할 경우 중독 상태에 있는 사람들의 감정변화에 영향을 미친다.

△근육통=커피를 끊으면 감기몸살을 앓는 것과 비슷한 근육통이 생긴다면 이는 카페인 중독 증상의 하나다. 카페인으로 인해 경직된 근육이 이완되면 원래의 자기 상태로 돌아가려다 보니 이 같은 증상이 나타난다.

사실 카페인은 건강한 성인에게는 아무것도 아니다. 그냥 어쩌다 한번 우연히 먹거나 안 먹어도 그만일 뿐이다. 그러나 카페인 민감성 환자, 임산부, 자라나는 청소년들에게는 독이 될 수 있다. 카페인이 '안전한 식품첨가물'이라는 말로 무책임하게 방치되는 사이에 우리 사회는 커피라는 이름의 탈을 쓴 카페인에 중독되어 가고 있다.[18]

카페인 중독이 위험한 이유

카페인은 커피나무, 코코아, 구아바, 식물의 잎, 씨 등에 함유된 알카로이드(식물 속 염기성 유기화학물)의 일종이다. 중추신경을 자극해 기분 좋게 하거나 인지능력과 전체적인 운동 수행능력을 높인다. 흔히 알려진 각성효과도 카페인이 졸음을 일으키는 아데노신 작용을 억제하기 때문이다. 신경을 자극해 일시적으로 암기력도 높아진다. 이로 인해 사람들은 카페인의 여러 효능을 의존한다.

하지만 보통 카페인 체내 반감기가 3시간에서 길어야 10시간이다. 아무리 기분 좋은 효과도 결국엔 일시적인 현상일 뿐이라는 것이다. 카페인에 대한 의존도가 높아질수록 더 자주 더 많은 양의 카페인을 찾게 되고 결국 카페인 중독에 이른다.[19]

우선 카페인 중독이 위험한 이유는 점점 카페인 없는 일상생활이 불가능해지기 때문이다. 각성효과가 일어나는 동안 몸은 긴장상태를 유지해 부작용이 생길 수 있다. 미국소아과학회 저널에 따르면 카페인 중독으로 인한 심장 이상, 심장 발작 등 심각한 증상도 보고됐다. 특히 카페인 폭탄주는 혈관을 수축 시켜 심장에 큰 무리를 준다고 알려져 있다. 카페인을 해독하는 기관인 간도 직격탄을 맞는다.

어린 학생의 경우 철분과 칼슘 흡수에 문제가 생겨 키가 자라지 않을 수도 있다. 박현아 서울백병원 가정의학과 교수는 "커피를 많이 마시는 사람들의 뇌파를 검사해 보면 깊이 못 자는 경우가 대부분"이라고 말했다.[20]

> 드물지만 평일 하루 1~2잔을 꾸준히 마신 사람에게도 금단증상이 나타날 수 있다. 금단증상은 카페인 섭취를 중지한 12~24시간 이내 발생하며, 1~2일 내로 심해지다가 일주일 내에 낫는다. 두통이 가장 흔한 증상이며, 이 밖에도 피로, 산만함, 구역질, 졸음, 카페인 탐욕, 근육통, 우울하거나 예민한 증상이 함께 올 수 있다.[21]

그럼 이런 카페인 중독에서 벗어나려면 어떻게 해야 할까. 미국의 건강 전문 사이트 '헬스닷컴'이 카페인 중독증에서 벗어날 수 있는 방법을 소개했다.[22]

△물을 많이 마셔라=커피나 콜라 대신에 물을 많이 마시는 것이 좋다. 찬 물이든 뜨거운 물이든 상관없다. 손에 음료수 병이

나 잔을 들고 있으면 커피나 녹차가 든 잔이 없을 때 느끼는 허전함도 줄어들 것이다.

△운동량을 늘려라=운동은 카페인 못지않은 자극제이자 활력소다. 다만 벤치 프레스 같은 웨이트트레이닝은 피하는 게 좋다. 이런 운동은 산을 비롯해 위 속의 내용물을 역류시키기 때문에 좋지 않다.

△위를 오랫동안 비워두지 마라=공복감이 오래가지 않도록 해야 한다. 4시간 이상 위를 비워두지 않는 것이 좋다. 허기가 질수록 신경이 날카로워진다. 소량의 식사를 자주 하는 것이 위산 역류를 막는 등 몸에 좋다.

△잠을 충분히 자라=가장 좋은 피로회복제는 수면이다. 매일 저녁 정해진 시간이나 비슷한 시간대에 잠을 청하고 7~8시간 자는 게 좋다.

△건강 음식을 먹어라=카페인이 없는 음료를 마셔라. 디카페인 커피도 카페인을 소량 함유하고 있긴 하지만 일반 커피의 좋은 대안이다. 카페인이 전혀 없는 허브차도 좋다. 또 정제 설탕이나 패스트푸드를 피하고 섬유질이 풍부한 과일, 채소 등을 많이 먹는 게 좋다.

별것 아니라고 생각할 수 있지만 카페인 금단현상은 일단 정신질환으로 분류되고 있다. 미국정신의학회는 『정신질환 진단·통계편람 제5판(DSM-5)』에서 카페인 금단과 중독이 일상생활을 방

해할 정도면 정신질환에 해당한다고 밝혔다.[23]

또 증상의 범위와 강도가 워낙 넓어 금단현상과 관련이 있는지 불분명하다는 반론도 제기되고 있는 것도 사실이지만,[24] 현실적으로 실제 카페인 차단 이후부터 오는 끊임없는 긴장감과 불안감이 있다면 심적 동요보다는 지금까지 커피를 습관적으로 마셨던 행태를 개선할 때 필연적으로 겪어야 하는 자극이자 하나의 과정이라고 생각하면 된다.

그리고 "인내심은 성과를 낼 것이고 2주 안에 우리의 신체는 더 이상 높은 카페인의 수치를 필요로 하지 않는 단계까지 도달할 수 있다"라고 건강 및 웰니스 코치 엘리슨 스톡콘(Alison Stockton)이 말하는 뜻은[25] 다행스럽게도 카페인 금단현상이 카페인 섭취 12시간 이후부터 나타나기 시작해 24시간 뒤 최고조에 달한 후 그리고 대부분 사람에게서 1주일 이후에 금단 증상이 모두 사라진다는 의미다.[26]

06
흡연 시 커피를 더 많이 마시는 이유

- 흡연 시 카페인을 함께 하면 그 상호작용으로 인해 심장에 더 부정적인 영향을 미친다.
- 흡연행위 자체가 신진대사를 변화 시켜 카페인을 더 빨리 분해하도록 작용한다. 이는 커피 때문에 담배를 많이 피우는 것이 아닌, 담배(니코틴) 때문에 오히려 커피(카페인)를 많이 마시게 된다.
- 대부분 우리의 몸은 카페인을 수면방해 물질로 받아들이지만, 사실은 니코틴과 알코올이 수면방해에 더 강력한 악영향을 미친다.

담배라는 소재를 사용한 영화 두 편, 웨인 왕 감독의 〈스모크〉(1995)와 짐 자무쉬 감독의 〈커피와 담배〉(2003). 〈스모크〉에서 담배는 인생 그 자체의 상징이라면, 짐 자무쉬 감독의 〈커피와 담배〉에서는 언어와 침묵 사이를 연결하는 하나의 구두점 혹은 쉼표로써 사용된다.[1] 그런데 건강과 관련해서 '커피'와 담배, 즉 카페인과 '니코틴'은 어떤 의미를 지닐까? 특히 이들의 상관관계에서 건강이라는 변수에는 어떤 영향을 미칠까?

우선 커피와 담배는 심장에 좋지 않은 조합이다. 옆 동료들과 대화를 하면서 테이크아웃용 커피잔을 손에 들고 담배를 입에 물고 있다면, 흡연과 카페인의 이런 상호작용은 심장에 부정적인 영향을 미칠 수 있다.

실제 아테네 의대 심장학과의 샤랄람보스 블라코풀로스 (Charalambos Vlachopoulos) 등 연구진이 『심장학저널(Journal of the American College of Cardiology)』에 발표한 연구는, 흡연과 카페인을 함께 복용 시 그 상호작용을 통해 심장에 부정적인 영향을 미친다는데, 실제 커피를 마시는 흡연자들에게서 동맥경화와 비정상적인 혈류가 가장 많이 발생했다.[2]

커피와 담배의 연관성

우선 대부분 흡연자들이 담배 필 때 커피를 같이 마시는 이유는 뭘까. 과학저널 『시앙스에비(Science-et-vie)』는 지난 2017년 덴마크와 노르웨이 연구진들이 진행한 담배와 커피 소비량 사이의 상관관계 조사 결과를 소개하면서 여기에는 생물학적인 배경이 있다고 강조했다.[3]

영국 브리스톨 대학의 마르쿠스 무나포(Marcus Munafò)와 그의 동료들이 25만 명을 대상으로 흡연과 음주 습관을 조사한 결과, 흡연 행위가 카페인이 함유된 음료를 더 많이 마시도록 부추긴다는데, 이는 흡연행위 자체가 신진대사를 변화 시켜 카페인

을 더 빨리 분해하도록 작용하기 때문이라고 밝혔다.[4]

이는 흡연유전자가 더 많은 카페인을 소화하는 능력을 지니는 것으로, '비흡연자'와 똑같은 카페인의 효능을 얻기 위해서 더 많은 커피가 필요하다는 것이다.[5]

> 흡연과 카페인의 관계를 조사하기 위해, 무나포와 그의 동료들은 영국, 노르웨이, 덴마크의 바이오 뱅크의 데이터를 분석한 결과, '흡연유전자(smoking due to their DNA/had the tobacco gene variant consumed)'를 가진 사람들이 담배를 피운 후에 커피를 마실 가능성이 더 높다는 상관관계를 확인했다.

하루에 담배 10개비 정도를 더 많이 피우는 흡연자는 비례해서 하루에 커피를 1.5컵 정도 더 마시게 되는 상관관계를 확인했는데, 이에 대해 무나포는 담배 속의 니코틴이 사람들이 카페인을 대사하는 방식에 영향을 미칠 수 있음을 확증하는 것이라고 보고 있다.

물론 담배를 피우기 위해서 변이 유전자가 진화한 것은 아니겠지만 흡연과 커피 마시기 사이의 명백한 연관성은 유전적 변종의 알려지지 않은 기능 때문일 수도 있다는 것이 런던대 연구자 웨스트(Robert West)의 견해다.[6]

니코틴과 알코올이 커피보다 수면을 방해하는 이유

『수면저널(Journal Sleep)』에 발표된 새로운 연구에 따르면, 숙면을 취하려면 취침 4시간 전에 니코틴(nicotine)과 알코올(alcohol), 카페인(caffeine)을 반드시 줄여야 한다. 연구자들은 취침 전에 니코틴과 알코올이 수면의 양과 질에 부정적인 영향을 미칠 수 있다고 말한다.

플로리다 애틀랜틱 대학교(FAU)의 한 연구원이 브리검과 여성병원(Brigham and Women's Hospital), 하버드대학, 에모리대학, 미시시피대학 의료센터, 국립보건원(National Institutes of Health)의 도움을 받아 총 5,164일 동안 785명을 대상으로 저녁시간대 알코올, 카페인, 니코틴의 섭취를 조사한 연구 데이터에 따르면, 취침 전 4시간 이내에 니코틴과 알코올을 사용한 사람들은 수면주기에 가장 큰 영향을 미쳤는데, 특히 니코틴은 불면증을 가진 사람들에게 가혹하게 작용 수면시간을 40분 이상 감소시켰다.[7]

그래서 두 가지 향정신성 약물의 결합, 즉 니코틴과 카페인의 만남은 안전하지 않다는 것이다. 그럼에도 불구하고 낭테르 대학(Paris Nanterre University)의 연구 결과는, 커피를 많이 마시는 사람들이 결과적으로 담배도 가장 많이 피우는 사람들이라는 것이다.

우선 병원에 입원한 사람들의 4분의 3 이상이 흡연자이고 이들 흡연자의 65%가 커피를 마시는 사람들이었다. 이는 전국 평균을 훨씬 웃도는 수치이다. 보다 범위를 좁혀 커피를 마시는 환자만을 대상으로 흡연율을 조사했을 때 커피를 마시는 환자 83%가 흡연자였다.[8]

일반적으로 흡연자가 비흡연자보다 카페인(커피) 섭취가 많다는 사실은[9] 안양샘병원 가정의학과팀이 2013년 국민건강영양조사에 참여한 19세 이상 성인 흡연경험자 1,133명(현재 흡연 1,034명, 금연 919명)을 대상으로 한 '금연 성공률'의 국내연구에서도 입증되고 있다.

한편 금연 성공률이 낮은 이유에 대해서는 국내 연구팀은 그 원인을 커피의 카페인이 니코틴 흡수를 방해하기 때문이라고 해석하는데, 이 부분에 대해서는 외국의 다른 연구와는 차이가 나는 부분이어서 좀 더 심오한 추가 연구가 필요하다고 보여진다.

우선 위에 기술된 '커피와 담배의 연관성'에서 카페인이 니코틴에 대한 영향력은 없고, 오히려 니코틴이 카페인 대사능력을 증진시킨다는 연구 결과는 커피 때문에 담배를 많이 피우는 것이 아닌, 담배 때문에 오히려 커피를 많이 마시게 된다는 결론이기 때문이다.

그리고 우리가 '수면방해'라는 관점에서 커피와 관련된 술과 담배를 연결 시켜 보았을 때 상대적 관점이지만, 임상수면건강 교육자이자 인섬니아코치(Insomnia Coach)의 설립자인 마틴 리드

(Martin Reed)는 오히려 카페인이 실제로 많은 사람들이 걱정하는 것보다 우리의 수면에 영향을 덜 주는 것이라고 말한다.

> 슬립오폴리스(Sleepopolis)의 수석 연구원인 로즈 맥도웰 (Rose MacDowell)은 대부분 우리가 카페인이 수면방해 물질로 받아들이지만, 사실은 니코틴과 알코올이 수면방해에 더 강력한 악영향을 미칠 수 있는데 특히 과도한 알코올 남용은 건강한 수면과 기상주기에 관련된 유전자를 영구적으로 손상시킬 수 있음을 지적하고 있다.[10]

커피가 미성년자를 제외한 남녀노소 거의 구분 없이 일상화되다 보니 '수면방해'라는 관점에서 카페인에 대한 관심만 증폭되고 니코틴과 알코올의 잠재적 위험성에 대해서는 상대적으로 방치된 것이 이런 오해(?)를 낳는 것이 아닌가 하는 생각이 든다.

그러다 보니 니코틴과 알코올에 비해 상대적으로 덜 위해(危害)한 그래서 약간의 면죄부(?)를 받는 듯한 카페인의 조사연구를 인정한다 하더라도 결국 '수면방해'의 주 요인으로 여겨지는 카페인에 대한 오명은 벗어질지가 의문이다.

어떤 사람의 경우 술과 담배를 멀리한 지가 이미 오래되었고, 지금은 커피만을 몇 년째 마시고 있기 때문이다.

07
임산부가 마시는 커피
한 잔의 잠재적 위험성

- 임산부가 마시는 커피 한 잔의 잠재적 위험성에 대한 '1'을 완전히 배제할 수는 없다.
- 임산부의 적정 카페인 섭취량에 대해서는 여전히 학계의 의견이 분분하지만 좀 더 엄격한 기준을 제시한 최근의 연구는 소량의 카페인도 위험하다는 것이다.
- 카페인 분해 속도가 신생아의 경우 반감기가 80시간 이상 될 수도 있다. 이는 신생아의 경우 몸속에 엄마가 커피를 마실 때마다 카페인에 매번 80시간씩 노출된다는 뜻이다.

비록 당신의 기호와 당신의 몸은 커피를 좋아하고 체내에 공급되는 카페인의 양을 감당할 수 있을지라도, 당신 몸속에 자리 잡고 있는 아기는 신진대사가 미성숙하여 당신이 마시는 카페인양을 아직 완전히 감당할 수 없다면 어떻게 될까?[1)]

일전 트위터의 한 게시물에는 해외의 한 여성이, 인기 있는 어느 커피체인점에서 자신이 커피를 주문하려고 할 때 "임산부는 커피를 마시지 말아야 한다" 혹은 "카페인 없는 커피를 마셔야 한다"라는 잔소리(?), 즉 자발적인 조언을 들은 경험을 소개한 적이 있다.[2] 당사자 입장에서는 일면식도 없는 '그 어떤 사람'으로부터 커피를 마시면 안 된다는 권고가 '잔소리'로 황당했다는 경험담을 올린 것이다. 그런가 하면 최근 득남한 배우 박○○이 임신했을 당시 한 방송 프로그램에서 "커피를 먹고 싶은데 임신 중이라 못 먹어 힘들었다"라며 자신의 심경을 토로한 적이 있다. 이처럼 임신 중 커피는 임산부들에게 마시면 안 되는 해로운 식음료로 인식되고 있다.

임신 중 커피, 정말 마시면 안 되는 걸까?

임신 중 커피 마셔도 될까

초기 암 환자의 경우 고기를 먹으면 안 된다는 것이 일반인들이 갖는 상식이었다. 그런데 언젠가 어느 날부터 암 환자들도 암 치료를 위한 체력을 고려해 쇠고기, 돼지고기, 생선류를 번갈아 먹는 것이 중요하다는 것이다. 물론 최종적인 권고는 치료진의 말을 따라야 하겠지만 말이다. 이처럼 임산부와 커피와 관련해서도 지금까지의 연구 결과는 엇갈리고 있다. 홍상수 감독의 영화 제목 〈지금은 맞고 그때는 틀리다〉(2015)의 비유처럼, 반대로 그때는 맞았는데 지금은 틀린 경우가 있을 수 있는 사례가 바로 '커피'와 임산부와의 상관관계에 대한 연구 결과다.

먼저 결론을 내린다면 "괜찮을 수도 있고, 안 괜찮을 수 있다"라는 것이다. 물론 임신 시 카페인 섭취가 태아기형을 일으킨다는 공식 보고는 없다. 하지만 과도한 양의 카페인은 태아성장을 방해하고 기형을 발생시킬 위험이 있어 주의해야 하는 경고는 계속 나오고 있기 때문이다.

"임신했을 때 태아에 카페인이 해로울 것 같아 커피를 며칠 끊었는데 견딜 수가 없었어요. 머리가 아파서요. 의사 선생님이 하루 1~2잔은 괜찮다고 하셨는데 맘이 영 불편하더라고요." 두 살과 네 살 된 아들을 둔 주부 서지은 씨(38세)는 임신했을 때 제일 괴로운 게 커피였다고 한다. 20대 초반부터 하루도 안 거른 커피를 끊는다는 건 고통에 가까웠다.[3]

지금까지의 연구 결과를 종합해 보면 커피의 잠재적 위험성에 대한 '1'을 완전히 배제할 수 없다는 것이다. 적어도 그 영향이, 커피 마시는 당사자가 아닌 태아 혹은 성장기의 아이라면 결국 그 영향을 끼칠 수 있는 위험성 '1'을 무릅쓰고 커피마시는 산모 혹은 엄마는 없을 것이라는 생각이 들기 때문이다.

커피와 출산과의 상관관계

사실 임신부들은 조심해야 할 것이 많다. 건강한 아기의 탄생을 위해 좋아하던 음식도 멀리해야 한다. 세균 감염 우려가 있는 날고기나 생달걀 등이 대표적이다. 그렇다면 커피도 끊어야 할까? 임신부들은 커피 한 잔의 여유도 즐기지 못하는 것일까?[4]

커피에 함유된 카페인은 임산부에게 필요한 철분 섭취를 방해하고 조산을 일으킬 위험이 있다. 하지만 하루 섭취하는 카페인이 200mg 이하라면 문제가 없다는 것이 전문가들의 의견이다.

미국식품의약국(FDA)에 따르면 임산부 하루 카페인 섭취 권고량은 200mg이다. 커피전문점에서 파는 아메리카노 한 잔의 카페인 함유량이 200mg 미만이기에 하루 한 잔 정도의 커피는 마셔도 무방하다. 단, 평소 커피를 마신 후 가슴이 두근거리거나 카페인 분해 능력이 일반인에 비해 낮을 경우 되도록 피하고 전문의와 상담하는 것이 좋다는 것이다.[5] 지금까지 발표된 관련 연구 주요내용들은 다음과 같다.

♦ 커피와 임신성공률

커피 하루 5잔 이상은 체외수정(IVF)이나 정자직접주입술(ICSI)에 의한 임신성공률을 크게 떨어뜨린다는 연구 결과가 나왔다.

덴마크 오르후스(Aarhus) 대학병원 불임클리닉의 울리크 케스모델(Ulrik Kesmodel) 박사가 IVF나 ICSI 시술을 받은 여성 3천

959명을 대상으로 실시한 조사 분석 결과 커피를 하루 5잔 이상 마시는 여성은 임신성공률이 50%, 출산성공률이 40% 나 크게 떨어지는 것으로 나타났다고 영국의 데일리 메일 인터넷 판이 보도했다.[6]

♦ 아기의 불면증을 유발 혹은 수면에 지장

임신한 여성의 경우 지나치게 커피를 많이 마신다고 해서 아기의 불면증을 유발하는 것은 아니라는 주장이 나왔다.

브라질 팰로타스대학 연구진은 2004년 태어난 4200명의 유아들을 대상으로 추적조사를 실시, 카페인을 섭취한 산모로부터 모유수유를 받은 아기의 각성상태가 증가되는 것은 아니라는 사실을 확인했다. 하지만 유아의 수면패턴 방해와는 관련이 있는 것으로 보인다고 밝혔다.[7] 커피를 과음하면 아기의 수면에 지장을 줄 수 있다는 이야기다.

산모는 특별히 필요하지 않다면 카페인 없는 음료를 마시는 것이 좋다. 홍차나 녹차에도 카페인이 들어 있으므로 많이 마시는 사람은 양을 체크해본다. 대개 커피와 홍차에는 같은 정도의 카페인이 들어있고 일반적인 차에는 그 절반 정도의 양이 들어있다. 커피를 좋아하는 사람은 하루에 2~3잔 이내로 제한하면 특별한 문제는 없다.[8]

⬥ 소아백혈병에 걸릴 확률

임신부가 하루에 커피 2잔을 마시면 아기가 소아백혈병에 걸릴 확률이 무려 60%나 높아진다는 연구 결과가 나왔다.

영국 브리스톨대학교 연구팀이 20개가 넘는 기존 연구를 분석한 결과, 임신 중에 커피를 마시면 아기가 소아백혈병에 걸릴 확률이 20% 정도 높다는 것을 발견했다. 또 하루에 2잔 이상을 마시면 소아백혈병 위험이 60% 높아지는 것으로 나타났다.

연구팀은 "4잔 이상을 마시면 발병 위험이 72%까지 상승한다"며 "임신부에게 술이나 담배를 금지시키는 것처럼 커피 섭취도 제한을 해야 한다"고 말했다. 과학자들은 커피에 들어 있는 카페인이 태아의 세포에서 DNA를 변화 시켜 태아 세포가 종양의 성장에 더 취약하게 되는 것으로 파악하고 있다.

브리스톨대학의 데니스 헨소 교수는 "임신부라고 해서 커피를 완전히 포기해야 한다고는 생각하지 않는다"며 "하지만 조심하는 의미에서 커피 섭취량에는 제한을 둘 필요가 있다"고 말했다. 이번 연구 결과는 『미국산부인과저널(American Journal of Obstetrics and Gynaecology)』에 실렸다.[9]

⬥ 소아비만 연관 가능성

임신 중 카페인 섭취와 소아기 체중증가 사이에 연관이 있을 가능성이 있다는 연구 결과가 나왔다. 임신 중 일반적인 카페인 섭취조차 자녀가 3살이 되면 과체중이 되거나 유아기에 지나치게 키가 클 수 있는 만큼 임신부들은 카페인 섭취를 완전히 피하는 것이 바람직할 수 있다는 것이다. 이런 결과는 노르웨이 공공보건연구소(NIPH)가 2002년부터 2008년 사이 5만1천 명의 여성과 그들의 자녀를 조사한 것으로, 기존의 과도한 카페인 섭취는 저체중아를 낳을 수 있다는 연구와는 맥을 달리하고 있다.[10]

스웨덴 샬그렌스카대학병원 산부인과의 베레나 셍피엘(Verena Sengpiel)부교수 연구팀은 학술저널 『브리티시메디컬저널 오픈(BMJ Open)』에 게재한 보고서 '임신기간 동안 산모의 카페인 섭취와 아동의 성장 및 과다체중 상관관계'에서, 임신기간 동안 카페인 섭취를 지속한 임신부로부터 출생한 소아들의 경우 취학연령기에 도달했을 때 과다체중을 나타낸 비율이 높게 나타났음이 눈에 띄었다는 것이다.[11]

♦ 저체중아를 출산할 위험

임신기간 중 매일 커피를 2잔 이상 마시면 저체중아를 출산할 위험이 커진다는 연구 결과도 나와 있다. 영국 『데일리메일』은 스웨덴 살그렌스카 대학병원(Sahlgrenska University Hospital) 연구진이 임신부가 하루 2잔 이상 커피를 마시면 저체중아를 출산할 가능성이 높다는 결론을 내렸다고 전했다.

연구진은 지난 10년간 약 6만 명의 노르웨이 임신부 진료기록을 검토했다. 이 기록에는 임신부가 섭취했던 카페인 음식과 음료수에 관한 정보가 포함돼 있었다. 검토 결과 카페인과 아기 몸무게 사이에 밀접한 관계가 있음이 드러났다. 매일 카페인 200~300㎎ 섭취한 이들의 경우 저체중아 출산과 임신기간 증가를 겪을 가능성이 62% 이상 높아졌다.[12]

더블린 대학(University College Dublin)연구원 링 웨이 첸(Ling-Wei Chen)은 아일랜드에서 태어난 941명의 출산모와 그 아이들을 대상으로 카페인이 출산에 미친 영향을 조사한 결과, 산모의 소량 카페인 섭취라도 아기들에게 유의미한 영향을 미친다는 결과를 내놓았다.[13]

"높은 카페인 섭취는 태아 성장에 영향을 줄 수 있는 태반의 제한된 혈류를 유발할 수 있다." "카페인은 또한 태반을 쉽게 통과 할 수 있으며, 임신이 진행됨에 따라 태아 조직에 카페인 축적이 일어날 수 있다."

♦ 조산이나 유산의 위험

임산부가 하루에 한 잔 정도의 커피와 탄산음료를 마시는 것으로는 조산이나 유산의 위험이 생기지 않는다는 새로운 가이드라인이 미국 대학의 산부인과 전문의들에 의해 제시됐다. 전문의들의 이번 발표는 미국 산과 위원회(Committee on Obstetric Practice)에서 수차례 연구와 재검토한 끝에 결론지어진 것이다. 위원회 대표이자 메사추세츠 종합병원 산부인과 전문의 윌리엄 H. 바스 주니어(Dr. William H. Barth Jr.)박사는 "너무 크지 않은 합리적인 컵 사이즈로 하루 한 잔의 커피를 마시는 것은 산모는 물론, 태아에게도 전혀 해가 되지 않는다"고 설명했다. [14]

반면 하루 500㎎ 이상의 카페인을 섭취하는 산모는 유산의 위험이 높다. 최근 미국의 한 연구에서는 임신 중 커피를 하루 4잔 이상 마신 산모에게서 태어난 아기의 돌연사 비율이 2배 이상 높다는 결과가 나왔다고 밝히고 있다. 그래서 임신 중 커피를 마시는 것을 최대한 삼가야 한다는 것이다.[15]

♦ 아이의 지능과 행동에 영향

임신부가 하루에 1~2잔가량 커피를 마셔도 아이의 지능과 행동에 나쁜 영향을 미치지 않는다는 연구 결과가 나왔다.

영국 일간 『데일리메일』 등에 따르면 미국 오하이오주립대(Ohio State University) 연구팀은 지난 1959~1974년 수집된 임신부 2천 197명의 자료를 토대로 최근 이 같은 연구 결과를 미국역학저널에 발표했다. 자료가 수집된 1950~1970년대에는 지금보다 임신 중 카페인 섭취에 대한 경각심이 낮았기 때문에 현재 임신부를 대상으로 하는 것보다 더 광범위한 연구가 가능하다고 연구팀은 설명했다.

연구팀이 임신부들의 임신 기간 혈중 카페인양과 이후 태어난 아이가 4살, 7살 됐을 때의 IQ·행동 양상을 비교한 결과 두 요인 사이의 상관관계가 확인되지 않았다.

　이 연구팀은 앞서 임신 기간 카페인 섭취가 아동 비만의 위험을 높이지 않는다는 연구 결과를 내놓기도 했다. 연구에 참여한 새라 케임 박사는 "두 연구를 종합해 볼 때 임신 중 하루 1~2잔 정도의 적당한 카페인 섭취는 안심할 수 있는 수준이라는 것"이라고 설명했다.[16)]

　이런저런 권위 있는 다양한 연구 결과물들을 읽고 있는 당사자들의 경우 혼란스럽기만 할 것 같다. 결국 커피를 전혀 마시지 않는 것이 가장 안전한 방법일 수 있지만, 하루에 1~2잔을 마시는 데 따르는 피해까지 염려할 필요는 없다는 것이다. 하지만 총량이 커피 1~2잔이라면 차, 초콜릿 및 에너지 음료에는 카페인이 포함되어 있으므로 매일 섭취량을 추정할 때 이를 반드시 고려해야 할 것이다.[17)]

카페인 섭취에 대한 좀 더 엄격한 기준

　임산부의 적정 카페인 섭취량에 대해서는 여전히 학계의 의견이 분분하다. 하지만 좀 더 엄격한 기준을 제시한 최근의 연구는, 일반적으로 임신 중 카페인 섭취를 하루 200㎎ 미만(한 잔)으로 제한할 것이 권장되는 것과 달리, 유산을 막기 위해 카페인을 완전히 끊는 것을 요구하고 있다. 소량의 카페인도 위험하다는 것이다.

유산을 막으려면 임신 초기 8주 이내의 임산부들은 아예 카페인 섭취를 피하는 것이 바람직하다는 연구 결과가 나왔다. 미국 국립보건원(NIH) 연구진은 임신 중 카페인 섭취가 섭취량과 관계없이 유산 위험을 높일 수 있으며, 특히 초기 8주 이내에 큰 영향을 준다는 연구 결과를 공개할 예정이라고 영국 일간 『더타임스(The Times)』가 보도했다.

아이슬란드 레이캬비크 대학(Reykjavík University) 연구팀은 임산부를 대상으로 20년 동안 진행된 48건의 연구를 통해 태아의 건강과 임신 중에 섭취한 카페인 양의 관계를 조사했다. 그 결과, 임산부가 매일 카페인 100㎎씩 섭취할 때마다 유산 또는 사산할 위험이 각각 최대 14%, 19%까지 커졌다. 심지어 하루에 카페인 150㎎ 이상 섭취하면 유산할 확률이 최대 36%였다.[18] 분석에는 유산, 사산, 임신 연령에 따른 출산빈도, 조산, 소아급성백혈병, 과체중 또는 비만아동의 6가지 부정적인 임신 결과에 대한 카페인의 영향을 보고한 37건의 관찰연구 및 메타분석이 포함되었다.[19]

이 같은 결론은 2007년에서 2011년 사이에 임신을 시도했거나 임신을 했던 여성 1천 228명을 대상으로 아스피린 복용 효과에 대해 들여다본 2014년 연구를 통해 도출됐다.

연구진은 아스피린의 효과에 대한 연구를 진행하던 중, 커피나 차, 소다 등의 카페인 음료 섭취량과 혈중 카페인 농도를 함께 조사한 결과 이러한 사실이 드러났다고 밝혔다. 특히 하루 적정 권장량 제한선인 200㎎ 미만의 카페인을 섭취한 여성의 경우에도 유산 위험이 커졌다.[20]

이와 관련하여 레이캬비크 대학의 잭 제임스(Jack James) 교수는 임신 중에 커피를 마시는 것이 유산과 사산에서 아동 비만, 심지어 백혈병에 이르기까지 모든 것과 관련이 있다는, "상당한 누적 증거"가 있다고 결론지었다. 그는 아직은 조심스러운 견해라고 속내를 드러내면서도 "아무리 적은 양의 커피도 안전하다고 생각해서는 안 된다"라고 강조했다.[21]

물론 "임신을 고민하는 모든 임산부와 여성이 카페인을 피해야 한다"라는 연구 결과를 제시하는 제임스 교수의 결론에 모두가 동의하는 것은 아니다. 오히려 이런 연구는 '불필요한 불안감을 유발하는 일'이라는 것이다.

애들레이드 대학(University of Adelaide)의 루크 그레스코위아크 박사(Dr Luke Grzeskowiak)는 이전의 연구처럼 과도한 카페인 섭취만이 위험할 수 있다고 주장하면서, 제임스 교수의 결론은

"기존 증거에 대한 한 연구자의 다른 관점"이라고 그 의미를 축소시키고 있다. 멜버른 대학의 알렉스 폴리아코프(Dr Alex Polyakov), 킹스칼리지 런던(King's College London)의 앤드류 선난 교수, 런던의 연구 기관인 프리미어 리서치(Premier Research in London)의 애덤 제이콥스 박사, 캔버라 대학의 캐시 나이트 애거월 박사(Dr Cathy Knight-Agarwal) 등도 같은 입장이다.[22]

세계보건기구의 카페인 과다 섭취제한

세계보건기구(WHO)의 견해는 일부 관찰연구 결과를 인용하면서 "카페인의 과도한 섭취는 성장제한, 출생체중감소, 조산 또는 사산과 관련이 있을 수 있다"라는 내용을 전하면서 임신 중 카페인 섭취를 제한해야 한다고 권고하고 있다.[23] 식품의약품안전처도 발행한 '임산부를 위한 영양·식생활 정보'를 통해 임산부는 철분 흡수를 방해하는 커피, 홍차, 녹차 등과 같은 식품은 피하는 것이 좋다는 권고다.[24]

> 카페인은 영양분이나 산소가 할 수 있는 방식과 같은 방식으로 태반 장벽을 자유롭게 통과할 수 있지만 태아는 카페인을 적절하게 불활성화시킬 수 없어 건강에 치명적일 수 있다.[25]

과학자들은 개인별 특성과 성별, 유전자에 따라 하루 섭취 가능한 카페인의 양이 다르다고 하지만, 종합해 본다면 하루에 커피 2잔 정도는 괜찮다는 것인데, 평소 커피를 즐기던 여성은 임신 중에는 섭취량을 조금 줄일 필요가 있다는 것이다. 미국의 최고 영양 관련 자문기구인 식사지침자문위원회(The 2015 Dietary Guidelines Advisory Committee)가 발표한 2015년 가이드라인을 통해 건강한 성인은 하루 3~5잔, 임산부는 하루 2잔의 커피만 마실 것을 권고했다.[26]

그럼에도 불구하고 플로리다대학의 법의독물학을 담당하는 브루스 골드버거가 화학공학뉴스와 인터뷰를 통해 우리에게 경고한 내용을 기억해 둘 필요가 있다고 본다.[27]

"사람들은 이 같은 음료들의 잠재적 위험을 인식하지 못하고 있다. 카페인은 흥분제이고, 이를 과하게 섭취할 경우 부작용을 일으킬 수 있다."

여기에다 연구 결과에 대한 한계가 있다는 논란에도 불구하고, 미국 존스 홉킨스 대학 연구팀이 임산부가 타이레놀(Tylenol)을 섭취할 경우 아이의 주의력결핍 과잉행동장애 또는 자폐증 위험을 높일 수 있다는 연구 결과를 최근 발표했다. 지난해 편의점 상비약 372억 원어치 팔렸는데 그중 1위가 타이레놀이었다.[28]

전반적인 증거는 소량의 커피가 유산을 유발할 가능성은 없지만 위험을 완전히 배제할 수는 없음을 나타낸다.[29]

오늘도 미국(82%)과 프랑스(91%)의 임산부 5명 중 4명 이상이 매일 커피를 마신다.[30] 실제 임신한 사람은 오히려 카페인의 분해 속도가 늦추어지는 경향이 있어서, 그 반감기가 15시간까지 늘어날 수도 있고, 신생아의 경우는 반감기가 80시간 이상이 될 수도 있다.[31] 이는 신생아의 경우 몸속에 엄마가 커피를 마실 때마다 카페인에 매번 80시간씩 노출된다는 것인데, 약물에 의한 아동학대(?)의 '신버전'이라고 할 수 있다.

이런 상황에서 커피 1~2잔 정도는 괜찮다는 의학적 판단에도 불구하고, 최근 추가로 검증된, 그래서 임산부에게는 안전성에 위협을 줄 수 있다는 연구 결과를 덧붙인 타이레놀처럼 임산부들에게 커피 한 잔의 잠재적 위험성에 대한 '1'을 완전히 배제할 수 없다는 불안감이 따른다는 것은 너무나 당연한 사실이다.

이제 선택의 몫은 당사자이고 그 판단 기준은 태어날 아이를 기준으로 한다면 우리가 취해야 할 태도는 좀 더 명확해 보인다.

제3장

내가 마시는
커피의 효능

도서관을 나서기 전, 1층 기념품 가게에 들렀다. 연필, 머그잔마다 유명 작가나 철학자의 명언이 쓰여 있었다. 그중 로마 시대의 철학자, 키케로가 남긴 문구가 눈길을 끌었다. "만일 당신이 정원과 도서관을 가지고 있다면, 당신이 필요한 모든 것을 가진 것이다." 만일 그가 로마 시대 이후에 태어 났다면 이렇게 말하지 않았을까. "만일 당신이 커피와 공원과 도서관을 곁에 두고 있다면, 당신이 필요한 모든 것을 가진 것이다"라고.

- [우지경의 Shall We Drink] ⑧ 봄날의 커피, 뉴욕의 일상

01
커피의 '항산화', '대사증후군', '항염증' 효과

- 커피에는 세포의 노화과정과 그에 대한 예방을 위한 항산화 물질인 폴리페놀이 녹차의 7배, 홍차의 9배 정도 함유되어 있다.
- 대사증후군이 있는 경우 심혈관 질환의 위험은 두 배, 당뇨병의 발병은 10배 이상 증가시키는데, 커피는 이런 대사증후군 위험을 1/4 정도로 감소시킨다.
- 커피는 '제한된 범위' 혹은 '낮은 등급의 만성염증'에 대해서만 '항염증 효과' 를 기대할 수 있다

"18세기 말 스웨덴 왕 구스타프 3세는 커피가 독약이라는 것을 입증하기 위한 실험을 위해 살인으로 유죄 선고를 받은 한 사람에게는 날마다 커피를 마시게 하고, 또 다른 죄수 한 사람에게는 차를 마시게 했다. 하지만 두 죄수는 모두 왕과 그들을 관찰한 의사들보다 더 오래 살았다."[1]

스콧 F. 파커의 저서 『커피, 만인을 위한 철학』에 나오는, 커피의 효능과 부작용에 대해 역설적으로 증명하는 내용이다. 그런데 이처럼 커피가 건강에 좋다는 식품을 소개하는 홍보에는 마법의 주문처럼 꼭 들어가는 단어가 바로 '항산화'라는 개념이다.

항산화(抗酸化/antioxidation)는 글자 그대로 산화의 억제를 말하는 세포의 노화과정과 그에 대한 예방을 설명할 때 주로 등장하는 용어인데, 최근 건강에 대한 관심이 높아지면서 항산화 효과에 대한 일반인들의 관심은 점점 높아지고 있다.[2]

우선 항산화 성분이 많은 식품은 '활성산소'를 제거할 수 있기 때문에 건강에 유익하다고 말한다. 그럼 또 활성산소(reactive oxygen species, ROS)는 무엇인가? 활성산소에 대해 이해하려면 먼저 '산소'에 대한 이해가 필요하다.

대부분 물질은 산소와 결합하면 변한다. 예를 들어, 쇠가 산소를 만나면 녹슬게 되고, 깎아놓은 과일을 밀봉 용기가 아닌 밖에 내놓으면 갈색으로 변한다. 이처럼 특정 물질이 산소와 결합되어 변질되는 과정을 '산화'라고 한다. 식품을 진공 포장하는 이유는 식품의 '산화과정'을 막아 제품의 보존력을 높이기 위해서다.

물론 산소가 무조건 인체에 해롭게 작용하지는 않는다. 사람은 호흡을 통해 산소를 들이마시고, 이 산소는 체내의 탄수화물과 지방을 분해하여 에너지를 만든다. 문제는 이 역할을 하고 남은 2~5% 정도의 산소다. 우리 몸의 대사 과정에서 역할을 하고 남은 산소는 불안정한 상태의 산소로 변하게 되는데 이것이 바로 우리 몸에 노화를 초래하는 '활성산소' 또는 '유해산소'라고 부른다.[3]

우리 몸의 배기가스로 알려지고 있는 활성산소는 음식물이 소화되고 에너지를 만들어내는 과정, 우리 몸에 침입한 세균이나 바이러스를 없애는 과정에서 생성된다.

몸 안에 들어온 각종 영양소들은 산소와 결합해야 에너지로 바뀌는데, 이때 만들어지는 부산물이 활성산소다. 활성산소가 생기지 않도록 막을 순 없다. 활성산소는 정상적인 인체 대사 과정에서 끊임없이 만들어지는 물질이기 때문에 우리가 호흡하는 산소의 2~5% 정도는 활성산소로 바뀐다.[4]

미국 존스 홉킨스 의과대학연구팀은 "모든 질환의 90% 이상은 활성산소로 인해 생긴다"라고 주장하기도 했다. 이렇게 불필요할 뿐 아니라 우리 몸에 해를 끼치는 활성산소를 제거하는 물질이 바로 항산화제다.

하지만 나이가 들면서 몸이 생성하는 항산화 효소의 양은 감소한다. 30세부터 효소를 만드는 양이 줄어들기 시작해 25세에 비해 40대에는 항산화 효소가 50%가량 줄고, 60대가 되면 90% 감소한다고 한다. 따라서 항산화 성분이 많이 든 식품을 꾸준히 섭취해야 한다.[5] 그런데 때마침 우리가 매일 마시는 커피에는 녹차의 7배, 홍차의 9배에 해당하는 폴리페놀 성분도 함유되어 있다.

항산화 물질인 폴리페놀은 각종 질병을 유발하는 활성산소를 제거하며, 이를 통해 혈액순환을 원활하게 만들어주고 면역력을 높여서 질병에 대항하는 힘을 길러준다.[6]

'항산화' 효과를 높이는 커피

오스트리아 빈 대학 식품화학과 독성학과 도리스 마르코 (Doris Marko) 교수는 한국식품과학회 주최로 인천 송도컨벤시아에서 열린 국제학술대회에서 커피 섭취가 항산화 효과를 높이는 효능도 있다고 밝혔다.

그는 86명의 건강한 지원자에게 하루 750㎖의 물 또는 커피를 8주간 마시게 했다. 8주 후 커피 섭취그룹의 혈중 산화된 LDL(Low-density lipoprotein, 저밀도 지단백 콜레스테롤, 필자 주) 농도는 오히려 감소했고 혈액에서는 항산화 비타민인 토코페롤(비타민 E)의 함량이 3.5% 증가했다.

마르코 교수는 "8주간 다크커피를 마신 사람에게서 확인된 토코페롤 함량 증가와 혈중 산화된 LDL농도 감소는 커피에 풍부한 메틸피리디늄(N-methylpyridinium)의 영향인 것으로 보인다"라고 말했다. 커피의 강력한 항산화 성분이자 암 예방 성분인 메틸피리디늄은 원두를 볶는 과정에서 생성된다.[7]

#1. 하루 폴리페놀 섭취의 약 40%를 책임지는 식품이 예상외로 커피인 것으로 밝혀졌다. 폴리페놀은 노화와 각종 성인병의 주범인 활성산소를 없애는 강력한 항산화 성분이다. 한국식품커뮤니케이션포럼(KOFRUM)에 따르면 미국 조지워싱턴대학 역학(疫

學)과 운동·영양과학과 퀴시황(Qiushi Huang)연구원이 2007~2016년 미국 국민건강영양조사에 참여한 성인 9,773명을 대상으로 폴리페놀 섭취 실태를 분석한 결과 이같이 드러났다고 영양 관련 학술지(Journal of the Academy of Nutrition and Dietetics) 최근호에 소개했다.

일반적으로 커피 한 잔엔 와인의 3배, 홍차의 9배에 달하는 폴리페놀이 함유된 것으로 알려졌다.[8]

#2. 커피전문점 브랜드 커피나 녹차, 홍차의 한 잔이 비타민C(아르코르빈산) 300~500mg을 섭취한 것과 동일한 항산화 효능이 있다는 연구 결과가 나왔다.

대전 보건환경연구원은 지난해 커피전문점 브랜드 커피(아메리카노) 5종과 차 제품 20종(녹차, 홍차, 보이차, 케모마일차, 페퍼민트차 등)에 대해 항산화 활성과 폴리페놀, 플라보노이드, 비타민C 등 항산화성분 함량을 조사한 결과 이 같은 결과를 얻었다.

공동연구자인 서진우 연구사는 "커피전문점 커피가 녹차와 홍차보다 항산화 효과가 높은 것으로 나타났다"라며 "그러나 하루 카페인 권장량이 400mg 이하인데 커피전문점 브랜드커피를 3잔 이상 마실 경우에는 권장량을 초과할 수 있어 적당량을 섭취하는 게 바람직하다"라고 말했다.[9]

#3. 커피에 함유된 대표적인 항산화 성분인 '클로로젠산'의 함

량이 원산지별로 다르며, 인도네시아산과 케냐산에 많이 든 것으로 나타났다. 영남대 식품영양학과 윤경영 교수 연구팀은 각 산지별 커피 추출물의 클로로젠산 함량을 비교했다.

사용한 커피는 총 5종으로 과테말라산, 에티오피아산, 인도네시아산, 케냐산, 콜롬비아산이었다. 분석 결과 클로로젠산이 가장 많이 나온 것은 인도네시아산(282.99µg/mℓ)과 케냐산(276.8µg/mℓ)으로 나타났다. 그다음은 콜롬비아산(269.47µg/mℓ)과 에티오피아산(259.37µg/mℓ), 과테말라(231.1µg/mℓ) 순이었다. 윤경영 교수는 "같은 커피라도 산지에 따라 클로로젠산 함량이 다른 이유는 토양이나 날씨 같은 환경 차이 때문"이라고 말했다.[10]

커피의 대표적인 효능은 항산화 효과다. 커피에 풍부한 폴리페놀은 체내 활성산소를 제거하며 활성산소로 인한 세포 손상을 막는다. 그런데 폴리페놀과 같이 항산화 성분이 풍부하게 든 식품을 섭취할 때, 우유를 곁들이면 폴리페놀이 우유 단백질과 결합해 항산화 효과가 떨어진다는 인식이 있었다. 하지만 서울대학교 식품생명공학과 장판식 교수에 의하면 "2종의 크림을 사용해 실험한 결과, 크림의 종류에 상관없이 커피에 크림을 넣어 마셔도 커피의 항산화 효과가 그대로 유지됐다"라고 밝혔다.

커피가 위장과 소장을 통과할 때의 프로틴 폴리페놀 복합체(P-PP) 구조분석 결과, 블랙커피와 믹스커피 간 유의한 차이도 발견되지 않았다. 장판식 교수는 "믹스커피의 경우 커피 섭취로 인한 항산화 작용 등이 늦게 활성화될 수는 있지만, 커피의 항산화 효과를 방해하지는 않는 것으로 나타났다"라고 설명했다.[11]

한편 폴리페놀·플라보노이드 등 노화를 막고 항암효과를 나타내는 항산화 물질의 함량도 예상외로 원두커피보다 자판기 커피·커피믹스에서 더 높은 것으로 나타났다.

자판기 커피, 커피믹스의 한 컵당 플라보노이드 함량은 각각 154.3mg, 152.6mg으로 원두커피(27.8mg)보다 5배 이상 많았다. 폴리페놀 함량도 원두커피 대비 3배가량이었다. 연구팀은 자판기 커피, 커피믹스에 사용된 커피 크림이나 무지방 우유를 함유한 크림이 항산화 물질의 함량을 높이는 데 기여한 것으로 풀이했다.[12]

그리고 최근 미국 필라델피아 대학과 토마스제퍼슨 대학 공동 연구팀은 콜드브루와 뜨거운 커피의 성분을 비교 분석한 결과, 커피의 산성을 나타내는 지표인 pH는 비슷했으나, 항산화 성분 함량은 뜨거운 커피가 훨씬 높게 나타났다.[13] 이는 뜨거운 커피에 50% 더 많은 항산화제가 있다는 사실을 보여주는 것이다.

커피의 이점 중 대부분은 항산화제로부터 나온다. 그래서 우리는 이런 커피의 이점을 얻기 위해서 커피를 뜨겁게 끓인 다음 얼음 위에 붓는 것이 더 건강에 좋으며 이때 유의할 점이 있다면 크림, 설탕, 시럽을 피할 필요가 있다. 아니면 모처럼의 커피 이점을 이들의 달달함에 모두 헌납해야 하기 때문이다.[14]

'대사증후군' 위험을 낮추는 커피

대사증후군(代謝 症候群/metabolic syndrome)이란, 심뇌혈관질환 및 당뇨병의 위험을 높이는 체지방 증가, 혈압상승, 혈당상승, 혈중지질 이상 등의 이상 상태들의 집합을 말한다.

대사증후군이 있는 경우에는 심혈관 질환의 위험을 두 배 이상 높이며, 당뇨병의 발병을 10배 이상 증가시킨다. 이러한 대사증후군은 단일한 질병이 아니라 유전적 소인과 환경적 인자가 더해져 발생하는 포괄적 질병이다.[15]

2005년 미국 국립 콜레스테롤 교육 프로그램(NCEP)에서 발표한 대사증후군 진단 기준은 ▷남자 90cm 이상, 여자 85cm 이상의 허리둘레 ▷혈액내중성지방(150㎎/dl 이상) ▷HDL콜레스테롤(남자 40㎎/dl 이상, 여자 50㎎/dl 이하) ▷혈압(130/85mmHg 이상) ▷공복혈당(100㎎/dl 이상, 100 미만이어도 과거 당뇨병을 앓았거나 당뇨병약을 먹는 경우 포함)이다. 이 중 3가지 이상이 체크되면 대사증후군으로 진단하게 된다.[16]

그런데 커피가 이런 대사증후군 위험을 감소시키는 것으로 나타났다. 지난달 한국식품과학회가 주최한 국제 학술대회에서 "커피는 대사증후군 위험 1/4 감소 효과가 있다"라는 연구 결과가 발표됐다.

학술대회에 참석한 지오세페 그로소 이탈리아 카타니아대학(Catania University) 교수는 폴란드 크로코우 주민 8,821명(여성 51.4%)을 대상으로 커피와 차 소비가 대사증후군의 다섯 가지 진단 기준에 어떤 영향을 미치는지를 분석한 결과 이처럼 나타났다고 밝혔다.[17]

> 그로소 교수팀의 연구 결과 하루 커피나 차를 3컵 이상 마시는 사람은 BMI(체질량지수)·허리둘레·수축기와 이완기혈압·중성지방이 1컵 이상 마시는 사람보다 낮았고, 좋은 콜레스테롤인 HDL(고밀도지단백) 수치는 높았다. 커피와 차를 하루 3컵 이상 마시면 그렇지 않은 사람에 비해 대사증후군 위험이 25% 감소하는 것으로 나타났다. 그로소 교수는 "커피에 풍부한 카페인과 디테르펜 등이 염증 물질의 생성을 억제한 덕분에 대사증후군 발병 위험이 낮아지는 것으로 보인다"라고 분석했다.[18]

우리 국민을 대상으로 한 연구에서도 폴리페놀이 풍부한 커피가 대사증후군 위험을 낮추는 등 건강상 이점이 있다는 연구 결과를 내놓고 있다.

중앙대 식품영양학과 신상아 교수가, 우리 국민 13만 420명(남 4만 3,682명, 여 8만 6,738명)을 대상으로 커피를 전혀 마시지 않는 사람 대비 커피를 하루 1~4컵 이상 마시는 사람의 대사증후군 발생위험 차이를 분석한 결과, 블랙커피나 커피믹스 등 봉지 커피를 마신 사람의 대사증후군 유병률이 커피를 전혀 마시지 않는 사람보다 확실히 낮았다. 특히 커피믹스(커피+설탕+크림)를 자주 마신 남녀 모두 커피를 일절 마시지 않는 남녀보다 대사성 질환 위험도가 현저히 낮았다.[19]

> 당류 섭취량이 총열량 섭취량을 초과하면 비만 및 고혈압 위험이 높아져 과다한 당 섭취는 대사질환의 지름길이다. 믹스커피에는 설탕이 포함돼 대사증후군에 좋지 않은 영향을 줄 것이라는 게 일반적인 생각이다. 하지만 데이터 분석 결과에 따르면, 믹스커피를 즐겨도 대사증후군 발병에는 별다른 영향이 없는 것으로 나타났다.[20]

권오란 이화여대 식품영양학과 교수는 국민건강영양조사 결과를 기반으로 연구한 결과 한국인에게 가장 인기 있는 커피믹스가 삶의 질을 높이고 대사성 질환 개선을 돕는 것으로 확인됐다고 밝혔다.

권 교수는 "하루 2~6잔의 커피를 마시는 것은 신진대사 기능 장애를 낮추고 건강과 관련된 삶의 질(QOL)을 향상시키는 등 건강에 긍정적인 영향을 줬다"라며 "커피·설탕·크림을 함께 섭취하면 항산화 성분인 폴리페놀의 발현이 일부 변형되지만, 커피의 유익한 효과를 억제하는 것은 아니다"라고 설명했다.[21]

대사증후군의 5개 요소(component)별로 상관관계를 분석했을 때 커피 섭취의 대사증후군 위험도 감소 효과는 특히 남자보다 여자에게 보다 뚜렷하게 나타났다. 남자는 대사증후군 5개 요소 중 고혈당 위험도만 유의미하게 낮아진 반면, 여자는 고중성 지방, 고밀도 콜레스테롤, 고혈당, 고혈압 등 5개 요소 중 허리둘레(복부비만)를 빼고 모두 유의하게 위험도가 낮아지는 것으로 나타났다.[22]

대사증후군의 주요 증상은 혈당대사 이상에 의한 당뇨병, 지질대사 이상으로 인한 중성지방 증가, 고밀도 콜레스테롤, 나트륨 성분 증가로 인한 고혈압, 요산 증가로 인한 통풍 등이 있다. 여기에 보통 복부비만이 동반된다. 전문가들은 대장증후군 환자는 복부비만부터 없애야 한다고 말한다. 복부비만만 줄여도 고혈압·당뇨병 등 대사증후군의 다른 요소가 좋아질 가능성이 높기 때문이다.[23]

하지만 '항염증' 효과는 제한적이다

염증(炎症)은 생체조직이 손상을 입었을 때 체내에서 일어나는 방어적 반응이다. 외상이나 화상, 세균 침입 따위에 대해 몸이 반응하여 일부에 충혈, 부종, 발열, 통증을 일으키는 증상을 통칭하는 표현이다.

혈관이 존재하는 모든 생체조직은 염증이 발생할 수 있다. 그래서 사실 모든 질환은 해당 장기에 염증반응이 심하게 나타나서 생기는 질병이다. 외부에서 침입한 병원체가 없더라도, 자가면역기전이나 물리적 힘, 자극물질(irritant) 등에 의해서 조직에 손상이 생기면 염증이 나타날 수 있다.[24]

신체가 지속적인 염증상태에 있으면 장기적인 영향을 미칠 수 있는데 만성염증은 심장병이나 뇌졸중과 같은 질병과 관련이 있으며 류마티스 관절염 및 루푸스와 같은 '자가면역질환'(외부로부터 인체를 방어하는 면역계가 이상을 일으켜 오히려 자신의 인체를 공격하는 현상을 유발하는 현상, 필자 주)을 일으킨다.

일부 부정적인 영향에는 고혈압 위험증가, 동맥경직, 인슐린 및 콜레스테롤 수치 증가가 포함될 수 있는데 이것들은 염증과 관련되거나 직접적으로 영향을 미치는 것들이다. 그러면 이런 염증에 대해서 커피가 '항염증' 즉 치료에 도움이 될까?

지금까지 밝혀진 일부 연구에서는 '제한된 범위' 혹은 '낮은 등

급의 만성염증'(흡연, 과도한 음주, 장시간 앉아 있거나 고도로 가공된
음식을 많이 먹는 것과 같은 특정 생활방식이나 습관에 의해서 발생되는
염증, 필자 주)에 대해 커피가 제한된 항염증 효과를 기대할 수 있
다고 그 결과를 전하고 있다.

우선 커피가 항염증 효과에 작동하는 원리에 대해서는 카페인
이 아데노신을 통제할 때 염증분자도 동시에 차단되는 효과가
난다는 것이 그 요점이다.

스탠포드대 교수이자 이 연구의 수석 저자인 마크 데이비스
(Mark Davis)가 네이처 메디신(Nature Medicine)에 발표한 연구에
따르면, 아데노신을 차단하면 염증 분자를 생성하는 경로도 함
께 차단되는 효과가 있다는 것이다.[25]

또 스페인 팔마에 있는 발레 아레스제도대학(University of the
Balearic Islands)의 연구진이 250명에 가까운 남녀가 참여한 연구
에 따르면 정기적인 카페인 섭취는 매우 '제한된 범위'에서 항염
증 효과를 기대할 수 있다는 연구 결과를 밝히고 있다.[26]

하지만 커피와 같은 카페인 함유 음료는 카페인을 마시는 사람
에 따라 '염증'과 관련해서는 '항염증 효과'보다 오히려 염증을 확
대 시키는 반대 효과가 나타날 수 있음에 우리가 유의할 필요가
있다.

영남대병원 가정의학과 정승필 교수팀은 국민건강영양조사 자

료를 분석한 최근의 연구에서 커피의 항염증 효과 대신, 오히려 술을 많이 마시는 남성의 경우 커피를 많이 마실수록 체내 염증 지표가 올라갔다는 연구 결과를 내놓고 있다.

커피 섭취량이 증가할수록 염증을 유발하는 요인들과 관련된 체질량지수, 허리둘레, 비만율, 흡연율도 높았다는 것인데, 이는 "커피에 있을 것이라 예상했던 항염증 효과보다는 음주·흡연 같은 생활습관과 비만으로 인한 염증발생이 상대적으로 강해 혈중 CRP(염증 상태를 보여주는 지표, 필자 주)가 상승한 것으로 보인다"라고 연구팀은 말했다.[27]

그래서 일부 연구는 '항염증 효과'를 기대한다면 차라리 녹차를 자주 마시라고 주문한다. 녹차를 자주 마시는 남성은 염증지표인 C-반응 단백(CRP)이 눈에 띄게 감소하는 것으로 밝혀졌기 때문이다.

한국식품커뮤니케이션포럼(KOFRUM)에 따르면 국민건강보험 일산병원 가정의학과 김영성 박사팀이 2015~2016년 국민건강영양조사에 참여한 19~64세 성인 3,031명을 대상으로 하루 커피·녹차 섭취량과 CRP의 상관성을 분석한 결과 이같이 드러났다.

연구팀은 논문에서 "녹차의 항산화 성분인 폴리페놀이 항염증 효과를 나타낸 결과로 여겨진다"라며 "클로로겐산 등 항염증 성분이 포함된 커피를 마신 사람에게서(이번 연구처럼) CRP 감소효과가 확인되지 않은 것은 한국인의 커피 섭취가 믹스커피 등 혼합물 제품을 선호하는 경향이 있기 때문일 수 있다"라고 지적했다.[28]

식용설탕(자당)과 과당 옥수수시럽(HFCS)은 커피와 관련하여 첨가되는 두 가지 주요 설탕 유형인데, 특히 이것은 염증을 일으킬 뿐만 아니라 혈당수치를 기하급수적으로 상승시키는 체내 염증유발의 최대 복병임을 우리가 상기할 필요가 있다.

02
운동 전 마시는 커피 한 잔의 놀라운 효능

- 카페인을 섭취하면 스포츠 성적을 2%에서 최대 16%까지 향상시킨다.
- 커피를 마신 후에 운동을 할 경우 근육이 느끼는 통증이 감소하여, 더 많은 중량을 들어 올리거나 혹은 더 빠르게 더 오랫동안 유산소 운동을 할 수 있다.
- 카페인이 체내에 흡수되기까지는 30분에서 1시간 정도가 필요하기에 운동하기 30분 전에 마시는 것이 좋다.

아메리카노가 많은 이들의 사랑을 받는 건 당연하다. 일단 다른 메뉴에 비해 상대적으로 가격이 저렴하고, 커피를 모르는 사람도 손쉽게 주문할 수 있는 데다, 손에 아메리카노 한 잔 들고 있으면 마치 세련된 사람이 된 듯한 소소한 사치를 경험할 수 있으니 말이다.

식후 텁텁한 입맛을 가시게 하는 데도 제격인 데다 그리고 무엇보다 한 잔에 5㎉밖에 되지 않으니 아무리 마셔도 죄책감이 들지 않게 하는 이 착한 커피를 사랑하지 않을 수 없다.[1] 그런데 때마침 조기축구회 이웃 팀과 팀별 친선경기를 하기로 했다면 운동을 할 때는 수분 보충을 비롯해 지치기 쉬운 몸의 컨디션을 끌어올려 줄 음료가 필요해지기 마련인데 이때, 여름날의 차가운 커피는 운동과 곁들이기 좋은 음료 중 하나로 꼽힌다.

'약일까, 독일까' 의견이 분분한 커피. 과연 운동을 할 때 마셔도 좋을까?

전문가들은 크림이나 설탕이 들어가지 않은 블랙커피는 운동 시 함께 섭취하면 운동효과를 끌어올리는 데 도움이 된다고 말한다. 단순히 에너지 소비를 촉진하는 것을 넘어서 지방을 태우는 데 도움이 되는 등 '커피'가 운동과 함께했을 때 발현되는 여러 가지 시너지 효과를 기대해도 좋다는 것이다.[2]

사실 커피 속 카페인은 중독성이 강하고 위산분비를 촉진시켜 과하게 복용할 경우 신경과민, 불면증, 두통, 심장 떨림, 위궤양을 야기할 수 있어 '건강'과는 거리가 먼 성분으로 알려져 있다.

하지만 카페인이 반드시 몸에 해가 되는 것은 아니다. 뱀독 중화에 쓰이는 항독혈청의 주성분이 정작 뱀독이라는 것은 같은 '독'이라도 활용하기에 따라 '약'이 될 수도 있다는 것을 보여준다. 같은 원리로 특히 카페인은 의학계에서 수면무호흡증, 편두통, 심장병 치료제로도 활용되고 있다.[3]

물론 염려처럼 한때 카페인이 올림픽위원회(IOC)의 금지약물 리스트에 올려진 적이 있었다. 카페인이 운동 수행 능력을 향상시키는 약물(?)이기 때문이다.

책『총성 없는 전쟁』에 따르면 카페인을 금지하는 결정은 1998년 5월 스페인에서 열린 국가올림픽위원회연합회(ANOC) 총회에서 별 논의 없이 내려졌다. IOC 의무분과위원장 알렉산더스 메로드 왕자가 발표한 복용금지 약물 리스트에 카페인이 1등급에 포함됐다.

그런데 IOC가 막상 카페인을 금지하려고 하니 실행에 어려움이 있었다. 카페인은 커피가 아니더라도 올림픽 후원사 음료에도 함유돼 있다. 게다가 카페인이 든 커피나 콜라가 일상적인 음료인 현실에서 이를 금지약물로 묶는 게 합당하지 않다는 지적에도 힘이 실렸다. 결국 카페인은 2002년 말레이시아 ANOC 총회에 이어 2003년 9월 세계반도핑기구(WADA)에서 금지약물에서 제외됐다.

이런 해프닝은 카페인이 IOC와 WADA가 인정하는 경기력 향상 성분임이 증명되고 실제 이미 많은 연구를 통해 카페인의 효과가 입증되고 있다.[4]

최근 올림픽 육상선수 2만 680명을 대상으로 한 조사 결과, 선수들의 3분의 2 이상의 소변에서 카페인이 검출됐으며 특히 철인 3종 경기, 사이클, 조정 선수들의 함량이 높았을 정도로 운동 선수들에게는 카페인 효능이 잘 알려져 있다.[5]

운동선수들은 프로, 아마추어에 관계없이 커피 등을 마시며 경기력을 향상시킬 수 있는 '에르고제닉 에이드(Ergogenic Aid)', 즉 경기 능력 향상제로 활용하고 있는 중이다.

특히 풋볼이나 크로스컨트리, 축구, 테니스, 마라톤, 사이클, 역도처럼 많은 체력을 소모하는 종목의 운동선수들의 경우 카페인을 섭취하는 경우가 빈번한 것으로 나타나고 있다. 당연히 선수들이 가장 많이 애용하고 있는 음료는 커피다.[6]

운동 수행능력의 향상

그래서 운동하러 가기 전에 커피를 한 잔 마시면 좋다는 말이다. 왜 그럴까? 카페인은 장거리 달리기나 자전거 타기 같은 유산소 지구력 운동을 오래 할 수 있게 해줄 뿐만 아니라 웨이트 트레이닝 같은 무산소 근력 운동의 능력도 향상시켜주기 때문이다.

카페인은 혈액 속을 순환하는 지방세포의 수를 늘려주어 근육이 이를 흡수해 먼저 태우기 때문에 기존에 저장된 탄수화물을 아껴서 운동을 오래 할 수 있게 된다.[7]

운동의지를 북돋는 카페인

최근 영국 코벤트리 대학교(Coventry University) 연구팀은 13명의 건강한 청년 자원자에게 표준 웨이트 트레이닝(근력운동)을 각기 다른 상황에서 하게 만들었다.

연구팀은 이들에게 운동 한 시간 전에 카페인이 들어 있는 무설탕 음료를, 또 다른 경우에는 카페인이 들어있지 않은 음료를 마시게 했다.

각각의 경우에 자원자들은 각종 기구를 이용한 근력운동을 지칠 때까지 계속했다. 그 결과 카페인 음료를 마신 사람들은 훨씬 더 늦게 지치는 것으로 나타났다. 이들은 무카페인 음료를 마신 경우에 비해 뚜렷하게 많은 횟수의 근력 운동을 해냈다. 또한 운동 도중 주관적으로 피로를 덜 느꼈다고 보고했다.

연구 논문의 주저자인 영국 엑시터 대학(University of Exeter) 운동과학 강사인 마이클 던칸은 "카페인 음료를 마신 사람은 운동에 더 많은 노력을 투자할 능력이 있다고 스스로 느꼈다는 것이 우리 연구 결과의 핵심"이라며 "이들은 한 세션 당 운동을 더 많이 했으며 또다시 운동 세션을 되풀이할 심리적 준비가 더 많이 되어 있었다"고 설명했다.[8]

2005년 메타분석도 카페인이 사람의 자각운동 강도를 5% 이상 낮출 수 있다고 결론을 내렸다. 이를 통해 사람은 운동을 '더 쉽다'고 느끼게 된다. 게다가 카페인은 운동능력을 11% 향상 시켰다.[9]

이처럼 카페인 음료를 마신 근력운동을 하는 사람은 운동에 더 많은 노력을 투자할 능력이 있다고 스스로 느끼며, 지치지 않고 한 세션 당 운동을 더 많이 했고, 또 운동 세션을 되풀이할 심리적 준비도 더 많이 가지고 있다는 것으로 밝혀졌다.[10]

지속적인 고출력 운동이 가능한 지구력 향상

뉴욕타임스(NYT)에 따르면 운동생리학자들은 1978년 이래 카페인의 효능을 연구해왔으며 카페인이 단거리 달리기, 마라톤·사이클·수영, 테니스처럼 움직임과 멈춤을 반복하는 운동 등에 고루 도움이 된다는 결론에 이르렀다.[11]

국제학술지인 『응용 생리학 저널(Journal of Applied Physiology)』에 최근 발표된 연구 결과를 보면, 카페인은 동물의 체내에 존재하는 저장 다당류인 글리코겐 증진에 도움이 된다. 약간의 카페인을 섭취해주면 이 글리코겐이 최대 66% 증가하는 것으로 확인됐는데 이는 카페인이 지속적 운동에 필수적인 지구력 향상에 상당한 도움이 된다는 것을 뜻한다.[12]

#1. 연구, 분석전문 온라인매체인 '더 컨버세이션(The Conversation)'이 그동안의 연구 결과를 종합 분석한 바에 따르면 카페인

을 적절히 섭취할 경우 운동수행능력을 3% 정도 높이는 것으로 나타나고 있다.

과학자들은 카페인을 섭취하면 뇌 속에서 수면 작용을 관장하는 아데노신(adenosine) 수용체의 작용을 방해해 뇌의 각성을 유지시키는 것으로 설명하고 있다. 뇌와 척수를 포함한 중추신경계를 자극한다고 보면 된다.

자극이 발생하면 근육 수축에 필요한 섬유질이 늘어나고 결과적으로 움직임이 더 빨라지고 강력해질 수 있다. 달리기, 수영, 역도, 테니스처럼 근육 수축이 요구되는 선수의 경우 경기력을 향상시킬 수 있다.[13]

#2. 호주 빅토리아 대학에서 스포츠 과학을 연구하고 있는 조조 그르기치(Jozo Grgic) 연구팀은 카페인이 운동 능력향상에 효과적이라는 연구 결과를 발표했다.

연구팀은 메타분석을 한층 통합적으로 해석하는 '포괄적인 고찰(umbrella review)' 기법을 이용해 카페인과 스포츠 관련 총 11건의 기존 논문을 평가했다. 그 결과 카페인 섭취가 스포츠 성적을 2%~최대 16% 향상시킨다는 결론에 이르게 된다.[14]

#3. 14명의 비교적 소규모 실험참가자들을 대상으로 커피를 복용한 날과 그렇지 않은 날 운동 수행능력을 실험결과를 『스포츠의학과 육체건강저널(Journal of Sports Medicine and Physical

Fitness)』에 발표된 한 브라질 연구팀의 경우, 실험참가자들에게 레그 프레스(하체를 단련하는 근력운동)와 벤치 프레스(가슴근육을 강화하는 운동)를 실패할 때까지 수행하도록 요청했다.

실험참가자들은 이 두 가지 운동을 총 3세트 시행하는데 각 세트마다 본인이 할 수 있는 만큼 개수를 채웠다. 실험 결과 카페인을 복용하지 않은 날보다 복용한 날 실험참가자들의 운동 의지가 보다 확고했다. 실질적인 운동 능력 역시 향상됐다. 벤치 프레스는 카페인을 복용하지 않은 날보다 11.6%, 레그 프레스는 19.1% 향상됐다.[15]

국제스포츠영양학회(International Society of Sports Nutrition)는 지구력이 필요한 운동선수들에게 카페인이 주는 이점을 강조한다. 그들은 카페인이 특히 지속적인 고출력 운동하는 동안 지구력을 향상시킨다는 점에 주목하면서 경기 내내 극도의 지구력이 필요한 운동선수인 수영선수들에게 특히 그 효과가 두드러질 것이라 예측했다.

실제 심혈관계와 지구력을 유지한다는 점에서 수영선수들과 비슷한 사이클 선수들의 경우 카페인 효과는 그들의 라이딩 시간을 28%까지 연장하는 것으로 나타났다.[16]

뉴질랜드 등 4개국 연구진이 최근 오클랜드대학에서 자전거선수들을 대상으로 연구한 결과 운동으로 다리(몸)가 피곤해지면 안구 운동도 느려지는 것으로 나타났다고 뉴질랜드 언론들이 보도했다.

연구진을 이끈 오클랜드대학의 니컬러스 갠트(Nicholas Gant) 박사는 "다리에서 피로를 느끼면 안구 운동의 속도가 느려진다는 사실은 놀라운 것"이라며 "눈이 새로운 정보를 잡아내려면 재빨리 움직여야 하기 때문에 매우 중요하다"라고 말했다. 그러나 "이렇게 나타나는 시각 피로는 카페인 섭취로 예방될 수 있기 때문에 커피를 마시는 사람들에게는 큰 문제가 안 될 수 있다"면서 카페인을 조금만 섭취해도 화학적 불균형이 회복돼 뇌에서 나오는 신호가 눈에 제대로 전달될 수 있다고 주장했다.[17]

> 결론은 카페인이 지구력과 피로에 대한 저항력을 향상시켜 운동선수들이 더 오래 그리고 더 힘찬 활력으로 훈련할 수 있게 자극을 준다. 운동 전 마시는 한 잔의 커피가 근육 글리코겐 대신 지방 저장소를 사용하도록 신체를 자극하여, 운동하는 동안 피로와 노력을 덜 느끼게 만들어 극대화된 체력출력이 장시간 유지되도록 이끌어준다.[18]

한편 『미국응용생리학저널(Journal of Applied Physiology)』에 실린 연구에 따르면 카페인은 운동 후 마셔도 도움이 된다고 한다.

연구팀이 글리코겐을 고갈시키는 운동을 하고 난 실험참가자 중 절반에게 탄수화물을 제공하고 나머지 절반에게는 카페인과 탄수화물을 함께 제공한 결과, 후자 그룹에 속한 사람들이 66%

이상 빨리 글리코겐을 생성하는 결과를 보였다.[19] 그래서 마라톤을 완주한 후에 커피 한 잔을 마시면, 운동으로 고갈된 글리코겐을 생성하는 데 도움이 될 수도 있다는 이야기다.

커피에 들어 있는 카페인은 중추신경계를 활성화시키는 강력한 신진대사 촉진제일 뿐만 아니라 커피 원두에는 항산화 성분이 있기 때문에 건강에도 좋다는[20] 사실은 이미 잘 알려진 상태인데, 38명의 참가자(남녀 각각 19명)를 뽑아 카페인이 첨가된 커피를 마시는 것이 사이클링 속도를 향상 시켰다는 영국 코벤트리 대학연구진이 『뉴트리언츠(Nutrients)』 저널에 실린 내용에는, 여성의 경우에도 그 효과가 동일하다는 것이다.[21] 지금까지의 대부분의 연구는 남성을 대상으로 한 것이었다.

카페인이 운동에 관여하는 다양한 효과들

카페인은 혈액 속을 순환하는 지방세포의 수를 늘려준다. 그러면 근육이 이를 흡수해 먼저 태우기 때문에 기존에 저장된 탄수화물을 아껴서 운동을 오래 할 수 있게 된다. 그러면 장거리 달리기나 자전거 타기 같은 유산소 운동을 더 오래 할 수 있다는 것이[22] 카페인이 운동수행능력을 설명하는 원리였다.

이는 특히 더 많은 거리를 빨리 가야 하는 마라톤, 사이클 선수의 경우 지구력을 키울 수 있다. 풋볼 선수의 경우 더 높이 점프할 수 있으며, 테니스나 골프 선수의 경우 매우 예민한 감각으로 공을 칠 수 있다. 역도 선수의 경우 순간적으로 더 무거운 바벨을 들어 올릴 수 있다는 것이다.[23]

그런데 커피는 이와 같은 운동 수행 능력을 유지 시키는 것 외에도 다양한 측면에서 운동과 관련해 여러 가지 부수적인 이점을 제공한다.

♦ 칼로리 소모량 증대/'지방연소'

운동을 하기 전에 커피를 마셨을 때 누릴 수 있는 큰 효과 중하나는 바로 체지방을 효과적으로 태울 수 있다는 점이다. 운동전 마시는 커피는 운동 중에 지방세포가 에너지원으로 소비되도록 촉진시켜준다. 또한 커피에 있는 카페인은 신진대사를 높여서 일상에서 더 많은 칼로리를 소비하도록 하는데, 운동 전 커피는 이 같은 효과를 배가시킬 수 있다. 또한 커피 속에 다른 성분들은 식용을 억제하는 데도 도움을 주기 때문에 전반적으로 섭취하는 칼로리양을 줄이는 데도 도움이 될 수 있다.[24]

커피의 카페인 함량이 높으면 운동 중에 지방을 연소시키는 능력이 크게 향상된다.[25] 『국제스포츠영양운동대사저널(International Journal of Sport Nutrition and Exercise Metabolism)』에서 출판된 한 스페인 연구를 살펴보면 운동 전 카페인을 섭취한 선수는 3시간 동안 운동에서 가짜 약을 복용한 선수에 비교 약 15% 더 많이 칼로리를 소모했다. 효과를 일으킨 양은 체중 1킬로당 4.5mg의 카페인인데, 140파운드(68kg) 여성이라면 대략 300mg의 카페인, 끓인 커피 12온스 정도로 이미 우리가 매일 아침 마시고 있는 양이라고 볼 수 있다.[26]

CNN 방송은 다른 연구 결과를 동원해 운동 전 커피 등 카페인이 함유된 물질을 마신 사람은 그렇지 않은 사람보다 하루에 약 72cal를 덜 섭취하고, 훨씬 쉽게 욕망을 억제하는 경향을 보였다고 보도했다.[27]

♦ 혈액순환 증진으로 운동능력 향상

카페인은 섭취 후 약 15분 후 혈류에 도달한다. 그리고 커피의 최고 흥분 혹은 자극효과는 마신 후 40~80분 후에 발생한다.

일단 카페인이 혈류로 들어가면, 신체는 여러 가지 방법으로 반응한다. 혈압과 심박 수가 증가하고, 지방 저장고가 분해되고, 지방산이 혈류로 배출된다. 결과는 많은 사람들로 하여금 지금 자신의 몸이 활기차고 벅찬 운동도 감당할 준비가 되어 있다고 느끼도록 만든다.[28]

에너지의 활력은 아드레날린이라는 호르몬을 분비하는 우리의 몸에서 나온다. 이 화학 물질의 방출은 '거침없는 파이트(fight or flight)' 본성을 자극, 우리 앞에 놓여 있는 어떤 장애물도 뛰어넘을 수 있도록 준비시킨다. 특히 수영선수들의 경우 카페인의 에너지 증진 특성을 이용 그다음 단계의 목표를 이끄는 데 중요 에너지 핵심으로 작용 된다.[29]

헬스매거진에 따르면, 일본의 한 연구팀은 평소 커피를 마시지 않는 사람이 커피를 5온스(142g) 마신 후 디카페인 커피를 마신 사람과 비교해 모세혈관 흐름이 30% 향상되었다는 것을 발견했다고 한다. 혈액순환이 향상되었다는 것은 신체조직의 산화가 촉진되었다는 의미이며 그것은 운동능력이 배가 된다는 것을 의미하는 것이다.[30]

일반커피와 카페인을 제거한 커피를 실험참가자들에게 제공하고 손가락 혈류를 측정한 결과, 카페인이 들어간 일반커피를 마신 그룹이 75분간 혈류의 흐름이 30% 증가하는 결과를 보였다. 혈액순환이 잘 되면 운동시 근육으로 보다 원활한 산소공급이 가능하다.[31]

커피 속 카페인이 혈류의 흐름을 증가 시켜 원활한 혈액순환을 돕는다는 것인데, 이로 인해 근육에 산소공급이 원활하게 이뤄지며 운동능력이 극대화된다는 것을 의미한다.[32]

♦ 근육통을 줄여 근육의 손실과 피로 방지

웨이트트레이닝이나 기타 운동을 하는 과정에서 느끼는 통증을 줄이는 데도 커피는 좋은 치료제가 될 수 있다. 커피를 마신 후에 운동을 할 경우 근육이 느끼는 통증이 감소, 더 많은 중량을 들어 올리거나 혹은 더 빠르게 더 오랫동안 유산소 운동을 할 수 있다.

일리노이대학에서 진행된 연구에서 운동 전에 커피를 마신 이들은 운동을 하는 동안 카페인을 섭취하지 않은 이들보다 운동 중에 근육통을 더 적게 느끼는 것으로 나타났다.[33]

#1. 로드아일랜드 대학(University of Rhode Island)의 연구에 따르면, 카페인은 위약(비카페인)에 비해 운동 후 근육통을 현저하게 감소시켰다고 한다. 상체 웨이트 트레이닝을 하기 전 커피를 마신 참가자들은 그들의 마지막 세트에서 더 많은 횟수를 기록할 수 있었다. 결과는 격렬한 훈련 전 카페인을 마시는 것이 운동 성능을 향상시키고 근육회복을 위한 시간도 단축 시킨다는 것을 보여주었다.[34]

#2. 일리노이 대학(Illinois University)의 한 연구에 따르면 30분 운동하기 한 시간 전에 참가자들에게 커피 2~3컵에 해당하는 카페인을 섭취하게 했더니 참가자들이 감지하는 근육통의 강도가 줄었다고 한다. 이렇게 감지하는 통증이 줄면 특히 고강도 운동을 할 때 조금 더 강하게 운동할 수 있다.

국제학술지『통증저널(The Journal of Pain)』에 실린 조지아 대학의 연구에서도 이와 매우 유사한 결과가 보고됐다. 이 연구에서는 운동 한 시간 전에 마신 커피 2잔이 운동 후 근육통증을 48%까지 감소시켰다. 진통제인 나프록센과 아스피린 복용 연구에서 운동 후 근육통증을 각각 30%와 25% 감소시킨 것과 비교하면 이는 놀라운 수치다.[35]

#3. 저널『스포츠영양 및 운동대사(Sport Nutrition and Exercise Metabolism)』에 실린 연구 결과에 의하면, 카페인이 통증을 느끼게 하는 뇌 부위에 영향을 미쳐 고통을 잘 느끼지 못하도록 하며, 소량의 카페인이든 많은 양의 카페인이든 상관없이 영향을 미친다고 밝혔다.

평소 커피를 많이 마셔 카페인 내성을 가진 사람에게도 통증완화효과는 나타났는데, 이는 운동 시 근육통증을 느끼는 사람은 소량의 카페인을 섭취하는 것만으로도 운동하는 데 도움을 받을 수 있다는 것을 의미하는 것이다.[36]

고강도 운동을 하기 30분 전 2~3잔의 커피를 마시면 근육통증이 감소한다. 커피에 든 카페인이 통증을 완화하는 역할을 하기 때문에 좀 더 강도 높은 운동을 할 수 있는 추진력이 생길 수 있게 된다. 또 횡격막과 골격근 부위에서 나이 들면서 일어나는 근육 손실을 막는 역할을 한다고 하여 정기적으로 커피를 먹으

면 나이로 인해 발생하는 운동부상을 줄이거나 예방에 도움이
될 수 있다.[37]

영국 코벤트리 대학의 스포츠과학자로 구성된 연구팀은
생쥐를 대상으로 카페인의 효과를 연령대별로 측정 결과,
근육에 미치는 효과가 가장 좋은 그룹은 팔팔한 청년층이
고 그다음이 노년층으로 나타났다. 가장 효과가 적은 그룹
은 근육이 아직 발달 중인 미성년층이었다.

사람의 경우도 나이가 들어 근력이 떨어지면 부상을 입기
쉽고 삶의 질이 떨어지는 데 이를 카페인이 보충해 줄 수
있다는 의미다. 논문의 저자인 제이슨 탤리스는 "노년층에
서는 카페인의 운동능력 강화효과가 청년층만 못하기는 하
지만 여전히 행동을 더 민첩하게 하게 만드는 것으로 나타
났다"라고 말했다.[38]

실제로 카페인은 우리 몸의 근육이 지방을 에너지원으로 만드
는 데 기여한다. 근육은 보통 글리코겐을 사용한다. 우리 몸속
에 저장된 글리코겐이 부족하면 근육이 효율적으로 힘을 내지
못하고 금세 지치게 된다. 근력운동을 할 때도 마찬가지다.

글리코겐을 대신해 사용할 수 있는 지방이 저장돼 있다면 우
리 몸은 어떤 방식으로든 이 지방을 활용한다. 이때 카페인이 도
움이 된다는 것이 연구팀의 설명이다. 카페인은 근육이 에너지원

으로 지방을 사용하도록 유도하니, 근육의 손실과 피로를 막는다. 자연히 근육부상도 예방할 수 있다.[39]

♦ 정신집중력의 향상

커피와 카페인이 정신 집중력을 향상시킨다. 카페인은 뇌 기능을 향상시키고 기억력과 집중력을 담당하는 뇌 부위에 긍정적인 영향을 줄 수 있는 천연흥분제 역할을 하기 때문이다.

자연적인 흥분제인 카페인은 정신집중력, 주의력, 그리고 일반적인 인지기능을 증진시킨다.[40] 존스 홉킨스대학(Johns Hopkins University) 연구팀에 따르면 카페인은 복용 후 24시간 동안 기억력이 개선되는 효과가 있다는 것을 밝혔다. 기억력이 좋아지면 일정한 순서와 방법에 따라 실시해야 하는 운동을 하는 데 도움이 된다.[41]

연구진은 실험참가자를 두 그룹으로 나눠 5분간의 이미지 수업을 진행한 뒤, 한 그룹은 '위약(비카페인)'을, 한 그룹은 '카페인 200mg'을 복용하게 했다. 이후 다음날 측정된 테스트에서 카페인 복용 그룹의 뇌 기능이 압도적으로 향상된 것으로 나타났는데 이는 카페인이 높은 집중력을 필요로 하는 운동에 상당한 도움이 됨을 암시한다.[42]

카페인 섭취에 따른 뇌의 전두엽에 미치는 영향을 조사한 결과 노인들의 경우에도 카페인이 정신 능력을 향상시키고 나이와 관련된 정신적 쇠퇴의 진행을 감소시킬 수 있음을 보여주고 있다.[43]

이외에도 운동 전 커피를 마시면 운동에 의해 기관지 수축, 즉 알레르기 천식을 가진 환자처럼 호흡 곤란이나 쌕쌕거림의 증상이 나타날 수 있는데, 미국 인디애나대학 운동학과의 티모시 미클보로 교수연구팀이 작은 카페인양만으로도 이런 헐떡거림이나 기침하는 증상을 줄일 수 있다고 한다.[44]

운동 전 커피타임: 타이밍과 카페인 최적량, 그리고 부작용

기존의 많은 연구들을 통해 이미 카페인의 운동효과가 입증돼 왔다. 지구력을 필요로 하는 운동을 할 때 도움이 된다는 카페인, 즉 커피는 1~2잔에 해당하는 양이라고 말한다. 유산소 운동이나 근력 운동을 하기에 앞서 마시는 커피 한 잔이 보다 효과적인 운동수행을 할 수 있는 비결이 된다는 것이다.[45]

국제스포츠영양학회(International Society of Sports Nutrition) 입장에서도 "전반적으로 많은 카페인 용량 섭취가 경기력 향상에 기여하지 않는다"라고 동의한다. 이는 커피 한 잔 정도만 마셔도 성능이 향상될 수 있다는 뜻이다.[46]

그래서 그 한 잔의 커피를 언제 마셔야 할지, 그리고 운동을 극대화하기 위해 실제 1~2잔 정도의 커피만 필요한 것인지 그리고 운동을 위해서 마신다고 하지만 카페인 관련 부작용은 없는지가 우리의 관심거리가 된다.

◆ 커피타임, '타이밍'이 중요

운동하기 전에 아메리카노를 마시면 왜 좋은 걸까. 그 이유는 커피 속 카페인에 있다. 카페인이 우리 몸의 교감신경을 활성화시켜 코르티솔 분비를 늘리는데, 이 호르몬은 지방을 분해해 에너지원으로 전환시키는 역할을 해서 운동 효율을 높인다. 하지만 카페인이 체내에 흡수되기까지는 30분에서 1시간 정도가 필요하기 때문에 운동하기 30분 전에 마시는 것이 좋다.[47]

이는 '국제스포츠영양학회'의 연구 검토처럼, 카페인은 우리가 운동을 더 잘하고 더 오래 할 수 있도록 돕는 효과적인 도구이지만 운동시작 전 커피를 언제 마실지를 결정하는 타이밍이 중요하다는 얘기다.[48]

커피를 마신 직후 운동을 한다고 운동효과가 늘진 않는다.
카페인을 섭취한 후 혈중농도가 최대가 되는 시간은 대체로 30~60분 정도(따뜻한 커피 기준)가 걸린다.
마찬가지로 근육이 지방을 에너지원으로 사용하기까지는

일정시간이 필요하다. 연구팀에 따르면 커피를 마시고 1시간이 지난 시점에서 효과는 최고조에 달하고, 이후 3~6시간 동안 효과가 지속된다. 이 시간 안에 운동을 하는 것이 효과적이다.[49]

스포츠 영양학자로 '뉴트리션 컨디셔닝(Nutrition Conditioning)'을 운영하는 하이디 스콜닉(Heidi Skolnik)은 "카페인은 섭취 후 15~45분 사이에 위에 흡수되지만, 흥분 효과는 섭취 후 30~1시간 15분 사이에 나타난다"라면서 "운동 시작 1시간 전에 마시는 커피가 최적의 효과를 낳는다"라고 말했다. 그는 운동 1~2시간 전에 커피와 함께 200~340g의 물을 함께 마시면 운동 능력을 향상하는 데 더욱 좋다고 말한다.[50]

그럼 커피를 자주 마시는 사람도 운동 전 카페인을 섭취하면 더 나은 기록을 낼 수 있을까. 몇 주 동안에는 커피를 끊고 지낸 뒤 경기 직전에 마셔야 하지 않을까?

이에 대해 철인 3종 경기 엘리트 선수이며 스키 오리엔티어링과 산악달리기 종목에서도 선수로 활동하는 캐나다 맥매스터 대학의 마크 타르노폴스키(Mark Tarnopolsky) 박사는 "정기적으로 커피를 마신다고 해도 대회나 훈련 전 커피 한 잔을 마시면 기량이 향상될 수 있다"라고 설명했다.[51]

대신 주의할 점이 있다면 카페인 효과가 5시간 정도 지속되기 때문에 너무 늦은 시간에 커피를 마시면 수면을 망칠 수 있고, 결과적으로 중요한 경기를 앞둔 시점에 다량의 카페인을 섭취하는 일은 신체활동의 리듬을 깨는 요인으로 작용할 수도 있다. 적정한 시간에 카페인 효과가 나타나도록 신경을 써야 하는 일 역시 난제 중의 하나다.

일반적으로 카페인 효능을 극대화하려면 섭취 후 30~75분을 기다려야 한다. 그러나 사람에 따라 시간 차가 있는 데다 매번 그 시간이 달라질 수 있어 불안을 조장할 수 있다는[52] 사실도 염두에 들 필요가 있다.

♠ 카페인 섭취의 '최적 분량'

카페인을 섭취하면 근육 사이의 체액 속에 칼륨을 훨씬 적게 축적시킴으로써 피로감을 덜 느끼게 만들 수 있다. 또한 카페인은 중추신경계, 그리고 운동 중의 기분, 각성도, 미세동작 조절과 관련된 뇌 영역에도 영향을 미친다고 한다. 너무 많이 마시면 혈압상승과 안절부절못하는 등의 부작용도 나타날 수 있다.[53] 그럼 부작용을 유발하지 않고 운동 능력을 향상시켜 주는 카페인의 최적 분량은 몇 잔으로 조정되어야 할까?

NYT는 많은 연구자들이 운동 효과가 나려면 체중 1kg당 카페인 5~6mg이 필요하다고 분석했다고 전했다. 예를 들어 몸무게가 80kg인 사람은 카페인 400여 mg이 요구된다는 것이다.

그럼 카페인 400㎎을 섭취하려면 커피를 얼마나 마셔야 하나. 커피를 약 570g 들이키면 된다고 한다. 하지만 이 분량의 5분의 1만 마셔도 효과가 있다고 한다. 호주 스포츠연구소의 루이스 버크의 연구 결과는, 커피를 200g 정도, 그러니까 한 잔만 마셔도 된다는 얘기다.[54]

> 호주 빅토리아 대학에서 스포츠 과학을 연구하고 있는 조조 그르기치(Jozo Grgic) 연구팀은 카페인 섭취의 양으로는 커피 2잔이 가장 좋다고 한다. 기존 연구를 통해 알려진 운동능력 향상이 인정되는 카페인양은 체중 1kg당 3~6㎎ 정도다. 일반적으로 신선한 커피 한 잔당 95~165㎎의 카페인이 포함되기 때문에 체중 70kg의 성인이라면 커피 2잔 정도(210㎎~420㎎)의 카페인을 섭취해야 한다.[55]

하지만 "카페인이 들어 있지 않은 음료를 마신 사람들은 아무런 효과가 나타나지 않았다"라고 설명했다.[56]

◆ 카페인 과다 섭취에 따른 부작용

카페인이 운동효과를 높인다고 해도 과도한 섭취는 금물이다. 존스 홉킨스 대학의 스티븐 E. 메레디스 박사는 "카페인은 사람마다 받아들이는 효과가 다르다"라며 "여성이 남성보다 카페인 대사가 빠르고, 흡연자는 비흡연자보다 카페인을 2배나 빨리 대사한다"라고 『미국의학뉴스(American Medical News)』를 통해 밝혔다.

또한 카페인은 특정 사람들에게 두통이나 혈압 상승 등의 부작용을 일으킬 수 있는데, 이 같은 사람들에겐 운동 전 카페인 섭취는 피해야 한다는 것이다.[57]

그래서 주의할 점은 다다익선은 아니라는 것. 일단 음식으로 카페인을 섭취해서는 지방분해 효과를 기대하기 어렵다는 사실을 인식하고 더구나 카페인을 과다 섭취하면 심장마비, 속 쓰림, 불면증을 유발하니 1일 최대 권고량을 지켜서 섭취해야 한다.[58]

> 전문가들은 갑자기 커피를 과하게 마시는 것은 오히려 몸에 해롭다고 지적한다. 하루 카페인 복용량은 400㎎(커피로 환산하면 453g/3~4잔 분량)으로 제한하고 이 이상은 마시지 않도록 주의해야 한다. 가장 중요한 것은 운동효과를 높이기 위한 방편으로 카페인을 활용해야 하며 신진대사 균형을 깨뜨리는 쪽으로 이용하면 안 된다.[59]

스포츠 영양학자 스콜닉은 오후 7시까지는 괜찮지만, 이후에 운동하는 사람들이 운동 시작 전 커피를 마신다면 큰 효과를 누리지 못하고 도리어 수면에 방해를 받을 것이라고 경고했다.[60]

카페인의 섭취가 스포츠 운동에서 어떤 영향을 미치는지에 대한 내용에 대해서는, '카페인과 성능(caffeine and performance)'이

라는 제목의 국제 스포츠 영양학회지의 연구논문 내용을 근거로 다음과 같이 정리해 볼 수 있다.[61]

- 카페인은 신체활동을 향상시킨다.
- 카페인은 자전거 타기, 노 젓기, 에어로빅 등, 5분 이상의 지구력이 요구되는 스포츠에서 운동성능을 향상시키면서 근육통을 감소시킨다.
- 카페인은 단기간에 고강도의 운동을 하는 단거리 달리기나 점프공연 같은 고도로 훈련된 운동선수의 성과를 향상시킨다.
- 카페인은 운동 중에 아드레날린을 증가 시켜 에너지 생성을 자극하고, 근육과 심장으로 가는 혈액의 흐름을 개선한다.
- 카페인은 장기간 지속되는 고강도 운동에 도움이 되고, 중추피로를 조절함으로써 성능 향상에 기여할 가능성이 있다.

하지만 누구에게나 카페인이 다 효력을 발휘하는 것은 아니다. 최근 연구 결과에 따르면 선수들의 유전인자에 따라 선수들에게 영향을 미치거나 카페인 효과가 불규칙하게 나타날 수 있다. 이는 카페인에 우호적인 유전인자를 갖고 있는 선수들일 경우 경기에 도움을 받을 수 있겠지만, 그렇지 않은 경우 부작용으로 인해 오히려 경기를 그르칠 수 있다는 얘기다. 카페인으로 인한 부작용 역시 우려되는 부분이다.

카페인을 다량 섭취한 후 운동에 나서게 되면 승패를 좌우하는 결정적인 순간에 토할 듯이 메스꺼운 느낌의 욕지기 현상이 일어나거나 지나친 초조감으로 경기를 망치게 된다.[62]

하루 20억 잔이 소비된다는 커피는 세계인이 가장 많이 즐기는 기호식품이라는 명성에 걸맞게 수많은 과학자들의 인기 연구 대상이기도 하다. 커피가 건강에 끼치는 영향에서부터 맛있게 마시는 법, 재활용하는 법에 이르기까지 연구 주제들도 다양하다.[63]

이제 선택은 각자의 몫이다. 커피를 마시는 일, 운동을 하는 일 등등 다 일상화되어 이를 직접 체험해 보는 건 어려운 일은 아닌 것 같다.

커피와 운동과의 상관관계에 대한 내 몸의 반응에 대해서는 실제 한번 체험해 봄으로써 카페인과 운동 관련하여 내 몸에 알맞는 맞춤형 처방전을 가져야 할 것 같다.

03
커피가 주는 각성효과와 집중력

- 카페인은 야간작업과 야간의 장거리 운전 등 주의력과 집중력을 강화시켜 줌으로써 활동에 도움을 준다.
- 커피가 문제 해결을 위해 집중하는 데 도움이 되지만 창의성 도출을 위한 자극과는 아무런 관련도 없다.
- 카페인이 각성효과 외에도 기억력을 높이고 유지하는 데 도움이 된다.

"커피와 포도주. 그것은 '깨어 있음'과 '잠'을 의미했다. 포도주의 최종적인 결과는 안락한 잠인 반면, 커피의 최종적인 결과는 고양된 깨어있음이다."[1] '각성제' 카페인과 '안정제' 알코올의 성격을 잘 규정한 표현이다.

일전에 SNS상에서 '커피와 부엉이'라는 제목의 사진이 화제가 된 적이 있다. 이 그림은 커피의 종류별 각성 정도를 부엉이의 눈 크기로 나타낸 것이다.

당시 사진을 보면 디카페인(decaf) 커피를 마실 경우 카페인 각성효과를 볼 수 없어 부엉이의 눈이 감겨 있고, 하프카페인(half-caf)을 마실 경우에는 한 쪽 눈만 뜨고 있고, 위스키가 들어간 아이리쉬 커피에는 잠이 온 듯 눈을 감고 있고, 진한 에스프레소를 마신 부엉이 눈은 번쩍 뜨게 그려졌다. 더블 에스프레소를 한 잔 했을 때는 부엉이의 눈이 빠져나올 듯 초롱초롱한 상태가 되는 것을 묘사했다.[2] 한편 자연에서 카페인은 커피 열매나 차 잎을 벌레로부터 지켜주는 자연적인 살충제지만 동물들에겐 일종의 흥분제로 작용하는 약이다.

나른한 오후에 마시는 커피 한 잔은 졸음을 쫓아주고 활력을 주는데 바로 커피 속에 있는 카페인 때문이다.[3] 그래서 카페인은 야간작업과 야간의 장거리 운전, 장거리 여행으로 인한 시차적응과 피로감 등, 경계심을 풀면 안 되는 상황에서 한 잔의 커피 속에 들어 있는 카페인은 주의력과 집중력을 강화시켜 줌으로써 활동에 도움을 준다.[4]

이처럼 우리가 각성효과라고 얘기했을 때 제일 많이 연상하는 것이 '졸음'과 관련된 사항인데 우리가 실생활에서 맞부딪치면서 또 쉽게 우리가 접할 수 있는 사항이기 때문이다.

카페인의 본질 '각성효과'

뇌에서 각성상태를 완화시키고 잠이 들게 하는 신경전달물질인 아데노신을 대신해서 아데노신과 닮은 구조를 가진 카페인이, 잠으로 유도하는 아데노신수용체에 먼저 결합, 졸음을 유도하지 못하게 훼방 놓는 것이다.[5] 즉, 아데노신이 들어갈 자리에 카페인이 먼저 들어가 자리를 꿰찬 후 '졸음' 대신 '각성'으로 바꾸어 버린다는 사실에 대해서는 이 책의 수면주기가 포함된 항목 제2장에서 충분히 설명했다.

그런데 카페인의 이런 위장된 모습으로 활약했음에도 불구하고, 아침에 커피 한 잔을 마시면 잠이 깔끔하게 깨는 듯한 느낌은 습관적인 카페인 섭취로 인해 일어나는 착각일 뿐이라는 연구 결과가 나왔다. 영국 브리스톨 대학교의 피터 로제 박사팀은 379명의 참가자를 대상으로 카페인의 효과에 대한 실험결과를 『신경정신약학(Neuropsychopharmacology)』 최근호에 게재했다.

게재된 내용에 따르면 정기적으로 카페인을 먹는 사람들은 카페인을 안 먹는 동안 떨어진 각성 수준을 되돌리고 두통 같은 카페인 금단 부작용을 피하기 위해 카페인을 필요로 하게 되는 것으로 보고 있다. 이 연구 결과는 결국 카페인 음료가 보통 상태보다 각성 수준을 높인다는 기존 믿음과는 다른 '카페인 먹는 것이 습관' 때문이라는 것을 암시하는 것이다.[6]

물론 카페인의 반응은 유전적 다양성으로 인해 사람에 따라 개인차가 있고, 개개인의 생활방식에 따라 그 효과가 다르기 나타나기 때문에 카페인의 섭취량을 동일한 기준으로 적용하는 것은 옳지 않다.[7] 우리 모두는 '크로노타입(chronotype)'이라 부르는 각자의 독특한 생체리듬을 갖고 있기 때문이다.

사람은 타고난 '체내시계(body clock)'에 따라 '아침형 인간 (morning larks)'과 '저녁형 인간(night owls)'으로 나뉜다. 대체로 '아침형 인간'은 일찍 자고 일찍 일어나지만, '저녁형 인간'은 늦게 자고 늦게 일어난다.[8]

어떤 사람은 아침 일찍부터 몸과 정신이 각성을 하는 반면 어두워져야 에너지가 돌고 두뇌활동이 활발해지는 사람도 있다. 사람마다 크로노타입이 제각각이라는 것이다.

새벽 기상이 자연스러운 '참새형' 신체리듬이 있는 반면, 밤이 돼야 살아나는 '올빼미형' 신체리듬도 있다.

'저녁형 인간' 가운데 가장 유명한 사람은 밤 8시쯤 식사를 한 후 본격적으로 집무를 본 윈스턴 처칠이다. 또 플로베르, 프란츠 카프카, 제임스 조이스 등도 밤을 새우며 글을 썼던 작가들로 잘 알려져 있다.[9]

그런데 만일 이런 고정된 생체리듬을 갖고 있는 사람들에 대해 카페인 작용으로 루틴(일상적 습관)에 변화를 시도해 본다면 어떨까?

#1. 아침형 및 올빼미형과 카페인 영향 관계에 대한 첫 연구이자 대학생만을 대상으로 한 연구여서 사실을 일반화하는 데는 한계가 있겠지만, 미국 스탠퍼드 대학 연구팀의 관찰 결과 '올빼

미형 인간의 경우 커피를 많이 마셔도 밤에 잠을 자는 데는 영향이 없다는 연구 결과를 『수면의학(Sleep Medicine)』저널 온라인 판에 실었다.

아침형 인간은 체내 카페인 잔량이 숙면을 방해하지만 올빼미형은 카페인이 숙면에 영향을 미치지 않는 것으로 나타났다.

아침형 인간은 체내에 카페인 성분이 많을수록 잠이 든 후에 깨어나는 시간이 많았다. 반면 올빼미형 인간은 이런 현상이 나타나지 않았다. 커피를 몇 잔 마시든 밤에 깊은 잠을 취할 수 있었다.[10]

#2. 대부분의 사람들은 커피에 포함된 카페인 덕에 피로회복과 뇌의 활동이 촉진되는 것을 느낀다. 이는 카페인 성분이 중추신경계를 자극하기 때문으로 커피 한 잔이 신진대사를 5~8% 증진시킨다는 연구 결과도 있다.

이를 근거로 미 국방부 산하 월터리드 육군연구소(Walter Reed Army Institute of Research)가 커피에 포함된 카페인의 효과에 주목해 이루어진 연구에서 아침의 피로를 풀기 위해 마시는 커피도 수면 부족이 누적된 사람에게는 별 효과가 없는 것이다.

커피와 피로회복의 관계를 알아보기 위해 연구팀은 48명의 건강한 피실험자들을 대상으로 5일간 실험을 실시한 결과, 이틀째까지는 피로회복과 민첩성 증가 등 카페인의 효능이 나타났지만 사흘째부터는 효과가 없는 것으로 나타났다.

연구를 이끈 트레이시 질 도티(Tracy Jill Doty) 박사는 "커피가 수면이 부족한 사람들이 피로를 풀기 위해 일상적으로 먹는 음료"라 하더라도 수면 부족이 3일 이상 누적되면 효능이 사라진다는 것을 확인한 것이다. "오히려 커피를 마신 그룹이 플라시보 그룹(가짜 커피)보다 이틀째까지는 더 높은 능력을 보였지만 3일 후부터는 차이가 없고 심지어 더 많은 짜증을 냈다"라고 덧붙였다.[11]

#3. 커피를 한 잔 마셔야겠다는 생각만 하더라도 이미 마신 것과 같은 카페인 효과를 경험 할 수 있다는 커피의 물리적 효과 대신 심리학적인 의미에 대한 연구 결과를[12] 캐나다의 토론토 대학의 샘 마글리오(Sam Maglio) 부교수가 최근 『의식과 인지(Consciousness and Cognition)』에 발표 했다.[13]

저널에 실린 새로운 연구에 따르면, 커피를 좋아하는 사람들은 커피와 관련된 냄새, 광경 및 소리에 반응하는 것만으로도 커피의 효과를 느낄 수 있다고 한다.[14]

토론토 대학과 호주 모나쉬(Monash)대학의 연구원은 실제로 커피를 마시지 않고도 일반적인 커피 마시는 사람들에게 나타나는 각성 욕구 및 집중력을 높일 수 있음을 발견했다는 것인데, 이는 커피에 대한 생각을 하는 것만으로도 커피를 마신 것처럼 인간의 뇌가 각성(arousal)된다는 연구 결과다.

모나쉬 경영 대학원 유진 챈(Eugene Chan) 연구자는 보도 자료에서, 파블로프의 개 실험 결과를 연상했다고 하는데, 마찬가지로 커피에서 풍기는 향기만으로도 음료를 마시는 사람들에게 본질적으로 커피를 마신 것과 같은 동일한 영향을 주었다고 말했다.

"좋아하는 카페를 지나고, 커피 향을 느끼거나 심지어 커피 관련 광고를 목격하는 것만도 우리 몸의 화학 수용체를 유발할 수 있습니다"라고 그는 말했다.

> 각성이란 특정 두뇌 영역이 활성화되는 상태를 말하는데, '커피 관련 단서만 제공해도 각성 효과'가 나타난다는 것이다.
> 물론 모든 사람이 똑같이 이런 자극에 반응을 보인 것은 아니지만, 연구진은 "커피와 관련된 단서에 노출된 사람들은 구체적이고 정확하게 사고하는 경향을 보였다"라면서 "생리적 각성이 아마도 이러한 효과를 가져왔을 것"이라고 분석했다.[15]

최근 우리는 매일 출근하는 지하철 역사 내에 입점한 커피 테이크아웃점에서 풍겨 나오는 진한 커피 향에 커피욕구를 참느라 몸서리치기도 하는데(?), 이 경우 커피를 마신 효과처럼 신체 내부에 각성이 이루어진다는 것이다.

그러나 이런 각성 기능은 수면장애와 주간 활동시간에 졸음을 유발할 수 있는 부정적인 요소가 있기 때문에, 카페인에 민

감한 사람은 개별적으로 커피의 음용시간과 마시는 양을 조절해야 한다.[16]

이제 올빼미형 인간은 커피를 몇 잔 마시든 깊은 잠을 자는데 영향을 받지 않는다는 사실이나, 아침의 피로를 풀기 위해 마시는 커피도 수면부족이 누적된 사람에게는 별 효과가 없다는 것, 그리고 커피에 대한 생각을 하는 것만으로도 커피를 마신 것처럼 인간의 뇌가 각성(arousal)된다는 연구 결과는 커피의 각성효과가 우리가 아는 것과 달리 매우 제한적이고 유동적임을 알려주는 것이다.

김승대 위덕대 보건관리학과 교수팀이 2019년 국민건강영양조사에 참여한 19세 이상 성인 3,325명을 분석한 결과 "커피 섭취량이 많으면 카페인의 약성 작용으로 수면시간을 줄일 수 있다"라며 "스트레스를 많이 받는 사람이 커피를 자주 마시는 것은 커피에 함유된 카페인이 일시적으로 스트레스가 풀리는 것처럼 느껴지는 효과를 주기 때문"으로 해석한 것에[17] 유의하면서 이 기회에 커피의 각성효과에 대한 이해를 하나의 상식으로 체화하면서 커피를 즐기면 될 것 같다.

카페인의 영향력은 창조력보다는 '집중력'

헝가리 출신의 세계적인 수학자 에르되시 팔은 "수학자는 커피를 정리(theorem)로 바꾸는 기계"라는 말을 남겼다. 커피가 예로부터 창조적인 일을 하는 사람들의 친구라는 뜻이다.

또 하루 50잔이 넘는 커피를 마시면서 매일 다섯 시간도 안 자면서 글만 쓴 걸로 유명한 프랑스의 대문호 오노레 드 발자크도 "커피가 들어오면 모든 것이 술렁이기 시작한다. 생각이 몰려오고 전투가 시작된다. 추억이 살아나고 논리가 생겨난다. 재기발랄한 착상들이 떠오르고 등장인물들이 살아 움직인다. 종이가 잉크로 뒤덮인다"[18] 라고 표현했다. 그런데 이처럼 커피를 마시면 정말 수학문제가 잘 풀리고 작품에 대한 창의적인 생각이 샘솟는 걸까?

커피가 인간의 사고에 미치는 영향을 분석한 결과에 의하면 커피가 의사결정을 담당하는 뇌의 영역을 활성화시키지만 창의성에는 영향을 미치지 않는 것으로 분석했다.[19]

아칸소 대학의 심리학자 다리아 자벨리나(Darya Zabelina), 노스캐롤라이나 대학의 폴 실비아(Paul Silvia) 연구팀은 두 가지 유형의 사고발달 수준을 측정하기 위한 조사로, 첫째는 정답을 찾는 집중력, 둘째는 독창적인 아이디어 창출능력을 테스트해 보는 것이었다.

연구 결과는 커피가 문제해결에 집중하는 데 도움이 되지만 창의성 도출을 위한 자극과는 아무런 관련도 없다는 것을 알았다.

> 자벨리나 교수는 "예술가, 프로그래머 등 창의적인 업무를 주로 하는 사람들이 카페인 섭취를 즐기기에 '커피가 창의적 사고에 영향을 미칠 것'이라는 고정관념이 생긴 것 같다"라고 말했다.
> 하지만, 연구팀은 "참가자의 대부분은 카페인 섭취로 인해 '기분이 더 좋아졌다'라고 보고했다"라며 "이러한 점이 창의적인 프로젝트를 진행하는 데 도움은 될 것"이라며 업무 중 커피를 마시는 것을 권장했다.[20]

그런데 카페인의 집중력이 여자의 기억력과 지능을 높이는 데 효과가 있지만 남자에게는 정반대로 역효과가 있다는 연구 결과가 『사회심리학 저널(Journal of Applied Social Psychology)』에 소개되었다.

영국 브리스톨대학교 심리학자 린제이 세인트 클레어 박사팀은 64명의 남녀에게 생각을 많이 해야 하는 복잡한 퍼즐을 풀게 했다. 그리고 절반에게는 카페인이 없는 커피를, 나머지 절반에게는 카페인이 든 커피를 각각 마시게 한 뒤 다시 비슷하게 어려운 퍼즐을 풀게 했다.

카페인 커피를 마신 남자들은 카페인 없는 커피를 마신 남자들보다 퍼즐 푸는 시간이 20초 이상 늦었다. 이와 대조적으로 카페인이 든 커피를 마신 여자들은 퍼즐을 푸는 시간이 전보다 100초가량 빨랐다. 특히 여자들의 성적을 좋게 하는 커피는 카푸치노와 에스프레소 같은 것이었다. 대신 같은 종류의 커피가 남자들의 기억력이나 판단력에는 문제를 일으켰다.

연구진은 "긴장된 회의나 협상 자리, 발표장에서 카페인이 든 커피를 마시면 긴장을 풀어주는 이완 효과가 있다"라며 "하지만 여자에게는 특히 도움이 되는 반면 남자에게는 오히려 불리하게 작용한다"라고 말했다.[21] 그러니 회사에 출근하자마자 마시는 '모닝커피'가 근무 의욕과 관련된 동기 부여와는 관련이 없다고 봐야 한다는 것이다. 특히 남성들의 경우는 더 그런 것 같다.

캐나다 브리티시 오브 컬럼비아 대학 연구팀이『신경정신약리학(Neuropsychopharmacology)』저널에 실은 관련 연구 결과를 보면 원래 근무 의욕이 높고 보상 동기가 강한 사람은 암페타민이나 카페인을 섭취한다고 해서 근무 동기에 어떤 변화를 주는 것은 아니라고 한다.[22]

하지만 내일 발표할 업무상 프로젝트를 열심히 준비했다면 그 프로젝트를 완전히 마무리한 다음 마시는 커피 한 잔은 내일 프로젝트 발표에도 도움을 줄 수 있다. 블랙커피 한 잔 분량의 카페인 섭취가 기억력을 높여주기 때문이다.

우리가 흔히 학교에서 벼락치기 공부를 하던, 시급한 업무과제를 처리해 그 내용을 내일 발표해야 한다면 오늘 준비한 것을 생생하게 기억하기 위해서라도 블랙커피 한 잔은 필수다.

미국 존스홉킨스대 정신 및 뇌과학과 마이클 야사(Michael Yassa) 교수팀이 실험 참가자 160명을 대상으로 그림 구별 테스트 결과 카페인이 각성 효과 외에도 카페인이 기억력을 높이고 유지하는 데 도움이 된다는 사실을 처음 밝혀냈기 때문이다.[23]

업무 효율을 높인다는 찬사와 더불어 결과물의 품질이 떨어진다는 비판이 제기되고는 있지만 회사는 여전히 여러 가지 일을 한꺼번에 처리하는 '멀티태스킹(multitasking)' 능력을 요구하고 있는 것이 현실이다. 그런데 이 멀티태스킹 능력의 핵심으로 꼽는 요소가 바로 '집중력'이다.

이와 관련 유타대 심리학과의 데이비드 스트레이어(David Strayer) 교수와 데이비드 산본마츠(David Sanbonmatsu) 교수는 남녀 학생 310명을 대상으로 실험과 설문을 통해 사람들의 멀티태스킹 능력을 측정 분석한 결과,[24] 자신의 멀티태스킹 능력이 평균 이상이라고 답한 대부분의 참가자들이 오히려 평균 이하의 테스트 결과를 보여줬는데 그 원인으로 동시에 여러 작업을 실행하는 데 필요한 집중력의 저하를 그 원인으로 지적하고 있다.

원활한 업무를 수행하기 위해 '집중력'을 떠받쳐주는 블랙커피에 필수적인 이유가 있는 것이다.

04
커피의 금단현상 '번아웃'

- 커피를 즐기는 사람들 중 50~75%가 카페인 금단증상을 경험한다.
- 카페인 휴식기에 들어가면 좋은 건 피곤하거나 졸리는 등 몸이 내는 소리에 좀 더 정직하게 귀를 기울일 수 있다.
- 카페인이 없으면 시간 자체가 무의미하다는 데 있다. 커피가 없다 보니 일할 의욕이 반감되어 생산성(?)에서도 문제가 생긴다.

커피에는 뉴런 보호에 도움이 될 수 있는 산화방지제가 들어 있고, 녹차에는 병을 일으키는 것으로 여겨지는 단백질의 군집을 예방하는 데 도움이 될 수 있는 것들이 들어 있다.

하지만 혈액검사 전이나 수술 직전 등 의학적 이유로 금식하라는 요청을 받으면, 커피를 마시지 않아야 한다는 것은 너무나 당연한 일이다.[1]

그런데 이런 외부적 요인 혹은 특수한 상황이 아니더라도 본인 스스로가, 어느 날부터인가 특히 충분한 수면을 이루지 못한다고 느낄 때 커피가 그 원인이 아닌가 하고 생각하면서 커피를 끊어볼까 하고 한 번쯤은 생각하게 된다.

헨리 포드병원(Henry Ford Hospital)의 수면 연구소장 크리스토 퍼 드레이크(Christopher Drake) 박사는 대다수의 사람들이 충분 한 수면을 취하지 못하며 산다고 말한다.

커피로 인해 1시간 잠을 덜 잤다고 해서 삶이 망가지는 건 아 니지만, 문제는 이러한 생활방식이 누적된다면 만성적 수면 부족 에 시달리게 되는 것이다. 우리 신체에 필요한 수면의 양이 주어 져 있는데 카페인 자체가 수면의 양을 경감시켜 주는 것은 아니 라는 것이다.[2]

직장인 A 씨(35세)는 아침에 눈 뜨자마자 모닝커피를 마신다. 그리고 출근 후 한 잔, 회의하며 한 잔, 식사 후 한 잔, 오후 미팅 때 한 잔. 평일 하루 평균 5잔 이상의 커피를 마신다.

그런데 평소보다 커피를 덜 마시는 주말이면 온종일 두통에 시 달리거나, 피로가 한꺼번에 몰려온다. 이로 인해 평일에는 쌩쌩하 다가 주말만 되면 컨디션이 크게 떨어지는 리듬이 반복됐다.[3]

『마음의 사생활』이라는 책을 통해 심리와 관련된 고정관념 뒤 집기를 시도했던 김병수 아산병원 교수(정신의학과)는 "커피를 마 시고 성과를 내려는 것은 마른 수건 짜기에 비유할 수 있다"라 며, "커피를 마시면 통제감을 얻는다고 착각하지만 금세 금단현 상이 일어나 다시 커피를 찾는 번아웃 혹은 자아고갈의 악순환 에 빠진다"라고 말했다.[4]

#1. 우리는 대학 1학년 때 만나 멋진 추억을 쌓고 오랜 인연을 함께 했지만 최근 이별을 겪었다. 이제 헤어진 후 4개월이 지났지만 지난 이별의 아픔을 좀처럼 떨칠 수가 없어 지금도 괴롭기만 하다. 왜냐하면 지난날을 돌이켜 보면 단 하루라도 함께 하지 않은 날이 없을 정도였기 때문이다.

우리는 저녁 식사 때도 물론이지만 비즈니스 미팅 때도, 지난 크리스마스 쇼핑 때도, 심지어 친구 집 부엌에서도 언제나 함께 했다.

일요일 모임의 즐거운 파티에서 혹은 겨울 축구경기를 하는 동안 관중석에서 두 손으로 감싸고 있을 때 느껴지는 따뜻함을 생각할 때마다 너의 공백으로 인한 갈증만 더할 뿐이다.

> "너는 나의 완벽한 파트너였어. 어느 가을날 아침 컴퓨터로 글을 쓰면서 벌써 두 번째와 세 번째. 점심 식사 후 그리고 오후 라디오 쇼를 들으면서 잠시 머리를 식힐 때 다섯 번째. 저녁 식사 후에 여섯 번째와 일곱 번째의 입술 접촉, 하지만 너는 언제나 조용한 파트너였고 단지 풍겨지는 너의 향기에 취해 여전히 나는 "네가, 좋아"라는 독백처럼 너의 매력에 빠져들었던 시간들…"

하지만 이제 모든 게 끝났다.

어느 금요일 아침에, 모든 게 끝이 났다. 로미오와 줄리엣의 이루지 못한 사랑처럼 너와 나의 동행은 외부의 힘에 의해 차단되었다. 의사는 건강을 위해 더 이상 커피를 마시는 것을 허용할 수가 없다고 선을 그었다.

다시 말하지만 커피는 나에게는 완벽한 파트너였다. 작가로서 커피는 뮤즈였다. 커피는 내게 창작의 영감을 불러일으키는 재즈와 같은 마법의 리듬이었고, 내 오른손은 키를 두드리는 것처럼 자연스럽게 커피 컵을 향해 손을 뻗는 나날의 연속이었다. 작가로서 그 창작의 고통을 함께하며 마셨던, 그래서 어느 날은 10잔 가까운 커피를 마시자 의사는 그 특유의 시기심(?)을 발동하며 커피 차단 명령을 내린 것이다.

물론, 어떤 결별이 있듯, 그것은 그렇게 간단하지 않았다. 처음 몇 시간 동안은 자신감이 있었다. 너를 떠나보낼 수 있다고…. 그리고 스타벅스 4곳과 던킨도넛 2곳을 지나칠 수 있었다.

그러나, 그리고 지옥의 문이 열리는 것을 알았다. 그날 밤부터 두통이 시작되었다. 그런데 그 두통은 무디게 시작해서 점점 더 날카로워지면서 나를 압박하기 시작했다. 이 일은 며칠 동안 계속되었다.

그리고 동시에 심리적인 고문도 시작되었다. 직장 동료의 머그잔에서 흩날리는 커피 향기는 나를 더욱 견디기 힘들게 만들었다.

내가 움직이는 어떤 곳에서도 듣지 못한 세상의 모든 사람들이 나를 압박하기 시작했다.

"커피 한잔 할까?" 하고 동료가 말했다.

"커피 좀 드시겠어요?"라고 안내원이 말했다.

"커피 갖다 드릴까요?"라고 웨이터가 말했다.[5]

#2. 현재 매일 2잔에서 3잔의 커피를 마시며 솔직히 커피가 없는 삶은 상상할 수 없는 20대 여성이 어느 날 문득 커피가, 즉 카페인이 없는 5일간의 삶을 산다면 어떻게 될까? 하고 생각 했다. 사실 이런 생각의 동기는 요즘 깊이 숙면하지 못하는 이유가 카페인 때문이 아닐까 하는 의구심 해소도 할 겸… 나는 두통 및 불안과 같은 금단 증상이 두려웠지만 전반적인 건강을 위해 시도해 볼 가치가 있다고 결정했다.[6]

첫날: 따뜻한 커피 한 잔이 그리웠다. 월요일에 사무실에 출근과 함께 오늘 커피를 마실 수 없다는 절망감에 내 기분은 완전히 바닥을 쳤다.

"과일 한 조각의 천연 당분이 그나마 기운을 나게 할 수 있다"라는 검색 결과에 따라 미리 준비한 사과 한 조각과 큰 컵의 물 한 잔, 그리고 오렌지 주스로 약 20분 만에 내 업무에 집중할 수 있었다. 다행히 너무 피곤하거나 두통 혹은 다른 전형적인 카페인 금단 증상이 나타나지는 않았다. 하루 400mg 이상의 카페인(8온스 컵 5잔에 해당)을 마시는 사람들은 두통과 과민 반응과 같은 금단 증상을 경험할 가능성이 더 높다고 말하지만 운 좋게도 나는 평소에도 2~3잔 정도의 카페인에 만족하고 있었기 때문이라고 생각했다.

둘째 날: 카페인 결핍으로 인한 금단 증상과 함께 극도의 무기력감을 느꼈다. 하지만 카페인 금단의 흔한 증상으로 짜증과 피로가 몰려온다는 얘기를 들었기 때문에 나는 내가 경험하고 있는 것이 정상이라는 것을 알았다.

이틀째 되는 날 왼쪽 뒷머리 부분에 커다란 벌레 한 마리가 꿈틀거리는 느낌이 들었다. 전형적인 카페인 금단 증상인 두통이 찾아온 거다. 벌레는 이내 꼬리 달린 쥐로 변신했고 꼬리가 생생하게 느껴졌다. 꼬리 달린 두통을 느껴보기는 생전 처음이었다.[7]

셋째 날: 기진맥진⋯. 커피 유혹에 미칠 것 같았지만 그럭저럭 참고 하루를 보냈다.

넷째 날: 잠을 푹 잘 수 있었다. 오늘도 어제처럼 하루를 잘 버텨냈지만, 퇴근했을 때, 이미 나는 잠에 들 준비가 되어 있었다. 오후 9시 30분에 몸을 침대에 집어넣자마자 잠속으로 빨려들어갔다.

다섯째 날: 더는 덜 활기차거나 더 짜증 나거나 심한 카페인 관련 금단성 두통을 느끼지는 않았지만, 그냥 맛이 좋은 커피이기 때문에 한 모금 마시고 싶다는 생각은 들었다. 그리고 다음 날부터 커피를 다시 일상 속으로 가져올 수 있다는 생각에 약간의

흥분은 있었다.

사실 카페인이 없는 일주일은 나에게 많은 것을 가르쳐 주었다. 아침 일과의 시작과 함께 내가 커피 1~2잔을 좋아한다는 사실…. 그리고 더 중요한 것은, 나의 활력의 에너지 동력이 카페인에서 나온다는 사실을, 나 자신이 얼마나 그동안 커피에 의존하고 있었는가를 깨닫게 되었다.

이번의 도전으로 커피를 마시는 습성 특히 오후에 커피잔을 과감히 내려놓기로 마음먹었다. 이제, 오후 3시 이후에 회사 휴게실의 커피머신에 접근하거나, 업무 외출 시 커피 전문점에서 콜드브루 한 잔에 일수 찍듯이 매일 계산대 앞에서 신용카드를 찍는 행위를 중지하기로 했다.

나는 이 새로운 습관으로 인해 이제 더 이상 카페인으로 인한 혼란을 느끼지 않고 깊은 수면에 들어가기를 바라고 있다. 나는 아직 이 습관을 포기하지 않고 있다. 그런데 사실 나는 이 글을 타이핑하면서 뜨거운 커피 한 잔과 함께 하고 있다. 딱 오늘만 이 글을 쓰고 마무리하기 위해서….

#3. 우리 모두는 함께 사회생활을 하지만 저마다 각기 자신이 선호하는 다른 방식으로 연결되어 있다. 좋아하는 취미에서부터 선호하는 음식까지…. 그래서 어떤 사람들은 커피에 극도로 민

감하고, 어떤 사람들은 비교적 무덤덤하고… 그중 나는 카페인의 반응에 조금 민감하다고 생각하는 편이었다.

왜냐하면 내가 대학에 입학하여 처음으로 커피를 마셔본 후 그 느낌에 대해 어머니와 통화한 기억을 가지고 있기 때문이다.

당시 어머니께서 수화기를 통해 건네준 답은 "카페인을 처음 접하다 보면 그래, 카페인이 약간 흥분 불안 증세를 유발할 수가 있어… 일시적이지만 하지만 걱정 마. 곧 익숙해질 테니까."

결국 나는 커피의 자극적인 효과에 익숙해졌고 이젠 매일 만나는 친구처럼 매일 익숙하게 커피를 즐기게 되었다.

커피를 마시는 분위기 그 자체가 좋았고 카페인이 주는 에너지가 나와 잘 어울린다고 생각했다. 간간히 흘러나오는 커피가 건강에 좋다는 연구 결과들은 내가 이 마법의 음료에 의지하게 하는 충분한 동기를 제공해 주었다.

나는 매일 연한 프렌치 프레스 커피를 한 잔씩 마시기 시작했고 참새가 방앗간을 그냥 지나칠 리 없듯이 출퇴근 길에는 스타벅스를 그냥 지나치는 일이 없었다.

그런데 언젠가부터 나는 약간의 이상한 기분을 느꼈다. 잠을 잘 자지 못한 나날이 있었고 이로 인해 피곤함을 느끼기도 했다. 그러자 혹시 내가 카페인에 극도로 예민한 것이 아닌가 하는 엉뚱한 의심이 들었다.

스트레스와 불안도 많이 느꼈는데, 커피 섭취 때문에 그런 증상을 겪는 사람들이 소수 있다는 여기저기서 들은 애기들이 자꾸 신경을 자극했다. 물론 나는 내가 커피중독이라고 생각해 본 적은 없지만, 나는 체내 변화와 기분이 달라지는지 알아보려고 '일주일 동안' 커피를 끊어 보자고 작정하게 되었다.

1일째 - 업무 중 간간히 무력함이 느껴졌지만 큰 부작용은 없었다.

2일째 - 성공적으로 스타벅스를 지나갔다. 아니, 피해갔다.

3일째 - 두통 등 내 나름대로 판단한 금단증상(?)이 체내에 느껴졌다.

4일째 - 커피 대신 그동안 카페인이 없는 차를 마시면서 건조한 느낌이 들었던 몸에 수분이 흡수되는 것 같은 기분이 들면서 기분이 나아졌다. 그리고 이른 아침 자연스러운 배변도 맞이했다.

커피를 끊은 지 4일째 때 놀라운 일이 일어났다. 아침에 저절로 눈이 떠진 것이다. 7시부터 20분 단위로 맞추어 놓은 여러 번의 알람 소리를 듣고 겨우 일어났던 예전의 나와 달라진 모습이었다.[8]

5일째 - 두통이 깔끔하게 사라지고 건조한 피부에 수분이 흡수된 느낌이 들었고 숙면했다는 기분도 들었다. 몸속에 자연스럽게 에너지도 충만하다는 느낌을 받았다.

6일째 - 여러 날 숙면을 취하면서 두뇌가 한층 밝아진 느낌. 마음도 편안하고 안정된 느낌을 받았다.

7일째 - 토요일, 드디어 기다리던 커피 한 잔…. 빅 사이즈로…. 하지만 커피를 마시는 시간은 매우 즐거웠지만, 지금 생각해 보면 스몰 사이즈로부터 시작했어야 했는데…. 어쨌든 그날 밤 잠을 잘 못 자, 다음 날 약간 피곤함을 느꼈지만 기분은 좋았다.

> 거의 날밤을 새우고 기사를 마무리한 뒤 일주일 만에 커피를 내렸다. 보통은 30장 안쪽으로 손을 터는데 이날은 40장 가까이 썼다. 카페인 부족 탓일 것이다. 여명 속에서 오랜만에 마시는 커피는 각별했다. 설탕 없이 먹는데도 프림과 설탕이 잔뜩 들어간 봉지커피의 달달함이 느껴졌다. 몸속 세포 하나하나에 이름을 붙여줄 만큼 머릿속도 환해졌다. 스스로를 소진하는 번아웃의 숙명에 살고 있는 '피로사회' 시민인 나의 혈액형은 부인할 수 없는 '커피'였다.[9]

일주일 커피 금식 이후 느낀 나름대로의 결론은 커피에 무한히 노출해 왔던 종래의 일상생활 대신 커피 컵 수를 조절하여 카페인으로부터 균형을 잡을 것, 그리고 이런 방식이 자연스럽게 뇌를 맑게 해서 업무와 생활에도 도움이 된다는, 결국 나의 체험에 따른 비과학적인 결론이지만 '나는 커피를 필요로 하는 사람이 아니다'라는 것을 깨달은 것이었다.[10] 물론 정신승리(?)가 아닌

생활에 실천을 다짐하면서 말이다.

　실제 카페인을 섭취하는 사람의 50~75%가 카페인 금단증상을 경험했다는 조사 결과가 있다. 드물지만 평일 하루 1~2잔을 꾸준히 마신 사람에게도 금단증상이 나타날 수 있다. 금단증상은 카페인 섭취를 중지한 12~24시간 이내 발생하며, 1~2일 내 심해지다가 일주일 내에 낫는다. 두통이 가장 흔한 증상이며, 이 밖에도 피로, 산만함, 구역질, 졸음, 카페인 탐욕, 근육통, 우울하거나 예민한 증상이 함께 올 수 있다.[11]

　미국 건강정보 사이트 '편식(Eat This, Not That)'에는 카페인을 끊으면 생기는 변화에 대해 다음과 같이 소개했다.[12]

두통

　평소 많이 섭취했던 카페인을 끊으면 처음에는 욱신거리는 두통이 발생할 수 있다. 이는 카페인 금단증상으로 발생한 것인데, 카페인을 끊은 후 7~10일이 지나면 증상이 가라앉는데, 한 번에 끊지 않고 1~2주간 천천히 섭취량을 줄여 가면 두통이 발생할 가능성이 적어진다.

기분변화

평소 불만이 많거나 습관처럼 투덜거리는 사람이 아니더라도 카페인을 갑자기 끊으면 급격한 피로와 기분 변화를 겪을 수 있다. 카페인을 끊은 후 산만해지거나 우울, 예민이 동반된다면, 카페인 음료를 천천히 줄여가되 디카페인 음료와 조금씩 혼용하여 마시는 게 도움이 될 수 있다.

스트레스 감소

카페인은 부신을 자극해 아드레날린 등의 호르몬을 분비하고, 이는 심장, 뇌 등을 자극해 몸을 긴장하게 만들며 아주 작은 스트레스에도 민감해질 수 있다. 카페인을 끊으면 이러한 스트레스와 불안을 덜 느끼게 될 뿐만 아니라 습관적으로 콜라나 커피, 초콜릿 등을 사 먹을 때 썼던 돈을 절약하게 되어 비용에 대한 스트레스도 줄어들게 될 것이다.

체중증감

평소 마시던 카페인 음료에 설탕이나 인공감미료가 가미되어 있다면 이를 끊은 후 체중이 감소할 수 있다. 하지만 녹차나 아메리카노를 마시던 사람이라면 섭취 중단 후 살이 찌게 될 수도 있다. 설탕이나 인공감미료가 첨가되지 않은 카페인 음료는 일시적으로 식욕을 억제하고 신진대사율을 높이기 때문이다. 카페인을 끊은 후 나타나는 체중 증가를 막기 위해서는 물 섭취량을 늘리고 생과일이나 채소 등 저칼로리 간식으로 배고픔을 채우는 게 좋다.

치아 색상변화

최근 거울로 치아를 봤을 때 색이 변한 것 같다면 카페인을 자주 섭취하는 습관이 원인일 수 있는데, 이를 끊으면 밝고 건강한 치아로 돌아갈 수 있다. 차, 커피 등과 같은 카페인 음료에는 치아의 얼룩과 변색을 유발하는 '탄닌'이라는 성분이 있는데, 만일 음료를 마실 때 설탕, 시럽 등을 추가한 경우엔 치아 변색과 더불어 충치가 발생할 가능성까지 커진다.

일단 카페인 휴식기에 들어가면 좋은 건 몸이 내는 소리에 좀 더 정직하게 귀를 기울일 수 있다.

피곤한 몸을 그때그때 알아차릴 수 있게 됐고, 이를 억지로 깨워 쥐어짜지 않고 졸릴 때 쪽잠이라도 자서 피로를 풀어줄 수 있게 됐다. 그러니 어느 순간 만성피로가 오히려 줄고 몸이 개운해졌다. 또 커피를 마실 땐 잠시 각성 효과가 있었지만 알 수 없는 극심한 피로가 몰려왔었는데, 이 같은 피로감도 사라졌다.

밤 11시만 되면 견딜 수 없는 졸음이 밀려와 푹 잘 수 있게 된 것도 복(福)이 됐다. 그리고 이따금씩 커피를 과량 마셨을 때 속이 쓰렸던 것도 해결됐다. 심장이 두근거리는 증상도 없어졌다.[13] 최악의 수면 습관에서 이제는 놀다 지친 강아지처럼 빨리 잠들거나 침대에 들어가서 불도 끄지 않고 곧바로 곯아떨어져 깊은 잠에 빠져들 수 있었다. 하지만 내가 해결해야 할 딜레마도 생겼다.

일찍 잠들어서 8시간 동안 푹 자고 나면 너무 일찍 일어나게 되었다. 4시 반이나 5시 정도에 일어날 때도 있지만 문제는 카페인이 없으면 이런 시간 자체가 무의미하다는 데 있다.

거기에다 직장에서도 훨씬 더 빨리 지치고, 배도 더 빨리 고파졌다. 해 뜨기 전에 일어나니 정말 어른답다는 기분은 들었지만, 일찌감치 피곤해지기도 했다. 게다가 생산성(?)에서도 문제가 생겼다. 나는 카페인을 마시면 일을 많이 할 수 있는데 커피가 없다 보니 일할 의욕이 반감되어 버렸다.

내 보통 스케줄은 8시 30분부터 5시까지 사무실에서 일하고, 저녁을 함께 하고, 밤에 글을 쓰는 것이다. 카페인이 없으니 피곤할 뿐 아니라 활기가 전혀 없어졌다.

글 쓰는 게 필요한 활동이 아닌, 하기 싫은 일로 느껴졌다. 카페인이 있던 이전의 1년 동안 내가 밤에 글을 쓰지 않은 날은 한 손으로 꼽을 수 있을 정도다. 하지만 지금은 정반대가 되어 버렸다.
억지로 마음을 다잡고 주말에 한참 글을 쓰긴 했지만, 계단을 오르내리고, 창밖을 멍하니 바라보고, 토티야 칩을 입에 밀어 넣으며 보낸 시간도 많았다. 카페인과 함께 하던 내 평소의 집중하면 글 쓰던 모습과는 딴판이었다

그래서 이제 다시 커피를 마시는 삶으로 되돌아왔다. 대신 커피 리듬을 줄이기로 했다. 물론 지금 이 글을 쓰면서도 에스프레소 버튼을 누르고 있지만은….

맑은 향과 함께 내려지는 커피 한 잔에 흐뭇한 미소를 짓는 내 모습이, 나의 삶 중에서 가장 정직한 형태의 아름다움 모습임을 나는 알고 있다.
커피를 마시지 않게 되며 깨달은 것 중 하나가 있다면 회사 업무 중 동료들과 가벼운 미팅을 가지더라도 분명히 뭔가 이상했다. 커피 대신 물을 마시니….[14] 그리고 또 아쉬운 건 커피 그 자

체였다.

주말 아침엔 부부가 커피 한 잔에 음악을 곁들여 얘기하는 걸 즐겼는데, 물론 차(茶)가 대신했지만 여전히 아쉽다. 여행 가서 낯선 곳의 원두를 사는 게 좋았는데, 이를 못 즐겨 또 아쉽다.

겨울엔 달콤 쌉싸름한 카페모카가, 봄엔 고소한 라떼가, 여름엔 시원한 아메리카노가, 가을엔 따뜻한 아메리카노가 생각나는데,[15] 커피를 어떻게 끊어야 하나?

05
'커피'는 다이어트에 효과가 있을까?

- 카페인은 혈액 내 에피네프린(아드레날린, *adrenaline*) 수치를 높이는데, 이것이 지방 조직에서 지방산의 방출을 촉진하는 데 도움이 된다.
- '방탄커피'는 블랙커피에 코코넛 오일 한 큰술, 목초 먹인 버터 한 큰술을 넣어 마시는 커피다.
- 블랙커피를 유산소 운동과 함께했을 때 지방산화가 높아지며 체지방 분해에 도움이 된다지만 지방흡입과 같은 '마법의 효과'를 기대해서는 안 된다.

"다이어트면 다이어트지. 다이어트 음식 같은…. 놀고 있어. 살 빼려면 처먹지를 말어."[1] 유튜브 할매 박막례 님의 다이어트 관련 명언이다.

살 빼려면 먹지를 말라고 했지만 바쁜 현대인들은 먹어야 일을 하니까…. 먹으면서 살을 빼는 다양한 이야기에 관심을 가질 수밖에 없다.

밥보다 비싼 브랜드 커피부터 간편하게 즐길 수 있는 믹스커피, 집에서 직접 내려 먹는 원두커피까지 커피는 단순한 기호식품에서 생활의 일부로 자리 잡았다. 이러한 커피는 건강과 관련해서도 다양한 이슈를 낳고 있는데, 가장 눈길을 *끄*는 건 바로 '다이어트'와 '커피'와의 상관관계다.

커피 전문점의 주 고객이 바로 외모에 관심이 많은 20대 여성이기도 하고 밥은 제대로 못 챙겨 먹어도 커피만큼은 포기할 수 없다는 커피 애호가들이 늘어났기 때문이다.[2]

그런데 왜 사람들은 다이어트에 그렇게 신경 쓸까? 왜 사람들은 육체적 아름다움, 즉 미(美)에 그렇게 집착하는가? 이에 대한 대답으로 고대 그리스 철학자 아리스토텔레스는 "장님이 아니라면 그런 질문을 할 수 없다"라고 대답한 바 있다.[3]

카페인의 작용

직장인 김소연 씨(여, 34세)는 커피를 즐겨 마신다. 설탕과 분말 크림이 들어간 믹스커피보다는 가급적 블랙커피를 마신다. 김 씨는 하루 40분 정도의 걷기를 제외하곤 별다른 다이어트를 하진 않지만 날씬한 몸매를 유지하고 있다.[4]

우선 '커피 다이어트'의 기본 원리는 커피 내 카페인이 신진대사를 활발해지게 만들어 에너지 소비를 촉진시키고 운동할 때 지방을 태워주는 데 도움이 되면서 다이어트가 된다는 것이다.[5]

카페인은 혈액 내 에피네프린(아드레날린, adrenaline) 수치를 높이는 데 도움을 주며, 이것은 지방 조직에서 지방산의 방출을 촉진하는 데 도움이 된다.[6]

기존 연구들에 따르면 커피를 많이 마실수록 비만 예방에 도움이 된다는 결과가 있다.

카페인은 중추신경을 자극하여 기초대사율을 증가시키며, 약 100mg의 카페인 섭취 시 3시간 동안 대사율을 5% 정도 올린다. 커피의 카페인과 녹차의 카테킨은 열 생산과 지방산화를 촉진시키는 기능이 있어, 사람을 대상으로 한 11개의 연구를 종합하여 메타분석하였을 때 이들을 섭취한 군은 위약군과 비교하여 약 1.31kg의 체중이 더 감소한 것으로 나타났다.[7]

#1. 과체중이거나 비만인 상태를 가진 싱가포르 거주 중국계와 말레이, 인도계 성인 남녀 126명을 대상으로 6개월 동안 매일 4잔의 커피를 마시게 했더니 약 4%의 체지방이 감소한 것으로 나타났다. 이에 대해 하버드 TH 찬 공중보건대학 영양학과 박사후 연구원인 데릭 존스턴 알페레트(Derrick Johnston Alperet)는 "커피의 주성분인 카페인이 대사 과정을 증강시킴으로써 체지방 감소 효과가 있는 것으로 추정된다"라고 말했다.[8]

#2. 미국 스크랜턴 대학의 조 빈슨 교수(화학과)는 생원두에 들어 있는 클로로겐산(chlorogenic acid)이 체중 감량 효과를 가

저올 수 있다고 했다. 클로로겐산은 최근 미국화학학회의 연구 논문으로 주목을 받은 바 있다. 클로로겐산이 위 속에 있는 음식물을 소화시키면서 장으로 더 빨리 운반시켜 배변 활동을 촉진한다는 것이다. 숙변을 제거하고 변비를 예방해 결국 다이어트에 도움을 줄 수 있다는 것이다.[9]

#3. 앵글리아 러스킨(Anglia Ruskin)대학의 연구원들은 국립보건영양검사 (NHANES)의 2년 데이터를 조사했다. 하루에 2잔에서 3잔의 커피를 마신 20세에서 44세 사이의 여성들은 커피를 자주 마시지 않는 사람들보다 체지방이 3.4% 적었다. 이 연구의 수석 저자인 리 스미스(Lee Smith) 박사는 커피에는 체중을 조절하는 생체 활성 성분이 있을 수 있다고 말했다.[10]

커피 또는 합성 원료에서 추출한 카페인을 섭취 시킨 쥐(Rats)와 비섭취한 다른 그룹의 쥐를 대상으로 4주 동안 연구한 일리노이 대학(University of Illinois)의 과학자들은 카페인이 '비만을 억제하는 식이 요법'의 대안이 될 수 있음을 확인했는데, 카페인을 섭취한 쥐가 비카페인 쥐들보다 체중이 16% 감소하고 체지방이 22% 적게 축적되었다고 확인했다.

영양과학 부서의 엘비라 곤잘레스 데 메지아(Elvira Gonzalez de Mejia)는 이 연구 결과를 고려하면 "카페인은 '항 비만제'로 간주될 수 있으며,[11] 이 결과는 인간에게까지 확대돼 과체중과 비만을 예방하기 위한 잠재적 방법으로 이해될 수 있다"라고 말했다.

그러나 일각에서는 이번 연구가 사람의 체중 증가를 막는다는 증거가 되지 못한다는 지적도 나왔다. 이번 결과를 사람에게 적용하는 건 상당한 비약이라는 것이다.

한편, 포브스(Forbes)는 "칼로리를 태울 걸 기대하면서 커피나 마테차를 마시지 마라. 체중 관리 비결은 절제와 균형 잡힌 식단, 가공식품을 피하고 운동하는 것"이라고 보도했다.[12]

방탄커피(Bulletproof Coffee)

고지방 커피가 한때 포털사이트 실시간 검색어에 오르며 화제가 된 적이 있다. 과거 방송한 케이블채널 OtvN 〈프리한 19〉에서는 할리우드를 강타한 다이어트 커피 '방탄커피'를 다이어트 식품 1위로 꼽았다. '방탄커피(Bulletproof Coffee)'란 글자 그대로 총알도 막아낼 만큼의 강한 에너지가 생긴다는 뜻이 담겨 있다.[13]

사실 많은 사람들이 '버터+커피'가 최근에 착상된 다이어트 관련 아이디어라고 생각할 수도 있겠지만 이 방탄커피는 나름대로 자신의 흔적에 대한 고유의 역사적 기록을 갖고 있다.

히말라야의 셰르파(Sherpas)와 에티오피아의 구라지(Gurage)를 포함한 많은 문화와 지역 사회는 수 세기 동안 '버터커피'와 '버터

차를 마시고 있었다. 고도가 높은 지역에 사는 사람들의 경우 높은 고도의 지역에서 생활하고 일하는 것에 따른 필요한 칼로리 욕구를 커피나 차에 버터를 첨가하여 필요한 에너지를 충족시켜왔다.

여기뿐만 아니라 네팔과 인도의 히말라야 지역, 중국의 특정 지역에 있는 사람들도 일반적으로 야크 버터로 만든 차를 마시고 있다.[14]

때마침 실리콘 밸리 출신의 사업가 데이브 애스프리(Dave Asprey)는 티베트 여행에서 현지인들이 야크 버터차를 마시며 체온을 유지하는 모습을 보고 이 커피를 개발한 이후, 소위 '방탄커피'는 미국 실리콘밸리에서 태어나 할리우드 스타들이 즐겨 마시며 전 세계적으로 퍼져나간 것이다.[15]

애스프리 CEO에 따르면 그 자신도 약 136kg에 육박하는 체중으로 평생 체중 감량을 위해 애썼다. 그러던 중 지난 2004년 티베트로 여행을 갔다가 이 커피에 대한 아이디어를 얻었다. 고산병으로 고생하다가 야크 젖으로 만든 버터차를 마시고 효과를 본 데 따른 것이다.

그는 이후 수년간 연구 끝에 특허까지 받은 다이어트용 커피 제조법을 지난 2009년 블로그와 소셜미디어에 공개했다. 또한 자신이 몸소 이 커피를 마신 후 보디빌더와 같은

체형을 지니게 됐다고 주장했다.[16]

데이브 애스프리는 '커피에 버터를 넣어 마시는 고열량 음료' 방탄커피에 대해 "공복에 마셔도 속이 쓰리지 않고 활력과 집중력을 불어넣으며, 식욕이 억제되는 최고의 다이어트 식품"이라고 말했다.[17] 그리고 본인의 블로그에 공개한 레시피에 따르면 블랙커피에 코코넛 오일 한 큰술, 목초 먹인 버터 한 큰술을 넣어 마시면 된다고 기술하고 있다.

'다이어트에 웬 고열량?'이라고 싶겠지만 업무를 하면서 집중력을 높여주고 포만감을 주며 식욕을 억제해 최고의 다이어트 식이요법이라고 밝혔다.

방탄커피 다이어트를 하면서 다이어트 효과를 더 빨리 볼 수 있는 방법은 바로 '간헐적 단식'과 함께 해주는 것이다.[18] 데이브 애스프리가 체중 감량을 위한 방탄다이어트 스케줄은 아래와 같다.[19]

- 오후 2시까지는 방탄커피를 제외한 다른 음식을 섭취하지 않는다.
- 점심과 저녁은 오후 2시~8시 사이에 먹는다.
- 탄수화물은 저녁에만 먹는다.

콩이 발효될 때 생성되는 미코톡신(진균독소)을 제거한 커피콩으로 만든 커피에 풀을 먹여 키운 소에서 얻은 우유와 중쇄지방산(MCT) 오일로 만든 무염버터를 섞어 마시는 방탄커피, 크림 같은 느낌이 풍부해지고 설탕을 넣지 않고도 밀크셰이크와 비슷하게 천연적인 단맛이 나, 아침 식사로 이 커피를 마시면 식욕이 억제되고 다이어트가 된다는 설명이지만,[20] 그러나 의학계 전문가들은 애스프리 CEO의 커피 다이어트가 영양소 섭취에 문제가 있다고 경고하고 있다.

UCLA 메디컬센터의 애이미 슈나벨은 인터뷰에서 "모든 다이어트는 살찌는 음식의 섭취를 제한하고 있기 때문에 처음엔 당연하게 살이 빠진다"라며 이 커피 다이어트의 효과 역시 일시적이라고 단언했다.

청정선한의원 임태정 원장도 "다이어트에 대한 여러 속설 중에는 잘못된 정보도 많기 때문에 특정 식품을 무조건 맹신하는 것은 옳지 않다"라고 말했다. 적게 먹고 꾸준히 운동을 하는 것보다 더 좋은 다이어트 방법은 없기 때문이다.[21]

사실 커피에 코코넛 오일을 첨가하면 건강상의 이점을 얻을 수 있다. 연소되는 칼로리의 수를 증가 시켜 신진 대사를 촉진하고, 카페인이 에너지 레벨을 향상하여 피곤함을 덜게 하고, 클로로겐산과 같은 커피 화합물이 소화 시스템을 건강하게 유지하게 한다. 또 심장질환에 도움을 주는 좋은 콜레스테롤 수치를 높일

수 있다. 하지만 커피에 코코넛 오일을 추가하는 것에 따른 단점
이 있기 마련이다.

아침 식사대용으로 마시는 코코넛 오일을 첨가하는 커피는 균
형 잡힌 아침 식사에서 얻을 수 있는 많은 중요한 영양소를 놓칠
수 있다. 코코넛 오일은 칼로리가 높아 제한된 적절한 양(14그
램/121칼로리)을 사용해야 하는데 지금까지 보면 대부분의 사람
들은 2큰술(18그램/242 칼로리)을 사용하는 경향이 있다. 여기에다
또 다른 경로로 추가된 칼로리가 체내에 들어온다면 결국 체중
이 오히려 늘어날 가능성이 높다.

또 특정 건강상태에 있는 사람들(지방섭취를 제한할 필요가 있는
담낭 문제나 췌장염)의 경우 이를 고려하지 않을 경우 '커피에 코코
넛 오일을 첨가한' 다이어트 커피가 오히려 자신을 잠재적인 위험
에 빠뜨리는 독으로 작용하게 되는 것이다.[22]

'저탄고지(LCHF, Low Carb High Fat)' 식단의 원리

다이어트 커피를 제대로 먹으려면 우선은 저탄고지 식단의 원
리를 이해해야 한다. 저탄고지는 말 그대로 탄수화물을 적게, 단
백질은 적당히, 지방은 많이 먹는 식사법이다.

'살찌는 원인이라고 여겨지는 지방을 왜 많이 먹어야 하지?' 우
리가 알고 있는 기본적인 상식으로는 이해가 잘 안 될 수 있다.

우리 몸의 주된 에너지원은 바로 탄수화물과 지방인데, 좀 더 작은 단위로 내려가면 포도당과 케톤(keton, 지방을 분해하는 과정에서 생기는 부산물, 필자 주)이다. 하루에 탄수화물 섭취량을 최소한으로 줄이고 대신 지방의 섭취를 대폭 늘리면 포도당 대신 케톤을 주 에너지원으로 쓰는 상태 즉, '케톤시스(키토시스)'가 된다.

쉽게 말해 지금까지는 탄수화물을 주 에너지원으로 쓰다가 탄수화물이 부족해지니 지방(케톤)을 에너지로 쓰게 되고 저절로 지방을 태울 수 있다는 것이다.[23]

이처럼 지방을 적극적으로 소비하는 사람들이 늘고 있다. 이들은 '한국인은 밥심'이라는 말에 반기를 든다. '저탄고지' 식단을 추구하기 때문이다. 탄수화물을 줄이고 지방 섭취를 늘리는 방식으로 체중을 감량해 키토제닉 다이어트로도 불린다.[24]

저탄고지 식단 중 하나인 키토제닉은 엄격하게 지방: 단백질: 탄수화물의 비율이 65~75: 20~25: 5~10%로 구성되어 있는 식단을 말하는데, 체지방을 대사할 수 있는 '키토시스'라는 상태를 유도하는 식단을 특별히 키토제닉 식단이라고 부른다. [25]

지방을 섭취하는데 어떻게 살이 빠질까. 저탄고지 식단은 '키토시스' 상태를 꾀한다. 탄수화물에서 나온 포도당이 아닌, 지방에서 나온 케톤을 에너지 원료로 소모해 체지방을 줄이는 것이다. 대표적 탄수화물인 밥은 저탄고지 식단에

맞지 않다. 대신 포화지방이 풍부한 육류와 버터, 치즈 등
을 주식으로 한다.

저탄고지 식단을 시작한지 세 달째인 직장인 민은지 씨(28세)
는 "체중 감량을 고민하던 중 유튜브로 키토제닉(Ketogenic)을
접했고, 지방에 대한 오해를 밝힌 '지방의 역설'을 읽으면서 관심
이 생겼다"라고 했다. 본래 '고기파'였기에 거부감도 적었다. 키토
제닉 열풍이 시작된 미국에서는 많은 식품업체들이 앞다퉈 키토
를 강조한 신제품을 내놓았다. 코코넛 오일을 정제한 MCT오일,
순수지방 성분으로 만든 기(Ghee)버터 등이 대표적이다.[26]

"문제는 식사시간 전후 간식과 함께 먹는 커피는 식사를 대체
해 영양의 질을 떨어뜨리고, 탄수화물이나 카페인 같은 특정 영
양소 과다 섭취를 유발해 영양 불균형을 초래할 가능성이 높다
는 데 있다"라고 밝혔다.

공주대 식품영양학과 이제혁 교수팀은 316명의 대학생을 대상
으로 커피 섭취에 대한 설문조사를 통해 젊은 여성은 커피를 마
실 때 대부분 간식을 곁들이며, 간식 종류는 대부분 비스킷 등
가공 탄수화물이라 영양 불균형이 우려된다는 연구가 나왔다.

여성의 49%, 남성의 21.8%는 커피만 마시지 않고, 간식을 함
께 섭취한다고 응답했다. 여성은 비스킷류, 남성은 빵류를 가장
많이 먹었다. 간식을 같이 섭취하는 가장 큰 이유는 '커피만 마

시기 아쉬워서', '아침 식사 대용', '습관적으로'였다.[27]

커피에 버터를 넣어 저탄고지 다이어트 효과를 낸다는 방탄커피에 대해 전문가 43인으로 구성된 민간광고 검증단은 "저탄수화물 고지방 식이요법이 일시적으로 포만감을 주고 식욕을 억제하긴 하지만 장기적으로 섭취하면 심각한 건강 및 영양문제가 발생할 수 있다"라고 지적했다. 포화지방을 과다 섭취하면 콜레스테롤 수치가 높아져 동맥경화나 혈관손상, 심혈관 질환 등을 일으킬 수 있어 주의해야 한다는 당부를 내놨다.[28]

이와 관련하여, 일반 커피를 '저탄수화물·고지방(저탄고지) 다이어트' 효과가 있다며 건강기능식품처럼 광고한 '방탄커피' 등 다이어트 효과가 있다고 홍보한 식품, 화장품 광고 사이트에 대해, 식약청이 위촉한 민간 광고 검증단은 최근 SNS와 온라인쇼핑몰에서 인기 있는 다이어트 커피 및 가슴크림 광고에 대해 대부분 근거가 부족한 허위·과대광고로 판단했다.[29]

커피 관련 또 다른 다이어트 방법과 유의점

트로트 가수 박○○가 몸매 유지 비결을 공개했다. 박○○는 일전 방송된 채널A 〈닥터 지바고〉의 '뱃살 유감-당신의 뱃살이 찔 수밖에 없는 이유' 편에 출연하여 "음식마다 커피 생두 가루를 첨가해서 먹었는데 다이어트에 도움이 많이 됐다"라며 매끈한 몸매 유지 비결을 밝혔다.[30] 외국의 연구사례 발표가 없는 것은 아니지만 어쨌든 참으로 새롭고 특이한 방법이다.

♦ 볶지 않은 생두 추출물 섭취

그러면 생두 가루든 볶은 원두 가루든 커피 성분에는 다이어 트 효과가 있는 것일까? 볶지 않은 생커피 원두가 상대적으로 짧은 기간 동안 괄목할 만한 수준의 체중감소 효과를 나타낼 수 있을 것으로 기대된다는 연구 결과는 나와 있다.

과다체중자 또는 비만환자들에게 매일 생커피 원두를 섭취토 록 한 결과 체중의 10% 정도를 감량시킬 수 있었다는 것인데, 미국 펜실베이니아 스크랜튼에 소재한 스크랜튼대학(University of Scranton) 화학과의 조 빈슨 교수 연구팀은 캘리포니아주 샌디에이고에서 열린 미국 화학회(ACS) 제243차 학술회의 및 전시회에서 이 같은 연구 결과를 발표했다.

빈슨 교수는 "이번 연구 결과에 미루어 볼 때 생커피 원두 추출물을 함유한 캡슐제를 매일 섭취하면서 건강한 저지방 식생활과 규칙적인 운동을 병행할 경우 안전하면서 효과적이고 비용도 많이 소요되지 않는 체중 감량법으로 자리매김할 수 있을 것"이라며 기대감을 표시했다.

이처럼 눈에 띄는 효과가 나타날 수 있었던 사유에 대해 빈슨 교수는 "아마도 볶지 않은 생커피 원두에 함유된 클로로겐산(chlorogenic acid)이라는 물질의 작용 덕분일 것"이라고 풀이했다.[31]

♠ 갈색 지방조직을 자극하는 커피

인간을 포함한 포유동물은 잉어 칼로리를 저장하는 백색지방(white fat)과 저장된 에너지를 연소시키는 갈색지방 등 두 종류의 지방조직을 가지고 있다. 노팅엄 대학교(University of Nottingham) 연구진은 그중에서 커피를 마셨을 때 커피가 갈색 지방조직을 자극하여 칼로리를 태운다는 사실을 확인하고 이를 규명하기 위한 초기 단계에 대한 연구를 발표했다.

갈색지방(brown fat)의 존재와 그 기능 역할에 대한 최근의 발견은 그것들을 활용하여 비만치료의 한 과정으로 사용할 수 있지 않을까 하는 연구 동기를 제공하고 있다.[32]

♠ 운동 1시간 전 커피 섭취

카페인은 우리 몸의 교감신경을 활성화시켜 코르티솔 호르몬 분비를 늘린다. 이 호르몬은 지방을 분해, 에너지원으로 전환시키는 역할을 한다. 다만 이런 효과를 제대로 보려면 운동 1시간 전에 카페인을 섭취해야 한다.

경희대학교 스포츠의학과 박현 교수는 "카페인이 체내에 흡수되는 데 보통 40~60분이 걸린다"라며 "커피를 마신 직후에는 카페인이 체내에 흡수되지 않아 지방의 합성·분해에 크게 작용하지 않는다"라고 말했다.[33]

커피의 건강상의 이점, 그리고 우리가 이 카페인이 들어간 음료를 소비하는 문제에 대한 논의는 아주 오래전부터 시작되었다. 이후 지금도 새로운 연구라는 이름으로 몇 달마다 우리는 커피가 우리 몸에 해롭다는 말을 듣거나, 또는 길고 건강한 삶을 위한 수단이라는 말을 듣는데 이런 논의는 지금도 현재 진행형이다.

이런 상황에서 우리가 취할 태도는 커피 그 자체를 체중 감량 도구가 아닌 계속해서 커피를 마시고 즐겁게 생활하면 될 것이다.[34]

♦ 체중감량의 오해

일전 'ROAD FC 017' 대회에서 미녀격투기 파이터 송○○ 선수가 대회 직전 6kg 감량에 성공했다는 내용과 함께 자신의 비법이 담긴 다이어트 도시락을 공개한 적이 있다.

커피물 다이어트를 함께 한다고 밝혔는데, 커피물 다이어트는 2ℓ 물병에 커피 에스프레소 원액을 섞어서 마심으로써 몸의 이뇨작용을 촉진하는 것으로, 맹물을 마시는 것보다 맛이 가미된 커피 물을 마시면 질리지 않는다고 한다. 이는 주로 격투기 선수들이 계체량 막바지에 들어가는 수분 다이어트를 위해 많은 양의 물을 마셔둬야 하기 때문이다.[35]

하지만 커피를 많이 마신 뒤 화장실에 자주 가는 것을 체중감량 효과로 오인하는 경우도 있다. 이는 살이 빠지는 것과 별개의 문제다.

카페인에 의한 수분 배출 시, 노폐물뿐 아니라 체내 좋은 무기질·수분이 함께 배출된다. 좋은 무기질은 신진대사와 연관이 깊다. 부산의 365mc병원 어경남 대표병원장은 "과도한 카페인 섭취로 이뇨작용이 지나치게 활발해질 경우 무기질이 줄어들고, 면역력 저하로 이어질 수 있다"라며 "커피 한 잔을 마셨다면 생수한 잔을 섭취해 수분을 보충하는 게 중요하다"라고 말했다.[36]

그리고 커피에 프림·설탕을 타지 않고, 블랙으로 마시더라도 여전히 비만 위험은 증가했다. 커피에 프림·설탕을 넣지 않은, 블랙커피를 즐기는 사람도 커피 섭취 후 비만 위험이 높아지기는 마찬가지였다.

블랙커피를 하루 한 잔 넘게 마시는 사람의 비만 위험은 커피를 전혀 마시지 않는 사람의 1.6배였다. 커피에 설탕·프림을 넣지 않고, 블랙커피를 즐겨도 커피 섭취 빈도가 증가할수록 비만 위험이 높아지는 것으로 확인됐다.[37]

이는 마치 디카페인 커피를 마신다 해도 양의 차이일 뿐 여전히 카페인이 존재하는 것과 같은 이치라고 생각하면 된다.

무조건적인 커피 다이어트는 위험

점심을 먹고 난 후 커피를 즐기는 사람이 많다. 느긋한 포만감과 함께 마시는 커피는 삶의 여유마저 느끼게 한다. 그러나 이 커피가 설탕과 분말 크림을 넣은 달짝지근한 커피라면 은근히 뱃살 걱정이 들 수 있다.[38]

#1. 한림대춘천성심병원 가정의학과 김정현 교수가 국제학술지 『영양연구(Nutrition research)』 최근호에 발표한 자료에 의하면, 하루 3잔 이상의 커피를 마시는 여성은 커피를 마시지 않는 여성보다 비만과 내장비만 위험도가 각각 57%, 33% 이상 높아지는 것으로 분석됐다.

"커피 자체에는 유기물과 항산화성분 등의 이로운 물질이 많이 들어 있어 적당량만 섭취하면 건강에 도움 되는 측면이 크다"라면서 "하지만, 우리나라의 경우 커피에 당분, 지방 등의 첨가 물질을 넣거나 칼로리를 증가시키는 믹스 커피를 과도하게 즐기는 경향 때문에 이런 이로운 점이 일부 감소했을 가능성을 추정해 볼 수 있다"라고 말했다.[39]

#2. 달짝지근한 커피 맛부터 끊어야 한다. 일반 프랜차이즈 커피 전문점의 아메리카노 한 잔은 10kcal 정도로 그리 열량이 높지는 않다. 하지만 설탕, 분말 크림이 들어가는 믹스커피 한 잔을 마시면 50~60kcal 정도의 열량을 섭취하게 되며, 비만과 심혈관 질환의 주요 원인이 되는 포화지방으로만 1.5g을 섭취하게 된다.

때문에 과도한 믹스커피 섭취는 체중 증가를 유발할 수 있다. 따라서 비만 관리를 위해서는 믹스커피나 시럽이 많이 들어 있는 커피는 피하고, 블랙커피로 연하게 하루 1~2잔의 커피를 마시는 것이 좋다.[40]

#3. 고려대 안암병원 가정의학과 김양현 교수는 "기본적으로 블랙커피가 다이어트에 효과가 있는 것은 칼로리가 적기 때문인데, 설탕 시럽 등을 넣어서 먹으면 역효과가 날 수도 있다"라며 "또 체중감량에 도움이 된다 해서 커피를 많이 마시면 카페인 과다섭취로 인해 불면증, 메스꺼움, 불안증세 등의 부작용이 일어날 수 있다. 뿐만 아니라 카페인이 스트레스 호르몬인 코티솔 분비를 촉진시켜 반대로 비만의 위험요인이 될 수 있어 무조건적인 커피 다이어트는 위험할 수 있다"라고 조언했다.[41]

물론 커피를 마신다고 해서 체지방이 바로 눈에 띄게 감소한다는 것은 아니다. 커피는 거들 뿐, 핵심은 식이요법과 운동이다. 블랙커피를 유산소 운동과 함께했을 때 지방산화가 높아지며

체지방 분해에 도움이 된다는 뜻이니, 지방흡입과 같은 '마법의 효과'를 기대하지는 말아야 한다.[42]

그리고 저탄고지 식단의 효과에 대한 전문가들의 의견은 분분하다. 당뇨 수치나 체지방 개선 등 건강지표에 도움이 된다는 주장이 있는 반면 영양 불균형을 초래해서 건강에 악영향을 미칠 수 있다고 주장하는 측도 있다.[43]

또 다이어트 커피가 온라인상에서 인기를 끌고 있지만, 문제는 '다이어트 커피'를 구매하는 국민들이 이를 건강기능식품이라고 인식하기보다는 '일반 커피'로 느껴 과다섭취의 위험이 있음에도 이에 대한 주의문구, 표시 기준이 부실하다는 것이다.

실제로 다이어트 커피의 원료로 사용되는 원료를 과다 섭취 시 간 손상과, 심혈관 질환 등을 일으킬 수 있는 부작용이 있지만 온라인 판매 시 이에 대한 설명 자료는 없는 상황이다.[44]

그래서 이와 관련, 텍사스대 사우스웨스턴 메디컬센터(Southwestern Medical Center)의 임상 영양학과의 프로그램 디렉터 겸 조교수 산돈(Sandon)은 커피 등 다이어트 제품에 의존하기보다는 "체중 변화를 위한 적절한 운동 프로그램과 함께 적당한 칼로리 제한이 그보다 더 효과적"이라고 조언한다.[45]

06
나의 커피포트는 젊음의 샘 / '수명연장'

- 커피에 들어 있는 항산화성분인 폴리페놀 중 클로로겐산 성분은 암 촉진
  단백질의 결합을 방해해 암세포 성장을 억제하고 또한 비타민C보다 강력한
  항산화 물질이어서 뇌와 신체 노화를 막아주는 역할을 한다.
- 염증은 다른 여러 질병에서 핵심적인 역할을 하는데, 카페인이 이 염증을
  촉진시키는 혈액 내 물질을 차단시킨다.
- 커피 한 잔도 심혈관, 전염병 및 소화기 질환으로 인한 사망률을 16% 정도,
  하루에 2~3잔의 커피를 마신 경우에는 위험이 19%로 더 낮아진다.

"커피의 효능에 대한 논란은 끊이지 않고 있지만 커피의 폴리페놀 성분 때문에 건강한 성인들은 하루 1~3잔의 커피를 마시면 심장질환과 뇌경색 등을 예방해 줄 수 있다."

영국의 일간지 『텔레그래프』 온라인판에서 영국 리즈대(Leeds University) 식품과학과 게리 윌리엄슨(Gary Williamson) 교수팀이 선정한 '장수를 위한 필수식품 20가지' 중 하나인 '커피'를 소개하는 내용이다.[1]

이처럼 커피를 적당히 마시면 우울증을 줄이고, 당뇨병에 걸릴 위험을 낮추고, 운동을 개선하며, 뇌를 좋게 하는 데 도움이 되

는 등 미 『의사협회저널(JAMA Internal Medicine)』에서 발표한 연구에서도 커피를 마시는 것도 장수하는 데 도움이 될 수 있다고 밝힌다.[2]

때마침 무려 100년 동안 하루 500~700ml 믹스 커피를 섭취한 106세 할머니의 기막힌 사연이 공개돼 화제다. 커피를 만병 통치약이라고 믿는 올해 106세의 청아이원 할머니의 장수 비밀에 이목이 집중된 것. 중국 저장성 리수이에 거주하는 청 할머니가 매일 오후 4~5시경 500~700ml에 달하는 커피 한 잔을 무려 100여 년 동안 섭취해왔다고 현지 유력 언론 홍싱신원은 보도했다.

나우뉴스 베이징 통신원에 따르면, 청 할머니는 "점심 식사를 하고 소파에 앉아 있다가 보면 자연스레 낮잠에 빠져들게 된다"면서 "한 숨 푹 자고 난 뒤 가장 먼저 생각나는 것은 따뜻한 커피 한 잔이다. 오로지 커피의 힘으로 100년 동안 건강을 지켜왔다"고 밝혔다.

학술지 『혈관의학(Vascular Medicine)』 최근호에는 유럽의 장수촌인 그리스 이카리아(Ikaria)섬 주민들의 무병장수 비결 가운데 하나가 커피를 마시는 것이라는 연구 결과를 실었다.[3]

'죽는 것을 잊은 섬'이라고 불리는 이카리아섬의 주민들은 90세 이상 장수하는 비율이 유럽 평균인 10배에 이른다. 이카리아섬 주민들은 장수와 더불어 특히 심혈관계 질환이 다른 유럽인에 비해 적은 것으로도 유명한데 흥미로운 사실은 이런 효과가 그리스식 커피를 마신 사람들에게만 나타났다는 것이다.

사실 커피와 건강 관련 문제에 대한 연결고리는 새로운 것이 아니다. 이전부터 전립선암의 억제, 전반적인 심장 건강 개선, 알츠하이머나 파킨슨병 발병 위험 감소 등이 커피에 기인한 것으로 알려져 있는데, 이런 연구 결과와 관련하여 프랑스 국립 보건의료연구소(National Institute of Health and Medical Research)의 아스트리드 네흘리그(Astrid Nehlig) 연구국장이 『선데이타임즈』와의 인터뷰에서 "커피를 마시는 것이 우리의 삶에 최소한 2년 이상 더 많은 생존시간을 늘리는 것"이라며 커피가 지닌 내성인 집중력과 경각심이 그 이유일 수 있다고 말했다.[4]

커피의 건강상 효능이 빛을 발하는 것은 커피에 들어 있는 항산화성분인 폴리페놀 때문이다. 폴리페놀 중 클로로겐산 성분은 암 촉진 단백질의 결합을 방해해 암세포 성장을 억제해준다. 또한 비타민C보다 강력한 항산화 물질이어서 뇌와 신체 노화를 막아주는 역할을 한다.

때문에 커피를 하루에 2잔 이상 마시면 파킨슨병을 예방하고, 3잔 이상 마시면 간경화 발생 위험을 낮추고, 4잔 이상 마시면 당뇨를 예방한다는 연구 결과가 나오기도 했다.

최근엔 건강효능과 관련한 연구 결과들에 대해서, 내과학회(ACP) 학술지인 『내과학회보(Annals of Internal Medicine)』가 "매일 커피를 마시면 사망 위험을 줄일 수 있다"라는 선언적 의미를 통해 그 연구 결과들을 뒷받침하고 있다.[5] 그리고 때마침 미국 스탠퍼드대 연구진이 연구를 통해 커피나 차를 마시는 식습관이 왜 우리에게 유익한지에 대한 구체적 이유에 대해 그 결과를 내놓았는데, 커피나 차, 또는 일부 음료에 함유된 성분인 카페인은 염증을 촉진하는 혈액 내 화학물질들을 차단한다는 것이다.

염증이 생긴 혈관은 더 뻣뻣해질 가능성이 큰데 이는 심장질환의 위험인자 중 하나가 된다. 또 염증은 다른 여러 질병에서 핵심적인 역할을 하는데,[6] 카페인이 이 염증을 촉진시키는 혈액 내 물질을 차단한다는 사실을 밝힌 것이다.

#1. 커피와 사망률에 대한 새로운 일본연구에 따르면 하루에 한 잔의 커피도 더 오래 살 수 있음을 밝히고 있다. 야마카와 미치요(Michiyo Yamakawa) 등이 주도하는 '다카야마 연구'는 14년 이상 31,500명 이상을 추적하였다. 커피 한 잔도 심혈관, 전염병 및 소화기 질환으로 인한 사망률은 16% 정도, 하루에 2~3잔의 커피를 마신 피험자는 위험이 19% 낮다는 결과를 발표했다.[7]

#2. 커피를 마시는 사람은 그렇지 않은 사람보다 사망 위험이 낮다. 미국 국립암연구소(NCI) 연구팀이 2006년부터 2016년까지 40~69세 영국 성인 49만 8천 134명을 대상으로 일일 커피 소비량과 운동, 생활습관 등을 살펴봤다. 연구에 참여한 이들의 3분의 1 가량인 15만 4천 명은 매일 2~3잔의 커피를 마셨다. 1만 명은 하루에 8잔 이상 커피를 마신다고 답했다.

커피는 인스턴트커피와 원두커피, 디카페인 커피를 모두 포함했다. 그 결과, 커피를 마시는 사람들은 그렇지 않은 사람들에 비해 연구가 진행된 10년 동안 사망률이 10~15%가량 더 낮았다.[8] 캘리포니아 케크 의료학교(Keck School of Medicine of USC) 예방의학과 부교수 세티아완(V. Wendy Setiawan)은 "커피는 인슐린 감수성, 간 기능과 상관관계가 있으며, 만성 염증 반응을 감소시킨다"라고 말했다.[9]

#3. 서울대 이기원 교수는 "커피 속 페놀릭파이토케미칼(Phenolicphytochemical)이 뇌신경세포와 시신경세포의 사멸을 억제할 뿐 아니라, 쥐를 대상으로 한 실험에서 피부발암, 대장암 전이 및 종양세포 변형 억제효과, 항염증, 암 예방 및 신경 보호 효과 등 노인성 질환 예방에도 긍정적이라는 사실을 확인했다"라고 밝혔다. 그리고 커피는 페놀릭파이토케미칼의 함량이 매우 높아 와인, 녹차, 홍차와 비교해 약 4배 수준의 항산화활성을 나타낸다는 것이다.[10]

물론 '나의 커피포트는 젊음의 샘'이어서 '수명연장'에 도움이 된다는 이런저런 연구 결과에 대해서 일부는 좀 더 확실한 연구 결과가 나올 때까지 이런 기대를 아직은 좀 더 유보해야 한다는 의견이 없는 것은 아니다.

미국 국립 암 연구소의 수석 저자인 에릭카 로프트필드(Erikka Loftfield)는 커피에는 세포 손상을 막아주는 산화 방지제를 포함한 1,000가지 이상의 화학 화합물이 들어 있는데 이중 어떤 물질이 장수에 어떤 영향을 미치는지는 아직 정확히는 알 수 없는 상태이고[11] 이와 관련하여 현재까지의 연구는 관찰연구였기 때문에 커피가 사람들이 더 오래 살 수 있다는 것을 증명하는 데는 분명 한계가 있다고 말했다.[12]

> 존스 홉킨스 블룸버그 공중보건대학(Johns Hopkins Bloomberg School of Public Health)의 사설은, 커피가 만성 질환을 예방하고 사망률을 감소시키는지 알 방법이 없다고 말했다. 왜냐하면 왜 커피를 마시기 시작하는지, 즉 커피를 마시는 이유, 어떤 종류의 커피를 선택하는지, 그리고 커피를 마실 때의 체중 등 건강상태 등등 관련 사항을 체크할 요인이 너무 많기 때문이다.[13]

이는 수명연장 혹은 건강 효능효과를 얻기 위해 일부러 커피를 마시는 새로운 습관을 가질 필요가 없다는 일부 의학 건강 전문가들의 견해와 그 폭을 같이하는 것이라고 볼 수 있다.

다행히 어떤 사람들의 경우 체질상 카페인 소화 능력이 뛰어나 현재에도 커피를 아주 즐겁게 마시고 있다면 커피의 이런 긍정적 요소를 즐기면 될 것이다. 이를테면 지난해 영국의학저널(British Medical Journal)에 발표된 한 연구는 200개 이상의 이전

연구를 조사했을 때, 하루에 3~4잔의 커피를 마시는 것이 해를 끼치기보다는 건강에 더 긍정적인 영향을 미칠 수 있다고 제안한 사실을 반기는 정도쯤 생각하자는 것이다.[14]

여기에다 실증적 연구를 하나 더 첨가한다면 등록된 1,600명 사람들을 대상으로, 2003년에 시작, 사람들이 90세 이상으로 살아가는 이유를 분석한 UC 어바인(UC Irvine)의 '기억상실 및 신경장애연구소(Institute for Memory Impairments and Neurological Disorders)'가 실시한 연구가 있다.

이 실증적 연구에서는 알코올이나 커피를 적당량 마셨던 사람들이 술을 마시지 않은 사람들보다 오래 살았고, 또 70대에도 비만체중을 가진 사람들이 70대에 정상 또는 저체중보다 더 오래 살았다는 실증적 보고를 내놓고 있다는[15] 사실을 기억하면 될 것이다.

그러면서 이 글을 읽는 지금 이 순간의 커피 한 잔이, 나의 수명을 연장시키는 특급음료라고 자기암시최면을 건다면, 아마 건강효과는 더욱 배가되지 않을까 생각된다.

07
슈퍼푸드 '섹스커피(Sex Coffee)'의 존재

- 커피의 카페인이 천연 산화 방지제로서 여성성욕을 증가시키고 남성의 발기부전을 줄여준다.
- '슈퍼푸드'를 만드는 방법은 페루의 산삼이라고 불리우는 마카와 카카오, 그리고 시나몬과 꿀, 코코넛밀크를 커피와 결합시키면 훌륭한 라떼 '섹시커피'가 탄생한다.
- 커피의 향만으로도 스트레스 수준을 낮추고 기분이 개선된다. 그래서 침실로 가기 전 커피타임을 갖는 것이 필요하다. 그것은 분위기를 잡는 데 도움이 될 뿐만 아니라, 성관계에 필요한 에너지도 높인다.

멜리타 재팬(Melita Japan)이 최근 500명의 여성을 대상으로 '커피와 남성의 관계'라는 주제로 설문조사를 실시했다. 조사 결과에 따르면 '남성이 마셨으면 하는 음료'는 녹차, 홍차, 허브차를 제치고 커피가 1위에 올랐다. 그중에서도 86.6%의 여성들이 '남성이 마시면 멋있게 보이는 것이 블랙커피'라고 응답했다.

블랙커피를 마시는 남성이 멋있어 보이는 이유에 대해서는 '일을 잘 할 것 같다', '그냥 멋있다', '남자다워 보인다' 같은 의견이었다.

'커피를 마시는 남성의 이미지'에 대해서는 56%의 여성이 '성숙해 보인다'라고 답했고, 다음으로 '차분한 느낌이 있다', '남성으로서 취향이 느껴진다', '멋스럽다' 등의 응답이 뒤를 이었다. 또 응답자의 56.6%는 커피 메이커를 가지고 있는 남성에게 '어른스럽다', '멋있다' 등의 호감을 품는 것으로 나타났다.[1]

남성이 커피를 손에 들고 있으면 더 분위기가 나는 건 사실이다. 이쯤에서 훈남이 커피를 들고 있다면 그리고 그냥 서 있기만 해도 멋진 훈남 배우들이 공항패션 아이템으로 왜 커피를 이용하는지, 노천카페 테이블에 영자신문과 에스프레소를 놓아둔 남성은 왜 더 멋지게 보이는 건지, 커피가 이미지 메이킹 아이템의 필수 요소로 자리 잡은 것은 어제 오늘 일이 아니다.

사진 속 남성들은 마치 액세서리처럼 커피를 손에 든 채 영화 같은 분위기를 자아내는 '커피 마시는 남자'들만의 사진을 올리는 어느 한 인스타그램이 누리꾼의 큰 관심을 끌고 있는 배경도 이런 흐름의 한 단면을 보여주는 것 같다.[2]

〈커피 한 잔이 섹스에 미치는 영향〉(Concussion, 2013)은 여성 감독 스테이시 패슨(Stacie Passon)의 영화 제목이다. 여성의 욕망, 섹스, 커피 등의 에로틱한 소재를 다루고 있지만[3] 영화는 커피의 약리적 효과에 대해서 얘기하는 것이 아닌, '커피타임'을 통해 상대의 내면을 들여다보고 공감하는 시간에 의미를 두고 있다.

그럼 실제 글자 그대로 〈커피 한 잔이 섹스에 미치는 영향〉, 즉 커피의 약리작용은 섹스에 어떤 영향을 미칠까?

무엇을 하루에 얼마 이상 섭취하면 무엇에 좋다는 식의 연구 결과가 나올 때마다 우리는 그것을 과연 믿어도 될까 하는 의구심이 들면서도 은근히 신경을 쓰게 된다. 그중에서도 남자라면 특히 신경 쓸 만한 연구 결과가 최근 나와 눈길을 끈다.

휴스턴에 위치한 텍사스대 건강과학센터의 최근 발표한 연구 결과에 따르면, 아침에 2~3잔 정도의 모닝커피를 마시는 사람이 그렇지 않은 사람보다 발기부전 확률이 42% 줄어든다고 한다.[4]

> 텍사스 대학(University of Texas)의 연구원들에 따르면, 하루에 2~3잔의 커피를 마시는 남성들은 발기부전(ED, erec-tile dysfunction)에 걸릴 가능성이 더 적다는 내용을 국제저명(SCI)학술지 『플러스원(PLoS One)』에 실었다.
>
> 발기불능의 요인에는 비만, 과체중, 고혈압, 당뇨 등이 있는데, 이 중 당뇨성 발기부전은 해당되지 않는다고 한다. 보건과학 센터의 수석 저자이자 조교수인 데이비드 로페즈(David S Lopez)는 '당뇨병은 ED에 가장 강력한 위험 요소'여서 카페인의 효능이 미치지 못한다고 설명했다. 카페인은 일련의 약리학적 효과를 유발하여 남성기에 있는 나선동맥을 이완시켜 혈류를 증가시키기 때문이라고 밝혔다.[5]

특히 흥미로운 것은 카페인과 성기능 간의 상관관계는 과체중인 남성들에게서 더욱 두드러지게 나타나는데 이는 비만이 성기능 저하를 낳는 원인이기 때문인 것으로 추정된다는 게 연구팀의 설명이다.

커피는 발기의 지속 시간도 늘려주는 것으로 나타났다. 이는 비축된 지방분의 방출을 도와 발기가 지속되는 데 필요한 에너지를 공급하기 때문이라고 설명했다.[6]

섹스커피(Sex Coffee)의 존재

하루에 적어도 한 잔의 커피를 마시는 것은 여성의 성욕과 남성의 발기력을 높이는 것과 관련이 있다.

그런데 "성적 관심의 상실은 우울증의 첫 징후 중 하나로 볼 수 있다"라는 것이 제약과학자이자 『부담감 없이 커피를 마셔야 하는 101가지 이유』의 저자인 로제네 산토스(Roseane Santos)의 진단이다. 이 문제 역시 해결 방법은 매일 커피를 한 잔 마셔야 한다는 대안을 내놓고 있다.[7]

그리고 때마침 리비도(Libido)를 높이고 더 나은 오르가즘(Orgasms)을 갖기 위해 섹스커피(Sex Coffee)를 마시자고 제안하면서, 옛날부터 전해 내려오는 정력과 관련된 식품들을 커피와 결합시킨 '슈퍼푸드' 레시피를 소개하고 있다.[8]

사실 방법은 간단하다. '페루의 산삼'이라고 불리우는 마카(Maca)와 카카오(Cacao), 그리고 시나몬(Cinnamon)과 꿀(Honey), 코코넛밀크(Coconut milk)를 커피와 결합시키면 훌륭한 '라떼 섹시커피'가 탄생한다는 것이다. 어떤 면에서는 이 '슈퍼푸드'를 만드는 방법은 '방탄커피'를 만드는 것보다 더 쉬울 것 같은 느낌이 들기도 한다.

일단 '섹스커피'라 지칭되는 슈퍼푸드가 우리 주변 가까이에 존재한다는 사실 자체가 새롭고 흥미롭다. 아마 재료 자체도 구하기가 까다롭지 않은 원인도 한 몫 하기 때문일 것 같다. (실제 필자가 이 부분을 쓰면서 '마카'를 검색해 보니 첫 줄부터 "페루의 산삼으로 불릴 만큼 영양이 풍부한 페루 마카, 지금 50% 할인된 가격으로 만나보세요"라고 뜬다)

커피가 성욕과 성생활에 좋은 이유

커피를 마시는 것은 생물학적 화학작용의 어떤 특정 측면을 자극할 수 있다. 과학에 따르면, 커피 마시는 사람들이 더 좋은 섹스파트너가 될 수 있다고 하는데, 커피가 성욕과 성생활에 보탬이 된다는 이유는 다음과 같다.[9]

♦ 성욕의 증가

커피는 천연 산화 방지제로써 카페인의 가장 좋은 공급원으로 여성성욕을 증가시키고 남성의 발기부전을 줄여준다. 그래서 자연적인 수단을 통해 테스토스테론(Testosterone) 수치를 향상시킬 수 있는 좋은 방법을 찾고 있다면 커피를 마시면 된다.

다양한 연구 결과에 따르면 정기적으로 커피를 마시는 남성은 커피를 전혀 마시지 않는 남성보다 테스토스테론 수치가 더 높은 경향이 있다. 성욕과 성적 행동을 조절하는 데 필수적 테스토스테론 수치의 등락에 따라 성욕의 높낮이가 결정되는데, 커피는 바로 테스토스테론 수치를 높이는 결정적 역할을 한다.

♦ 스트레스를 줄일 수 있다

갓 내린 커피 향만으로도 마음을 사로잡을 수 있는 게 커피다. 커피의 냄새가 스트레스 수준을 낮추고 기분을 개선할 수 있다는 것이다. 스트레스는 모든 기분을 앗아가는 근원이다. 마찬가지로 관계를 시작할 엄두를 내지 못하게 만들 것이다.

이때는 우선 기분을 전환하기 위해 커피 한 잔부터 시작하자. 그리고 연구는 커피 섭취가 여성의 성욕을 증가시키는 데도 일조한다는 사실을 밝히고 있다. 그래서 침실로 가기 전 파트너와 먼저 커피타임을 갖는 것이 필요하다. 그것은 분위기를 잡는 데 도움이 될 뿐만 아니라, 성관계에 필요한 에너지를 높일 수도 있기 때문이다.

♠ 발기(Erectile Function)에 도움이 된다

커피에는 카페인과 질소화합물 등 특히 성기능에 유익한 두 가지 천연 화합물이 포함되어 있다.

커피에서 얻는 카페인은 성적 자극에 관여하는 뇌의 특정 부분을 자극, 생식기 부분으로 가는 혈액의 흐름을 증가 시켜 발기를 지원하고, 질소화합물은 음핵의 부드러운 근육을 이완 시켜 발기팽창을 돕는 역할을 한다.

과거의 연구는 카페인이 정자 DNA를 손상시킬 수 있다고 했지만, 벨파스트의 퀸즈 대학(Queen's University) 생식전문가인 세나 루이스(Sheena Lewis)교수에 의하면, 오히려 카페인이 성기능에 유익한 두 가지 천연 화합물을 보호, 체내에 보다 오랜 시간동안 건강한 정자 활동을 보호한다고 밝히고 있다.

♠ 침실이라는 필드에서는 나도 훌륭한 운동선수

운동 전 커피 한 잔이 특히 원거리 달리기 및 사이클링과 같은 지구력 스포츠와 같은 운동성능에 영향을 미친다는 사실을 잘 알고 있다. 그래서 선수들은 스태미나, 유연성과 자신의 체력을 극대화시키기 위해 운동 전에 커피를 마신다. 침실의 필드도 같은 원리가 적용된다.

천연 자극제인 카페인은 혈류로 흡수된 후 뇌에 영향을 미쳐 신경 활동을 둔화 시켜 졸리고 피곤함을 느끼게 하는 아데노신(adenosine)의 영향을 우선 차단하고, 대신 기분상승을 주도하는 신경전달물질인 도파민(dopamine)과 노르에피네프린(norepinephrine) 방출을 촉진시켜 멋진 경기를 완성시키도록 우리를 이끈다.

하지만 커피가 나쁜 영향을 끼친다는 연구들도 여전히 존재한다. 커피가 교감신경계를 자극해 성적 흥분을 줄이고, 스트레스 호르몬인 코르티솔을 상승시켜 성기능을 위축시킨다. 카페인은 남성의 음경해면체에서 발기에 관여하는 아데노신의 활동을 억제하므로, 커피를 마신 후에는 발기 강도를 떨어뜨리기도 한다. 또 과도하게 커피를 마시면 정자의 숫자가 감소하고 운동력이 떨어져서 난임이나 불임이 초래된다.[10]

커피 한 잔이 활기차고 만족스러운 성적 경험을 위한 대안이자 해결책이 될 수 있다는 생각과 함께 연구에 따르면 커피를 마시는 사람은 커피를 전혀 마시지 않는 사람보다 더 행복하다고 한다. 그래서 커피는 세계에서 가장 많이 소비되는 향정신성 물질 중 하나다. 적당히 섭취하면 기분, 에너지 수준, 인지기능, 기억력이 향상된다.

하지만 나의 몸이, 우리의 몸이 카페인에 어떻게 반응하는지 알 필요가 있다. 카페인에 대한 반응은 개인마다 다르기 때문이다. 카페인 섭취가 당사자들의 컨디션에 부정적으로 영향을 끼치지 않는다면 '침실의 미학'에서 카페인은 꽃이 된다.

침실이라는 필드에 들어가기 전 라커룸에서 선수들이 만나 커피를 마실 수 있다는 기대감마저 분위기를 고조시킨다는 연구 결과는 또 한 번 멋진 경험을 예고하고 경기결과에 대해 기대해도 좋다는 심리적 이득을 준다고 한다.

제4장

커피와 함께하는
건강변수들

커피의 본능은 유혹이다. 진한 향기는 와인보다 달콤하고,
부드러운 맛은 키스보다 황홀하다. 악마처럼 검고 지옥처럼 뜨거우며
천사와 같이 순수하고 사랑처럼 달콤하다.

- 탈레랑(Charles-Maurice de Talleyrand-Perigord)

01
커피의 이뇨작용에 따른
'탈수현상'의 진실

- 적정한 양을 지킨다면 커피는 체내 탈수를 유발하지 않는다. 때문에 커피를 피하거나 줄이는 대신 섭취하는 음료의 균형을 맞추는 것이 더 중요하다.
- 사람마다 다를 수 있지만 커피의 카페인이 이뇨제 역할을 수행해 커피를 많이 마신 날은 평소보다 화장실을 더 자주 들락날락할 수 있다.
- 평소 마시는 커피양으로는 우리를 탈수 상태까지 몰아가지는 않는다. 일반인들이 탈수를 걱정해야 할 정도라면 하루에 500㎎ 이상, 즉 5컵 정도의 커피를 마셔야 한다.

수분은 체중의 60%를 차지한다. 물은 '생명의 근원'이라 우리 몸은 많은 양의 물을 필요로 하고, 그것을 통해 신체 기능을 유지한다. 세계보건기구(WHO)가 권장하는 하루 적정 물 섭취량은 1.5~2ℓ로, 물잔으로 치면 200㎖ 8잔 분량이다.[1]

생수(병) 중 우리가 편의점 등에서 쉽게 보는 큰 생수(병)가 2ℓ 용량이어서 쉽게 물량을 짐작할 수 있으리라 본다. 보통 우리가 더운 날 휴대용으로 손에 들고 다니는 조그마한 생수(병)가 0.5ℓ

용량이다.

유럽식품안전청(European Food Safety Authority)은 하루 평균 여성은 약 1.6ℓ, 남성은 약 2ℓ의 액체를 섭취하라고 권장하고 있다.

하지만 일부 전문가들은 위의 권장사항에 커피는 포함되지 않으며, 모든 커피나 차(茶) 등은 탈수를 방지하는 물과 달리 신체에 부정적인 영향을 끼친다고 주장한다.

이에 영국 버밍엄대학의 스포츠 전문가인 소피 킬러 박사는 미공공과학도서관이 발행하는 온라인 학술지 『플로스원(PLoS ONE)』을 통해, "적정한 양을 지킨다면 커피는 체내 탈수를 유발하지 않는다"라면서 "때문에 커피를 피하거나 줄이는 대신 섭취하는 음료의 균형을 맞추는 것이 더 중요하다"라고 강조했다.[2]

아마도, 커피와 관련하여 탈수 현상이 있을 수 있다는 이 개념은 아주 오랫동안 떠돌아다녔다. 이제는 거의 커피가 우리 일상생활과 밀접한 음료로 자라 잡은 만큼 이제 그런 내용을 한 번쯤은 풍문이 아닌 실질적으로 확인해 둘 필요가 있다.[3]

배뇨를 자극하는 카페인

출근 후 마시는 모닝커피는 우리 정신을 깨우기도 하지만 위와 항이뇨 호르몬에도 자극을 주기도 한다.

우리 뇌의 시상하부에서 분비되는 항이뇨 호르몬은 배설되는 물을 체내로 재흡수시킴으로써 소변량을 줄어들게 만드는 역할을 한다. 이 호르몬은 알코올이나 카페인에 의해서도 억제가 되는데 술이나 커피를 마시면 항이뇨 호르몬의 분비가 억제돼 소변량이 많아지게 된다. 이 때문에 같은 양의 물과 커피를 마시더라도 커피를 마신 후 더 화장실에 가고 싶게 된다.[4]

우리가 마시는 커피로 인해 소변량을 줄어들게 하는 호르몬의 기능 역할이 방해받아 소변량이 통제되지 못해 커피를 마신 후 유독 화장실에 더 자주 가게 된다는 것인데, 미 국립의학도서관(National Library of Medicine)에 따르면 커피의 카페인이 이뇨제 역할을 수행해 평소보다 더 많이 소변량을 밖으로 배출시킨다고 한다.

그래서 사람마다 다를 수 있지만 커피를 많이 마신 날은 '다뇨증 환자'처럼 평소보다 화장실을 더 자주 들락날락할 수 있다는 것이다.[5]

> 누구나 알다시피 카페인은 강력한 이뇨작용을 한다. 인체 순환 시스템에서 수분 배출을 촉진한다. 일상에서 흔한 경험 중 하나는 커피를 마신 후 화장실을 자주 가게 되는 현상이다. 어떤 사람들은 한 잔의 커피를 마신 후 매 시간마다 화장실에 가기도 한다.[6]

몸 안에서 카페인은 장을 통과하여 혈류로 들어간다. 그리고 그것이 간(肝)까지 도달한 후 우리의 뇌와 같은 장기 기능에 영향을 미치는 여러 화합물로 나눠진다.

카페인은 주로 뇌에 미치는 영향으로 알려져 있지만, 연구는 특히 보다 많은 양의 카페인, 혹은 고용량의 카페인을 흡수했을 때 그로 인해 신장에 이뇨작용 현상이 나타날 수 있음을 보여 주고 있다.[7]

탈수현상은 일어나지 않는다

많은 사람들이 커피를 좋아하지만 각자 마셔야 할 하루 커피 섭취량을 제한해야 하겠다고 생각하는 이유가 있다. 커피는 실제 사람마다 반응·소화하는 능력에 차이가 있지만 어떤 사람들의 경우 수면방해나 자주 들락거려야 하는 화장실 횟수에 대해서 분명 실생활에 변화를 느끼기 때문이다.

물론 전문가들이 이에 동조하면서 차와 핫초콜릿을 포함한 카페인이 함유된 음료의 과다 섭취가 탈수증을 유발할 수 있고 그 이유로 카페인의 이뇨제 작용을 들고 있다.

하지만, 통상적으로 우리가 하루에 몇 잔씩 마시는 분량은 그것이 곧 탈수증으로 이어지지는 않는다고 한다. 비록 커피에 들어 있는 카페인이 이뇨작용을 할 수도 있지만, 평소 마시는 커피양으로는 우리를 탈수 상태까지 몰아가지는 않는다는 것이다.

카페인이 상당한 이뇨작용을 일으켜 일반인들이 탈수를 걱정해야 할 정도라면 하루에 500㎎ 이상, 즉 5컵 정도의 커피를 마셔야 하기 때문이다.[8]

그래서 커피의 이뇨에 따른 탈수작용에 대해서 지금 이 순간 특별히 16온스 사이즈의 아이스커피를 마시지 않는 한 커피 그 자체의 탈수현상으로 인한 신체적 불균형은 일어나지 않는다.

펜실베이니아 대 페렐만 스쿨선임 연구원인 콜렌 텍스베리(Colleen Tewksbury) 박사에 따르면 커피는 여전히 액체로 체내에 남아 있어 이뇨작용에 따른 수분부족과 같은 탈수현상에 대해서는 걱정할 필요가 없다고 한다.[9]

또 일반적으로 커피가 탈수를 유발하고 피부 노화 등을 촉진한다고 알고 있지만 이는 '오해'에 불과하다는 연구 결과가 나와 눈길을 끌고 있다.

영국 버밍엄대학(University of Birmingham)의 스포츠 전문가인 소피 킬러는 지난 80년간 수많은 연구를 통해 커피 속 카페인이 이뇨작용을 일으켜 체내 수분을 빼앗는다고 알려졌지만, 사실 커피 속 카페인은 물처럼 몸에 수분을 증가하는 데 도움을 준다고 주장했다.[10]

영양학자 리사 렌(Lisa Renn)에 따르면, 많은 양의 카페인이 일부 사람들에게 이뇨제로 작용한다는 증거가 있지만, 하루 몇 잔의 차나 커피가 탈수증 현상과 연결되지 않는다고 ABC 뉴스에 말했다.

하루에 3~6잔의 커피를 마시는 남성 커피 애호가 50명을 대상으로 한 카페인과 탈수와의 연관성에 대한 2014년 연구도 카페인이 함유된 음료를 매일 적당히 섭취하는 것이 탈수를 유발하지 않을 것이라고 밝혔다.[11]

> 실제 같은 양으로 하루 3컵의 카페인이 든 커피와 디카페인 커피, 혹은 음료를 마신 실험자를 대상으로 연구한 결과 카페인이 없는 음료를 마신 사람에 비해, 카페인 커피를 마신 사람들의 소변 생산이 3.7온스(109mL)밖에 증가하지 않았다.
> 이는 커피의 이뇨작용을 인정한다 해도 수분 증감에 큰 변동이 없다는 것을 의미한다. 그래서 얻어진 결론은 적정량의 커피 섭취는 카페인으로 인한 이뇨현상을 고려한다 해도 탈수 걱정까지는 할 필요가 없다는 결론을 내릴 수 있다.[12]

연구의 추가자료 해석은, 우선 고용량의 카페인을 섭취했을 때는 단기 이뇨작용 징후가 보였지만 적절한 양 혹은 일부러 저용량의 카페인이 주입된 커피를 마셨을 때는 일반 물처럼 체내에 수분이 공급된 양상과 같았다.

그리고 신체가 안전하다고 생각되는 적정량의 커피를 마신 경우는 일반 식수의 섭취와 같은 수분 공급 역할을 커피가 수행한다고 인식해도 괜찮다는 사실을 조언하고 있다.[13]

물론 사람 개개인마다 카페인의 반응은 다르게 나타나겠지만, 일반적으로 커피는 우선 물과 같은 수분으로서 체내에 받아들여지기 때문에 이뇨현상이 있다 하더라도 공급된 커피가 수분의 역할을 해낸다는 것이라고 UCLA 필딩 공중보건학교(Fielding School of Public Health) 겸임 조교수인 다나 허너스(Dana Hunnes) 박사는 말한다.[14]

의외로 현대인의 70% 이상이 만성탈수라는 보고가 있다. 만성탈수는 몸속 수분이 정상 대비 2% 이상 부족한 상태가 3개월 이상 지속되는 것을 말한다. 원인을 알 수 없는 만성 피로와 불면증, 변비와 소화불량 등을 겪고 있다면 만성탈수 때문인지[15] 체크해 볼 필요가 있다.

물론 전문가들은 권장량이 하루 8잔이라 해서, 반드시 8잔을 다 마셔줘야 하는 것은 아니라고 말한다. 채소나 과일은 물론 된장국 등 음식을 통해서도 수분을 섭취할 수 있으니 엄격하게 '권장량'을 지킬 필요는 없다는 설명이다. 게다가 한국인의 평균 수분 섭취량은 권장량을 웃돈다.[16]

지난 2008년부터 2012년 사이 국민건강영양조사 자료를 바탕으로 분석한 결과를 한국영양학회지에 실은 공주대 기술가정교육과 김선효 교수팀이 진행한 연구에 따르면, 국내성인 수분 섭취량(물, 음료와 같은 액체 수분, 음식 속 수분)을 산정한 결과, 남녀 하루 평균 2,414㎖의 수분을 섭취하는 것으로 나타났다. 남성의 경우 2,465㎖, 여성의 경우 2,239㎖로, 수분 섭취 권장량(남성 2,200~2,600㎖, 여성 1,900~2,100㎖)을 충족하고 있었다.

이제 커피는 세상에서 가장 인기 있는 음료 중 하나가 됐다. 물론 최근 디카페인을 선택하는 사람들도 증가 추세에 있지만 대부분의 사람들이 커피를 마시는 주된 이유는 카페인 때문이다. 카페인은 정신 건강을 유지하는 데 도움이 되는 정신 활성화 물질이기 때문이다.[17]

하지만 아침마다 챙겨 먹는 영양제가 있는 경우에는 모닝커피를 마시는 것에 주의해야 한다.

비타민D·철분·비타민B·비타민C 등은 커피를 마신 후 바로 섭취하면 효과를 제대로 보지 못한다. 카페인은 비타민D와 철분이 위장에서 흡수되는 것을 방해하고, 소변을 과도하게 배출 시켜 수용성 비타민인 비타민B군과 비타민C가 몸 안에서 쉽게 빠져나가게 만든다. 카페인이 몸 안에 들어와 배출되기까지는 2시간 정도가 걸리므로 커피를 마신 후 최소 2시간이 지난 뒤 영양제를 섭취하는 것이 좋다.[18]

그리고 탈수증세가 단지 목이 마르는 것만을 의미하지는 않는다는 사실에 유의할 필요가 있다.

메이오 클리닉(Mayo Clinic)에 의하면 탈수현상의 가장 대표적인 '갈증' 외에도 피부건조 현상이나 소변의 색상이 평소보다 진한 황색을 띠거나 두통, 근육 경련 현상 혹은 평소보다 화장실 가는 횟수가 줄었다고 느낀다면 이는 신체 전반에 수분 부족 현상, 즉 탈수가 진행 중이라는 사실을 알아챌 필요가 있을 것이다.[19)

02
치아건강과
'커피의 숨결(coffee breath/입 냄새)'

- 커피는 산성 음료이다. 이것은 실제로 입안의 박테리아가 에나멜 침식을 유발하는 산을 만드는 것을 돕는다.
- 커피가 치아에 나쁘다고 인식되는 이유는 시간이 지나면서 눈에 보이는 얼룩을 유발하기 때문이다. 치아얼룩은 건강한 치아의 개념과 모순되는 것이다.
- 커피 원두에 들어 있는 폴리페놀 성분이 충치와 잇몸병의 주범인 플라그(치태/치석)를 억제해 충치를 예방하는 효과가 있다.

"폰에 뜬 '오디션(Audition)'이란 알람을 통해 오디션을 깜박 잊고 있었음을 깨달은 미아는 카페 치프스탭에게 급하게 병원에 간다고 둘러대고 대본을 보면서 가다가 커피를 들고 있던 어떤 남자랑 정면으로 부딪히고 만다. 남자의 커피가 셔츠에 쏟아지고, 미아는 얼룩을 감추기 위해 패딩을 입고 오디션을 보는데 감정 몰입 부분에 갑자기 사람이 들어와서 감정선은 끊기고 오디션은 중단된다."[1] 영화 〈라라랜드(La La Land)〉(2016)의 앞부분 장면이다.

이처럼 '커피가 쏟아져 셔츠에 얼룩이 진 것처럼' 같은 이유로 우리가 매일 마시는 커피가 우리의 치아, 당신의 이(Teeth) 표면에 얼룩(?)을 남길 수 있다.

커피에 대한 이러한 경험상의 사례는 커피가 가는 곳 어디에든 예외 없이 적용된다. 우리의 고민은 바로 여기에 있다. 커피를 마시면 우리의 치아 표면에 우리가 원치 않는 색소를 띄게 한다는 것이다.

> 커피에는 물에서 분해되는 폴리페놀의 일종인 탄닌(tannin)
> 이라는 성분이 들어 있다. 와인이나 차와 같은 음료에서도
> 발견되는 것들인데, 탄닌은 색소 화합물이 치아에 달라붙
> 도록 접착제 역할을 한다. 이러한 화합물이 달라붙으면 원
> 치 않는 노란색 색조가 치아 표면에 남을 수 있는데 하루
> 에 커피 한 잔만 마셔도 치아얼룩이 생긴다.[2]

칭찬은 고래도 춤추게 한다는 말처럼 사실 일상에서 따뜻한 커피 한 잔만큼 우리를 춤추게 하며 하루를 힘차게 시작하는 데 도움을 주는 것이 있을까? 그리고 오후에 나른할 때 두 번째 커피 컵은 우리에게 다시 활력을 불어넣어 주는 에너지원이 된다.

그런데 이런저런 이유로 한 잔 한 잔 마시는 커피가 치아건강에 어떤 영향을 미치고 그리고 진주같이 빛나는 하얀 치아에 커피얼룩이 남는다면 우리는 이에 대한 관심 역시 기울이지 않을

수가 없다.

커피얼룩의 실체

에스프레소나 아메리카노는 별다른 첨가물이 없어 다른 커피에 비해 상대적으로 구강에 덜 해롭다. 대신 치아변색에 주의해야 한다.

치아는 육안으로 볼 때는 매끄러워 보여도 현미경으로 보면 치아 표면에 미세한 구멍이 깊숙이 나 있다. 쓰고 떫은 맛을 내는 탄닌이라는 성분의 검정 색소가 구강 내에 남아있는 단백질과 결합해 이 미세한 구멍에 들어가 치아 안쪽 층에 착색된다.[3]

이처럼 모든 치아의 법랑질(琺瑯質, 에나멜/치아겉표면, tooth enamel)에는 미세한 융기와 구덩이가 있으며, 먹고 마실 때, 즉 커피와 같은 짙은 색깔의 음료를 마실 때 그 미세한 융기와 구덩이를 통해 해당 음료의 입자들이 스며들거나 그 찌꺼기들이 구덩이에 잔존물로 남게 된다면, 이로 인해 외부로 보여지는 치아의 색이 경우에 따라 보기 흉할 정도의 노란색 치아로 부각될 수 있다.[4]

법랑질(에나멜/치아겉표면)은 사람의 치아를 구성하는 치관 중 가장 최상단에 위치한, 보이는 하얀 빛깔의 무기질과 미네랄로 구성돼 있는 조직을 말하는데 치아를 온도(차가움, 뜨거움), 압력,

충격으로부터 보호하는 역할을 한다.[5] 이런 보호로부터 벗어나 우리가 불편을 느끼는 것이 바로 '시린 이'다.

♦ 커피는 산성음료

더 나쁜 소식은 커피가 산성 음료라는 것이다. 이것은 실제로 입안의 박테리아가 에나멜 침식을 유발하는 산을 만드는 것을 도울 수 있다는 것을 의미한다.[6]

얼마나 많은 음료수가 산성이고 에나멜의 건강에 위험을 주는지 알면 놀랄지도 모른다. 과일주스 같은 건강상의 이점을 제공하는 음료도 치아에 무리가 갈 수 있다. 음료의 어떤 맛이나 종류도 성분, 첨가제, 배합에 따라 산성이 될 수 있다.

무설탕 음료도 산성이라는 것을 기억하는 것은 필수적이다. 탄산은 모든 음료의 산도를 증가시키기 때문에 거품이 나는 모든 음료는 시간이 지남에 따라 치아건강에 해로울 수 있다.

커피 외에 피해야 할 산성 음료로는 △뜨겁고 차가운 차 △탄산음료 △알코올, 특히 와인 △주스, 특히 감귤 함량이 높은 주스 △스포츠 음료 △청량음료(무설탕유형도 포함) 등이 있는데,[7] 이런 산성 음식 또는 음료를 먹는 것은 치아 에나멜에 침식 효과를 줄 수 있고 충치를 유발할 수 있다.

여기에다 커피에 설탕을 첨가한다면 충치발생의 완벽한 환경을 조성해 주는 것이다. 왜냐하면 설탕이 들어 있는 것을 마실 때마다, 이미 우리의 입안에 들어와 있는 자연 박테리아가 그 설탕을 함께 먹기 시작하기 때문이다. 우리의 치아에 달라붙어 모든 설탕을 먹어 치운 박테리아는 그 소화액으로 치아 에나멜의 침식과 부패로 이어질 수 있는 산을 평생 만들어 낸다.[8]

커피에 포함된 타닌 성분 때문에 얼룩지거나 누렇게 된 치아는 우리가 상대와 대화하고 웃을 때 우리의 '미소에 부정적인 영향을 미쳐 우리의 신체적 매력을 떨어트리는 것은 확실한 것 같다. 우리가 웃을 때 드러나는 우리 치아의 얼룩은 다음과 같은 구체적 모습으로 드러난다.[9]

△치통 △치아 민감도(뜨거운, 차가운, 공기에 대한 민감도) △치아 변색 △충치 위험증가 △치아의 부식 또는 손실(극한 경우)

이처럼 커피가 치아에 나쁘다고 인식되는 이유는 시간이 지나면서 눈에 보이는 얼룩을 유발하기 때문이다. 자연적으로, 우리는 이상적으로 우리의 치아가 하얗고 반짝이는 것을 보고 싶어 하며 그래서 치아얼룩은 건강한 치아의 개념과 모순되는 것이다.[10]

물론 좀 더 정확히 말하자면 커피 얼룩 자체가 치아의 보호막인 에나멜을 부식시키지 않는다. 오히려 커피에서 나오는 색소가 치아 위에 표피층이 달라붙기 때문에 얼룩이 생기는 것이다.

사실 치아 에나멜은 우리가 살아가는 동안 충치와 치아 민감성으로부터 치아를 보호함으로써 치아를 보존하는 것을 책임지는 물질이며, 동시에 치아 에나멜은 재생되지 않기 때문에 우리가 이를 평생 관리하는 것이 매우 중요하다.[11] 문제는 치아얼룩이 미관상 부담되기 때문이다.

♠ 커피얼룩을 줄이는 생활의 팁

산성음료가 왜 치아에 나쁜가? 산성 음료는 많은 사람들에게 사랑을 받고 있지만 장기적으로 섭취하면 치아에 부담을 준다.

에나멜은 치아를 보호하는 강력한 외부 층이다. 그런데 산성음료가 이 에나멜을 마모시켜 약화시키고 장기적으로는 치아침식을 유발한다.

치아침식은 영구적으로 진행되는데 에나멜은 살아있는 세포가 아니며 피부처럼 자연적으로 복구되지 않기 때문에 치아관리가 필수적이다.[12]

커피와 함께 물 마시기

커피를 마신 후 물을 마셔 입안을 헹구면 치아 얼룩을 예방할수 있다. 커피를 마신 직후에는 입을 헹궈주는 물양치 습관을 갖는 것이 좋다. 커피를 마신 직후에는 구강 내부가 약산성 상태이므로 양치질을 세게 하면 되레 치아의 맨 바깥층인 법랑질이 손상될 우려가 있다. 커피를 마신 직후에는 물양치를 하고 30분쯤 지난 뒤 양치질을 하는 것이 좋다.

설탕을 건너뛰자

목동 중앙치과병원 변욱 병원장은 "약산성인 커피는 입안을 산성화시고 침 분비를 억제시켜 입 속 세균이 번식하기 쉬운 환경을 만든다"라며 "커피는 되도록 첨가물 없이 빨리 마시는 것이 좋다"라고 말했다.

우유를 넣자

화이트 커피는 블랙커피만큼 치아를 더럽히지 않는다. 그리고 유제품은 충치를 예방하기 위해 에나멜에 보호막을 제공한다.

무설탕 껌 씹기

이 간편한 옵션은 침 생성을 촉진할 수 있다. 타액은 일부 산을 제거하고 에나멜을 복구하기 때문에 치아 건강에 좋다.

빨대 사용하기

빨대로 커피를 마셔서 치아에 직접 묻히는 것을 피할 수 있다.

외과적 방법으로는 처방전 없이 살 수 있는 치아 미백제품을 사용하거나 가정 요법으로 한 달에 두어 번 베이킹 소다로 양치질하면 치아를 더욱 희게 할 수 있다.[13]

물론, 커피만이 치아 얼룩을 일으키는 원인은 아니다. 하얀 미소를 유지하려면 노란색을 띠는 다른 음식과 음료를 조심할 필요가 있다. 치아를 얼룩지게 하는 여러 음식 및 음료 중 특히 눈에 띄는 것으로 △적포도주 △딸기류(블루베리, 블랙베리, 체리) △토마토와 토마토소스 △아이스 캔디 △딱딱한 사탕 등이[14] 위의 분류에 추가해서 우리가 기억할 음료나 식품들이다.

'커피숨결'과 폴리페놀

커피 성분 자체로만은 치아 건강에 특별히 해롭지 않다. 문제는 커피 첨가물이나 마시는 방식에 있다. 우유, 시럽, 생크림, 캐러멜 등 여러 첨가물이 들어간 커피를 눈앞에 두고 하루 종일 조금씩 마시면 충치와 입 냄새를 피할 수 없다. 우유 속 젖당이나 유당은 충치균의 먹이이며 충치균은 당분을 먹고 산을 배출하는데, 이 산이 치아를 썩게 해 충치를 만든다.[15]

♦ '커피숨결(coffee breath)'이라 일컫는 '입 냄새'

커피를 마시는 이유는 누군가를 만나거나 대화를 하기 위해서가 37%로 가장 높았고, 업무를 보기 위해서 20%, 커피를 마시기 위해 19%, 식사 이후 10%, 쇼핑 9%, 졸음퇴치 3%, 기다림 2% 등의 순으로 나타났다.[16]

그런데 이렇게 마시는 커피가 입안을 건조시킬 수 있다. 커피가 음료이기 때문에 반 직관적으로 들릴 수 있겠지만, 침 생성을 억제하여 입에 건조 효과를 줄 수 있다. 충분한 침이 없으면, 우리의 몸은 자연스럽게 입안을 깨끗이 하고 균형 잡힌 상태로 유지하는 것을 힘들어한다.[17]

맛있고 향긋한 커피의 향기가 입안에서 악취로 변하는 것은 커피가 구강 건조증을 유발하기 때문이고 구강건조의 주요 부작용이 바로 구취다.

카페인 때문에 더 이상 입안에 충분한 침을 확보할 수 없게 되면, 입 냄새를 유발하는 박테리아를 통제할 수 없게 된다. 박테리아는 그 과정에서 나쁜 냄새를 발산하면서 음식 입자들을 분해하기 시작한다.

커피의 구강 건조 효과뿐만이 아니라 구취를 유발하는 또 다른 이유는 유황 가스 때문인데 최악의 냄새를 일으키는 음식과 액체는 커피와 같이 가장 높은 유황 화합물을 포함하는 것들이다.

그래서 미국에서는 아예 '커피 숨결(coffee breath)'이라고 해서 주기적으로 커피를 마시는 사람들은 입 냄새에 각별히 신경 쓰는데, 커피 애호가들 중 일부는 항상 휴대용 양치도구나 가글이라도 들고 다닌다.[18]

♦ 블랙커피의 폴리페놀(polyphenol) 효과

일반적인 생수가 아닌 이상 다른 음료와 마찬가지로 커피는 입안에 박테리아를 생성하여 치아와 에나멜 침식을 유발할 수 있는 산을 생성한다. 이로 인해 치아가 얇아지고 부서질 수 있다. 산은 치아의 표면을 직접 침식할 뿐만 아니라 전반적인 구강 건강에 여러 가지 직접적인 영향을 미친다.[19]

그런데 커피가 치아에 해롭기만 한 것은 아니다. 커피 원두에 들어 있는 폴리페놀 성분이 실제로 충치와 잇몸병의 주범인 플라그(plaque, 치태/치석)를 억제해 충치를 예방하는 효과가 있다는 것으로 알려져 있다.[20]

브라질 리우데자네이루 연방대학 연구팀은 『응용미생물학저널(Journal of Applied Microbiology)』에 기고한 논문에서 "카페인 함량이 높은 블랙커피가 플라그를 일으키는 세균을 죽인다는 사실을 발견했다"라고 밝혔다.

연구팀은 카페인이 많이 들어 있는 코페아 카네포라(로부스타커피) 추출물이 젖니에 미치는 영향을 조사했다. 그 결과, 이 블랙커피가 치아의 표면에 형성된 세균 막을 분해하는 것으로 나타났다.

안드레아 안토니우 수석 연구원은 "플라그는 치아부식과 잇몸병의 주범으로 꼽히는데 카페인 함량이 높은 블랙커피가 이를 막는다는 사실을 발견했다"라며 "충치를 예방함으로써 치아 건강을 좋게 할 수 있는 것으로 나타났다"라고 말했다.

그는 "이런 효과는 커피 원두에 들어 있는 폴리페놀 성분에서 나온다"라며 "커피에서 추출한 화합물을 치약이나 구강 청결제에 넣어 사용하면 플라그를 줄이는 데 도움이 될 수 있을 것"이

라고 덧붙였다.[21]

그러나 설탕이나 크림이 들어간 커피는 치아건강에 좋지 않고 플라그 파괴 효과도 크지 않다. 연구팀은 "설탕이나 우유, 크림 등의 첨가물이 들어가지 않은 블랙커피를 마셔야 충치예방 효과를 볼 수 있다"라고 말했다.[22]

> 폴리페놀의 일종인 카테킨(catechin) 같은 항산화제는 염증 감소, 콜레스테롤 감소, 고혈압 완화, 심장마비와 뇌졸중 예방에 도움을 주는 것으로 알려져 있다. 이 때문에 적포 도주, 커피, 심지어 초콜릿이 치아에 나쁘다는 역사적 평판에도 불구하고 치아에 좋다고 말하는 이유이기도 하다. 그리고 커피가 치아에 좋은 또 다른 이유는 트리고넬린(Trigonelline)이라는 원두커피의 주성분이 특히 충치 예방에 도움이 된다고 한다.[23]

그러나 앞서 언급한 것처럼 커피에는 치석을 유발하는 박테리아를 분해함으로써 치아를 건강하고 튼튼하게 유지하는 데 도움을 줄 수 있는 폴리페놀 성분이 들어 있다 하더라도 블랙커피가 아닌 설탕이나 시럽, 우유와 함께 마신다면 모처럼 커피가 제공하는 커피의 이점 혜택을 받을 수 없다는 사실을 기억할 필요가 있다.[24]

그리고 매우 흔하고 간단한 치과 시술에서 발치까지 했다면 치유와 회복 과정이 순조롭게 진행된다는 것을 전제로 최소 5일에서 2주까지는 커피를 마셔서는 안 된다는 것이 유타대학(University of Utah) 관계자의 말이다.[25]

이제 커피로부터 구강 건강을 지키는 방법은 에스프레소나 아메리카노 등 첨가물이 없는 종류를 빨리 마시는 것이다. 한 번 마실 때 10~15분을 넘기지 않으면서 커피 안에는 되도록 설탕과 프림을 적게 넣거나 아예 빼는 것이 충치와 치주질환, 입 냄새 예방에 효과적임을 알게 됐다.[26]

그리고 『사이언티픽 리포트(Scientific Reports)』 온라인판에 게재된 '커피 섭취량과 치아상실의 상관관계'를 분석한 결과처럼, 커피를 매일 한 잔 이상씩 마시는 사람은 한 달에 한 번 미만으로 마시는 사람보다 치아상실 위험이 1.69배 더 높다는 조사결과도 기억할 필요가 있다.[27]

모든 종류의 산성음료는 시간이 지남에 따라 치아건강을 위협하는 침식을 일으킨다. 산성이 높을수록 더 많은 손상을 입힐 것이다. 이것을 염두에 두고, 커피 등 산성 음료를 완전히 끊는 것이 부작용을 완전히 피하는 유일한 방법임을 알 수 있지만 끊을 수 없다면 적어도 블랙커피를 선택하되, 마시는 컵 수를 줄일 필요가 있음을 통계는 말해주고 있다.

03
커피와 눈 건강

- (연구 결과/부정적) 지나친 카페인 섭취는 안압을 상승 시켜 녹내장 발생 위험이 높아진다.
- (연구 결과/긍정적) 커피가 시력 손상 심지어 실명예방에 도움이 될 수 있다.
- '커피가 시력건강에 '도움 된다vs해롭다'의 연구 결과들이 의미하는 것은, 뒤늦게야 카페인으로 눈 건강 대안 치료효과를 얻기 위해 커피를 마시기 시작하거나 또 동일한 이유로 마시던 커피를 중단할 필요가 없다는 뜻이다.

우리 신체에서 눈의 중요성을 표현한 "몸이 천 냥이면 눈이 구백 냥"이라는 말을 우리 대부분이 다 알고 있다. 그런데 우리가 매일 마시는 커피가 이 '구백 냥 짜리 눈'에 어떤 영향을 미칠까?

지나친 카페인 섭취는 안압을 상승 시켜 녹내장 발생 위험이 높아진다는 연구 결과가 나왔다.

부산메리놀병원 안과 이창규 박사팀이 눈 건강에 이상이 없는 20·30대 40명을 대상으로 3개월 동안 고카페인 음료와 안압과의 상관관계를 조사한 결과인데, 평소 진한 커피를 마시거나 카페인 함량이 높은 에너지 음료를 즐기는 사람들이 주목해야 할

내용이다.[1)]

커피는 녹내장의 원인

실제 카페인이 든 커피를 많이 마시면 시력이 손상되는 등 녹내장 발병 위험이 높아지는 것으로 나타났다. 하버드 의과대학 루이스 파스퀴알(Louis R. Pasquale) 교수는 40세 이상 여성 78,977명과 남성 41,202명을 대상으로 카페인 소비량을 분석한 『안과조사 및 시각학(Investigative Ophthalmology &Visual Science)』에 발표한 자료에 의하면, 커피를 전혀 마시지 않은 사람에 비해 하루 3잔 이상 마시는 사람의 녹내장 발병률은 1.66배 더 높았다. 녹내장 가족력이 있는 여성의 발병률은 이보다 더 높았다.[2)]

스웨덴·핀란드 등 스칸디나비아반도 사람들이 녹내장 발병률이 높은 것은 이들이 세계에서 카페인 함량이 가장 높은 '진한' 커피를 마시기 때문으로 추정되는데[3)] 녹내장을 예방하려면 카페인이 들어 있는 커피를 3잔 이상 마시지 않는 것이 좋다. 커피를 아예 끊을 수 없다면 디카페인 커피를 마시는 것도 한 방법으로 제시되고 있다.[4)]

부산메리놀병원 안과 이창규 박사팀은 연구 참여자를 두 그룹으로 나눈 뒤 한 그룹은 무카페인 비타민 음료를 마시

게 하고, 다른 그룹은 카페인이 350㎎ 함유된 고카페인 에
너지 음료를 마시게 했다. 이어 대상자들의 안압을 음료 섭
취 직전부터 24시간 동안 측정했다. 세 달 뒤 음료를 맞바
꿔 같은 연구를 한 번 더 실시하고 역시 안압 상승 여부를
살폈다. 그 결과, 고카페인 에너지 음료를 마시면 안압이
증가하는 것으로 나타났다.[5]

망막은 눈 뒤쪽에 있는 얇고 민감한 조직 층으로 색, 모양 및
기타 시각정보를 구별하며 또한 혈액에 의해 전달되는 산소 및
기타 영양소에 대한 높은 신진대사를 가지는 데 산소가 충분하
지 않으면 망막이 손상되어 연령 관련 황반변성(AMD), 또는 녹
내장으로 인한 실명으로 이어질 수 있다.[6]
녹내장은 시신경에 이상이 생기는 질환이다. 눈의 압력(안압)이
증가해 시신경에 이상이 생기고, 그로 인해 시야결손이 발생한
다. 일단 시신경 손상이 발생하면 회복이 불가능한데[7] 녹내장은
세계에서 두 번째로 흔한 실명의 원인 중 하나에 해당된다.[8]

상반된 보고는 오히려 '커피가 시력 손상 방지'

안구건조증이 있는 일부 사람들은 그들이 문제를 더 악화시킨
다고 가정하고 커피와 차를 끊는다.

그러나 어떤 연구는 그 반대를 시사한다. 카페인이 오히려 이런 증상들을 완화시킬지도 모른다는[9] 것이다. 새로운 연구는 커피를 마시는 것이 눈 건강을 악화시킬 수 있다는 개념에 의문을 제기한다.

커피가 시력손상 심지어 실명예방에 도움이 될 수 있는 것으로 나타났다. 코넬대학 연구팀이 『농업 및 식품화학(Agricultural and Food Chemistry)』 저널에 밝힌 새로운 연구 결과에 의하면 커피를 마시는 것이 시력 보호에도 도움이 되는 것으로 나타났다.[10]

교토대학(Kyoto University)의 연구원들도 약 9,000명의 안구 건강 분석을 수행한 결과는 녹내장이나 기타 안구 질환에 대한 두려움 때문에 커피 한 잔을 즐기는 것을 자제할 필요가 없음을 시사한다.

미야케 마사히로(Masahiro Miyake) 안과 특별조교수는 녹내장 발생률 및 기타 데이터와 관련 후속 연구를 더 진행해 그 이유를 명확히 밝혀야 하겠지만, 일상적으로 커피를 마시는 사람들이 실제로 커피를 마시지 않는 사람들보다 안압이 낮은 경향이 있다는 것을 발견했다고[11] 한다.

안구 건조증과 관련하여, 눈물이 눈 표면을 보호하고 먼지와 찌꺼기를 씻어낼 만큼 충분하게 적시에 공급되어야 하는데 이런 기능의 장애 시 눈 표면에 마찰을 일으킬 수 있다. 카페인은 이런 문제에 대한 답을 준다.

일본의 한 연구에서 78명을 두 그룹으로 나눈 후 사람의 체중에 따라 A그룹은 200㎎에서 600㎎의 카페인이 들어 있는 캡슐(대략 2~6잔의 커피에 들어 있는 양)을, B그룹은 필러가 들어 있는 위약 캡슐을 지급했다. 연구원들은 카페인을 섭취한 그룹에서 더 많은 눈물을 흘리는 것을 발견했다. 가나(Ghana)의 소규모 연구에서도 비슷한 결과가 나왔는데, 카페인이 눈물 생성이 증가요인으로 나타났다. 이 연구는 카페인을 사용하는 사람들이 그렇지 않은 사람들보다 안구 건조증 발병률이 낮다는 이전 연구와 일치하는 것이다.[12]

커피에는 클로로겐산(CGA)이라는 화합물이 들어 있는데, 실험실에서 실험한 결과 동물(생쥐)의 노화 관련 망막손상을 예방하는 것으로 입증되었다. 실제 노화 관련 망막손상이 된 동물(생쥐)의 시력을 잘 보존(유지)하고 있는데 이는 클로로겐산이 망막 세포의 손상을 감소시킨 결과로 보인다.

하지만 커피 관련하여 눈 건강에 대한 연구는 커피가 시력건강에 '도움 된다vs해롭다'의 연구 결과처럼 규명에 따른 그 필요성이 인정되지만 현재 알려진 연구 결과는 아직 미미한 수준이다.

이로 인해 현재, 안과 의사들도 카페인을 정식 치료제로 추천할 만큼 카페인의 효과에 대해 충분히 알지 못한다. 오히려 카페인은 더 많은 불안, 고혈압 및 수면 장애를 유발하는 것에 더 주의를 기울일 필요가 있음을 지적한다.

이는 뒤늦게야 카페인으로 눈 건강 대안 치료효과를 얻기 위해 커피를 마시기 시작할 필요가 없다는 것을 말하려는 것이다. 또 동일한 이유로 마시던 커피를 중단할 필요도 없다는 것이다.

전문가들은 하루에 400㎎까지, 커피 4잔의 양이 대부분의 사람들에게 안전한 것처럼 보인다고 말하지만, 궁극적인 기준은 커피를 대하는 자신의 기분이나 카페인 소화능력이 자신에 맞는 일일 섭취량 기준이 될 것임을 시사하는 것이다.

소화기관을 깨우는 커피, 그리고 장 건강

- 커피는 '위대장반사'를 촉진하여, 소화기관을 깨어나게 하는 배변촉진제의 효과로 우리 위장에 영향을 끼쳐 화장실에 가게 만든다.
- 식물성 식품에서 자연적으로 발견되는 커피의 폴리페놀 및 기타 항산화제가 장 건강에 더 건강한 미생물 군을 제공한다.
- 그럼에도 불구하고 이미 어떤 사람이 위장과 관련하여 질환을 앓고 있다면, 커피는 오히려 그 질환을 자극할 가능성이 더 높다. 커피를 피해야 한다는 뜻이다.

미국 연예주간 『피플』은 "기네스 펠트로가 '가장 아름다운 여성(2013 Most Beautiful Woman)'에 선정됐다"라고 보도했다. 피플지의 편집장 래리 해킷은 같은 날 미국 ABC 〈굿모닝 아메리카〉에 출연해, "펠트로는 아내와 엄마, 배우로서 균형을 잘 유지해 1위로 선정된 것"이라고 말했다. 그는 기네스 펠트로를 "오늘날의 훌륭한 여성상"이라고 표현했다. 현지 언론들은 펠트로의 미모 유지 비결이 평소 엄격한 채식 위주의 식단과 꾸준한 운동 덕분이라는 분석을 내놨다. 피플도 "펠트로가 두 아이의 엄마임에도 건강한 생활 습관으로 미모를 유지했다"라고 평가했다.

피플지와의 인터뷰에서 펠트로는 "아침에 한 잔의 커피는 절대 포기할 수 없다"라며 "커피 한 잔 후에는 건강에 좋은 스무디를 마신다"라고 아침 식사 메뉴를 말했다.[1] 그런데 이런 미인이 마시는 아침에 한 잔의 커피, 즉 모닝커피가 우리 정신을 깨우기도 하지만 위에도 자극을 준다. 커피는 우리 위장에 영향을 끼쳐 화장실에 가게 만든다. 카페인은 배변촉진제의 효과가 있다는[2] 것이다. 그래서 커피를 마셔야 화장실에서 '큰일'을 치를 수 있다는 사람들이 있다.

근거가 있을까, 아니면 위약 효과에 불과한 걸까?

미국 『멘스 헬스』가 전문가에게 물었다. 위장병 전문의 사미르 이슬람 박사에 따르면, 커피는 위대장반사(胃大腸反射/Gastrocolic Reflex, 배변욕구, 필자 주)를 촉진한다. 커피를 마시면 소화기관이 '깨어난다'는 것. 정확한 이유는 아직 규명되지 않았지만, 과학자들은 커피의 산성이 위장을 자극하기 때문이라 추측하고 있다.

그 결과 소장, 대장에 이르기까지 연동 운동이 증가하고 배변에 이르게 된다는 것인데,[3] 우선 변비에 걸린 사람이라면 따뜻한 커피 한 잔을 마셔보자는 것이다.

영국 일간 『데일리메일』은 코넬 의과대학의 펠리체 스크놀-서스맨(Felice Schnoll-Sussman) 박사의 말을 인용해 "뜨거운 음료가 혈관확장제 역할을 한다"라고 전했다. 따뜻한 액체가 장내 혈관을 확장시켜 소화를 도와 장으로 가는 혈류량을 많아지게 하여

장운동이 활발해진다는 것이다.[4]

배변활동의 촉진

커피가 이뇨작용을 촉진하는 것은 널리 알려진 사실이다. 그러나 최근 연구에 따르면, 커피는 배변 활동에까지 영향을 미친다는 것이다.

미국화학연구회(American Chemical Society)는 커피를 마시면 약 4분 내로 소화되며, 변의(배변하고 싶은 느낌)가 드는 사람이 10명 중 3명꼴로 나타난다고 밝혔다. 커피 속 천 가지가 넘는 복합물 중 어떤 것이 배변에 영향을 미치는지는 아직 밝혀지지 않았으나, 많은 전문가는 배변을 조절하는 성분인 클로로겐산과 가스트린을 원인으로 꼽는다.[5] 폴리페놀 화합물의 일종인 클로로겐산(Chlorogenic acid)이 위 안에 있는 음식물을 소화시키고, 장으로 빠르게 옮긴다.

학회 측은 "클로로겐산은 위 속에 있는 소화물을 더 빨리 장으로 보낸다"라며 "그렇기 때문에 일부 사람들은 커피 한 잔 마시고 화장실을 가고 싶은 것"이라고 설명했다. 카페인이 없는 디카페인 커피 역시 클로로겐산 성분이 들어있기 때문에 배변 활동을 촉진한다.[6]

1986년 10명의 참가자를 대상으로 한 항문조사 연구에 따르면 커피는 대장 활동을 증가시키는 호르몬인 가스트린(gastrin)의 수치를 각각 정상치의 1.7배와 2.3배로 증가시켰고, 커피는 또한 콜레시스토키닌(cholecystokinin, 쓸개의 수축과 이자에서 소화액의 분비를 촉진시키는 물질, 필자 주)이라는 호르몬의 수치를 증가 시켜 소화기관이 음식을 이동시키는 것을 돕는다는 사실을 확인했다.[7]

결론은 "모닝커피가 진짜 배변에 도움이 될까?"라는 의문에 대해, 순천향대서울병원 소화기내과 이태희 교수는 "일부 건강한 사람과 변비 환자는 도움이 될 수 있다"라는 답을 준다.

커피를 마시면 '위대장반사'가 활성화되어 위에 음식이 들어가면 대장이 반사적으로 활동을 시작하는 것이다. 이태희 교수는 "커피 한 잔을 마시는 것이 1,000㎉ 음식을 섭취한 것과 유사한 정도로 위대장반사 효과를 보인다는 연구가 있다"라고 말했다.[8]

미국 온라인 미디어 '인사이더(Insider)'는 '영양학자가 권장하는 7가지 변비 완화 식음료'라는 제목의 기사에서는 매주 배변 횟수가 3회에 미달하는 변비 증상을 덜어주는 식음료 7가지를 선정해 보도했는데, 여기에는 커피를 포함한 물 등 음료, 프로바이오틱스 등 균류, 콩류·통곡물·아마씨와 치아씨·자두 등의 식품이 포함됐다. 물론 이때도 변비 완화를 위해 커피를 마시는 동안 물을 많이 마셔야 한다는 사실이다.

물을 많이 마셔 부드러워진 변은 대장에서 더 빠르고 쉽게 배출되기 때문이다. 따라서 남성 변비환자는 매일 3.7ℓ, 여성은 2.7ℓ의 수분 섭취가 권장된다.[9]

그리고 "커피를 마시고 화장실에 가기까지는 얼마의 시간이 필요할까?"에 대해 빠르면 10분. 그러나 대개의 사람은 커피를 마시고 45분가량 지났을 때 바라던 효과를 얻게 된다고 한다.

따라서 시험이나 면접 등 '대사'가 있는 날, 꼭 '개운한' 상태로 집을 나서야 하는 아침이라면, 한 시간 정도의 여유를 확보하고 시간표를 짜는 게 현명한 일임을 알 수 있다.[10]

장 건강

한편 과학자들은 커피가 미생물 군집에 미치는 영향의 메커니즘을 완전히 이해하지는 못하지만, 식물성 식품에서 자연적으로 발견되는 커피의 폴리페놀 및 기타 항산화제가 장 건강에 더 건강한 미생물 군을 제공할 수 있다고 확신했다.

예를 들어, 지방과 가공식품이 많이 함유된 전형적인 서양 식단을 섭취하는 개인은 비만, 인슐린 저항성 및 심혈관 질환과 관련된 나쁜 박테리아의 독성성분인 장내 독소를 더 많이 섭취하는 경향이 있지만 반대로, 식물성 식품에서 자연적으로 발견되는 커피에 함유된 폴리페놀과 다른 항산화 성분들이 장내 건강한 세균총 형성에 도움을 주는 것일 수 있다고 '책임 있는 의학을 위한 의사위원회(PCRM: Physicians Committee for Responsible Medicine)' 임상연구 책임자인 하나 칼레오바(Hana Kahleova) 박사가 논평했다.[11]

분당서울대병원 소화기내과 이동호 교수도 "커피 속 폴리페놀 덕분"이라며 "폴리페놀 같은 항산화 성분이 장내 유익균은 늘리고 비만 유발균, 염증 유발균 같은 유해균은 억제한다는 보고가 있다"라고 말했다. 커피를 마시면 구강 내 유해균을 억제한다는 일본의 연구도 있는데 이때도 설탕은 장내 유해균을 늘리기 때문에 블랙커피를 마시는 것이 바람직하다는 조언이다.[12]

커피를 자주 마시는 사람이 거의 또는 전혀 마시지 않는 사람보다 건강한 장내 세균총(gut microbiome)을 지니고 있다는 연구 결과가 나왔다. 미국 베일러 의과대학 자오리 (Li Jiao) 소화기내과 전문의 연구팀은 대장내시경 검사를 받은 34명의 대장 여러 부위로부터 채취한 조직 샘플 속의 세균총을 분석했다. 연구팀은 하루 커피를 2잔 이상 마시는 사람이 거의 또는 전혀 마시지 않는 사람보다 장내 세균총 상태가 양호한 것으로 나타났다고 밝혔다.[13]

커피를 많이 마시는 사람들의 세균 종류가 더 풍부했으며 대장 전체에 고르게 분포돼 있었으며 항염증 물질이 더 많다는 것이다. 여기에 대사이상과 비만과 연관이 있는 세균의 종류인 에리시페라토클로스트리디움(Erysipelatoclostridium)이 있을 확률은 더 낮은 것으로 밝혀졌다.[14]

그럼에도 불구하고 이미 어떤 사람이 위장 관련 질환을 앓고 있다면, 커피는 오히려 그 질환을 자극할 가능성이 더 높다. 게다가, 커피에서 발견되는 산은 위장의 표면을 약하게 하고, 일부 알코올 과다 섭취자들의 경우 궤양이나 위염에 걸리게 하는 복합적 요인으로 함께 작용하게 한다. 또한 만성 염증성 장질환으로 알려진 크론병(Crohn's disease)과 과민성 장증후군의 증상을 보이는 사람들 역시 커피를 피해야 한다.

물론 당연한 얘기지만 이미 건강한 내장을 가지고 있고, 또 적당히 마신다면, 커피는 장 건강에 긍정적인 영향을 줄 수 있음이 확실하다.[15]

05
커피 스크럽과 스킨케어

- 커피의 폴리페놀은 피부의 주름과 착색, 안면홍조 예방에 효과가 있을 뿐 아니라 피부노화를 방지하고 피부암을 예방해 주는 등 피부에 긍정적인 영향을 미친다.
- 커피를 과도하게 마셔 숙면을 취하지 못하거나 잠을 못 자면 코르티솔 호르몬 과다 분비로 피부가 기름기로 번들거리게 된다.
- 커피 스크럽은 황갈색을 제거할 뿐만 아니라 빛나는 피부를 제공하고 피부톤을 균일하게 해주는 가장 효과적인 각질 제거 스킨케어 제품 중 하나로 간주된다.

갓 끓인 커피 한 잔 없이는 하루를 시작할 수 없는 사람들이 있다. 마치 하루 시작의 의식처럼 시작되는 커피 세레모니에는 몇 가지 잠재적인 이득이 있지만, 마시는 커피의 영향을 우리 '피부'에 연결시켰을 때 유의해야 할 특단점이 있는지 살펴볼 필요가 있다.

생명체는 세포 속의 DNA에 자신의 생체정보를 보관하는데 DNA는 두 가닥이 지퍼처럼 연결돼 있는 모양이다. 그런데 유전자 정보의 중심 저장소인 DNA가 활동 중에 이중가닥파손(DSB)

과 같은 손상을 입게 되는데 이것을 수리하지 않은 채로 두면 염색체 및 유전 정보의 손실을 초래할 수도 있다.[1] 그 결과 중 하나가 바로 노화현상의 진행이다.

피부 노화현상 억제

유전체의 무결성을 유지하는 기작에 문제가 생기면 노화현상이 더 빨리 나타나거나 발달 이상이 생길 수 있는데,[2] 다행인 것은 우리가 그렇게도 집착하며 마셔대는 커피가 이런 파손을 수리하여 DNA 무결성 유지에 도움이 되는 것으로 나타났다. 즉 피부를 통해 겉으로 드러나는 노화진행을 억제한다는 것이다.

실제로 건강한 유럽인 100명(남녀 각 50명씩 두 그룹으로 편성)을 대상으로 각각 500mL의 물, 500mL의 커피만을 1개월간 마시는 것을 통제한 후 DNA가 두 가지 대립되는 식이요법에 의해 어떤 영향을 받았는지를 평가한 결과 DNA의 완전성에 관한 한 커피가 물보다 유익한 것으로 조사 되었다. 커피만을 마신 그룹이 4주간의 연구에서 대조군보다 DNA 가닥 파손이 훨씬 적게 나타났다.[3]

오스트리아 빈 대학 식품화학과 독성학과 도리스 마르코 교수는 한국식품과학회 주최로 인천 송도컨벤시아에서 열린 국제 학술대회에서, 다크커피가 DNA의 손상을 막아준다는 강력한 증거가 된다는 자신의 연구 결과를 설명했다.

마르코 교수는 다크커피를 제조한 뒤 96명의 지원자에게 8주간 제공 결과 커피를 마신 그룹의 DNA 사슬(strand) 손상이 대조 그룹(물 섭취)에 비해 눈에 띄게 적다는 사실을 확인했다.[4]

세포의 호흡과정에 의해 생성된 활성산소(活性酸素/Reactive oxygen species)란 일반적인 산소(안정된 상태)보다 활성이 크고 불안정하며 높은 에너지를 갖고 있는 산소를 말한다. 굉장히 불안정한 물질로 노화를 일으키는 주범 중 하나이기도 하다.[5] 그런데 모든 커피에는 활성산소에 의한 손상 후 세포가 스스로를 더 잘 회복시킬 수 있는 화합물인 산화방지제가 풍부하게 들어 있다.

우선 커피에 많이 들어 있는 폴리페놀(polyphenol)은 우리 몸에 있는 유해산소를 해가 없는 물질로 바꿔주는 일종의 항산화 물질로, 피부의 주름과 착색, 안면홍조 예방에 효과가 있을 뿐 아니라 피부노화를 방지하고 피부암을 예방해 주는 등 피부에 긍정적인 영향을 미친다.[6]

하지만 커피를 과도하게 마시는 행위가 피부 노화를 부추길 수 있다는 주장도 나온다. 커피에 포함된 카페인은 몸의 수분을 빼앗아가 피부가 건조해지고 지쳐 보이게 한다. 커피가 우리 피부를 건조하게 만드는 이유는 바로 커피 속 탄닌(tannin) 성분 때문이다.

탄닌은 피부가 가진 수분을 빼앗아 흡수해버리고, 이뇨작용을 촉진시키는데[7] 이로 인해 피부에 건조함을 일으킬 소지가 있다. 실제 동물의 가죽을 무두질할 때 사용되기도 하는 것이 탄닌이라면 체내의 수분을 빼앗아 피부를 메마르게 할 소지가 충분이 있다고 보겠다.

여드름 발진의 계기

커피에는 카페인, 커피산, 크로로겐산, 탄닌, 폴리페놀, 갈색색소, 니코틴산 등의 다양한 성분이 포함되어 있다.

피부를 건조하게 만드는 요인이 커피 속 탄닌 성분 때문이라는 지적과 함께, 커피에는 폴리페놀이라는 항산화물질이 존재함에도 불구하고 커피가 피부노화의 원인 중의 하나라고 지적한다면 그것은 바로 커피성분 중 하나인 '카페인' 때문이다.

미국 뉴욕시의 피부병학자 데보라 와텐베르그(Debra Wattenberg) 박사는 "커피에 포함된 카페인은 이뇨제와 비슷해 사람 몸의 수분을 빼앗아가 피부가 건조해지고 지쳐 보이게 한다"라고 말했다.[8]

하루 커피 권장량인 3~4잔을 넘어 지나치게 많이 마시는 경우, 카페인이 탈수증을 유발한다는 것은 잘 알려진 과학적인 사실이다. 이런 일이 일어날 때, 그것은 몸 안에 독성이 축적되어 피부에 영향을 주게 된다. 전문가들은 커피를 너무 많이 마시면 피부가 조기에 주름지고 시간이 지날수록 피부의 탄력성이 떨어질 수 있다고 경고한다.[9]

그리고 우리가 마시고 싶은 음료가 라떼나 카푸치노라면, 유제품 또한 우리의 피부에 영향을 미칠 수 있다.

우유나 치즈, 버터와 같은 식품들은 체내에서 피지 분비를 돕기 때문에 모공 속 케라틴 세포와 결합하여 여드름이 생기는 원인이 되기도 한다. 그래서 여드름 피부라면 우유는 적게 마시는 게 좋다.[10]

우리는 종종 늦게까지 자지 않고 몇 시간 동안 일을 집중하기 위해 커피를 1~2잔 더 마실 경우가 있다. 이때 카페인은 우리 몸에 경각심을 느끼게 해주지만 동시에 스트레스 반응도 높인다. 스트레스 호르몬 중 하나인 코르티솔(Cortisol)은 피지선에서 분비되는 기름의 양을 급증 시켜 피부에 마찰을 일으킨다. 특히 여드름 발진의 계기가 된다.[11]

커피를 과도하게 마셔 숙면을 취하지 못하면 이 또한 피부의 적이 될 수 있다. 잠을 못 자면 스트레스 때문에 코르티솔 호르몬이 분비돼 피부가 기름기로 번들거리게 된다. 기름기는 여드름을 유발하고 그런 피부는 매력이 떨어질 수밖에 없다.[12]

커피 스크럽이 스킨케어로 인기 있는 이유

우리 대부분은 정기적으로 피부를 정돈하고 보습하지만 종종 각질 제거에 대해 잊어버리는 경향이 있다. 진실은 각질 제거가 모든 스킨케어 루틴에서 중요한 단계라는 것이다. 바디 스크럽 (Scrub)에 가장 많이 사용되는 재료 중 하나가 커피다.

커피 스크럽은 황갈색을 제거할 뿐만 아니라 빛나는 피부를 제공하고 피부 톤을 균일하게 해주는 가장 효과적인 각질 제거 스킨케어 제품 중 하나로 간주된다. 그럼 커피 스크럽이 스킨케어(skin care)로 인기 있는 이유는 무엇일까?[13]

♦ 피부를 진정시킨다

커피 스크럽은 분쇄된 커피와 소금, 설탕 및 오일을 결합하여 피부에 영양분을 공급하고 독소를 제거하는 것 외에 보습을 제공한다. 건강하고 매끄러운 피부를 얻을 수 있는 자연적 대안이 있을 때 누가 그들의 피부에 화학성분을 바르고 싶어 하겠는가?

◆ 피부의 탄력을 준다

카페인은 피부를 팽팽하게 하여 셀룰라이트(cellulite, 지방 덩어리가 아니라 몸에 쌓인 독성 물질과 수분이 정상적으로 배출되지 못하고 지방과 엉겨 붙은 일종의 피부 변성, 필자 주)를 줄인다. 눈 밑과 주변에 바르면 카페인이 붓기와 염증을 줄여주기 때문에 부은 눈의 외관을 최소화할 수 있다. 그리고 피부 표면의 칙칙한 부분의 각질을 제거해 빛나는 피부의 안색을 드러나게 한다.

◆ 안티에이징(노화 방지)

커피의 카페인 함량과 강력한 항산화제는 강력한 항염증 특성을 지닌다. 햇볕에 노출된 피부 및 염증과 홍조 및 선스팟(흑점), 잔주름과 등 피부의 노화를 부르는 초기증상에 대응한다.

◆ 피부의 순환효과 기대

몸을 마사지하는 간단한 행동만으로도 혈액이 움직이는 데 도움이 된다. 피부에 자극제 역할을 하는 카페인의 함유된 커피 스크럽은 단번에 피부에 활력을 준다.

◆ 자외선에 손상된 피부회복

커피의 항산화 성질이 잔주름과 주름 퇴치에 도움이 되는 것처럼 여름철 피부손상을 복구하는 데 도움을 준다. 염증이 있거나 민감하거나 고르지 않은 피부 톤으로 고통받는 경우 커피 스크럽은 균형 잡힌 건강을 유지하는 항산화 작용으로 피부를 진정시키는 데 도움이 될 수 있다.

커피로 만든 천연 바디 스크럽은 거칠지 않고 효과적이다. 요컨대, 커피 스크럽을 추가하면 뷰티 루틴에 크게 도움이 될 것이다. 그리고 여름철 피부 관리도 매우 쉬울 것이다.

DIY 페이스 팩

이처럼 커피는 음료로 널리 사용되지만 피부에 대한 대체 요법으로도 명성을 얻고 있다. 카페인산과 항산화제 덕분에 커피는 각질을 제거하고, 밝게 하며, 피부에 영양을 공급한다. 그것은 또한 노화의 징후를 늦춘다고 하지 않는가. 다음과 같은 DIY 페이스 팩으로 이러한 혜택을 구체화 시켜 보는 것도 좋을 것이다.[14]

♠ 내추럴 글로우(Natural glow/커피+밀크 페이스팩)

이 마스크는 카페인과 우유에 존재하는 젖산을 결합하여 피부의 각질을 제거하고 불순물을 제거한다. 그릇에 커피가루 1큰술과 생우유(1.5큰술)를 섞는다. 세안 후 얼굴과 목에 이 페이스트를 바른 후 10~15분 경과 후 찬물로 씻어 낸다.

♦ 안티에이징(Anti-aging/커피+허니 페이스마스크)

이 믹스는 천연보습 광채를 줄 뿐 아니라 주름, 건조함, 검은 반점과 같은 노화의 징후를 줄일 수 있다. 커피가루 1큰술과 꿀 1큰술을 섞는다. 동그랗게 원을 그리며 이 혼합물을 얼굴에 문지르고 20분 동안 말린 후 찬물과 가벼운 거품 세안제로 헹군다.

♦ 여드름(Acne/커피+요구르트+강황팩)

기름기가 많고 여드름이 잘 나는 피부는 이 팩의 혜택을 받을 수 있다. 강황(turmeric)의 항균 성질이 여드름과 대치하는 동안, 요구르트는 얼굴에서 과다한 오일을 빨아들여 피부에 수분을 공급하고, 커피는 모공을 제거하고 염증을 줄여준다. 요구르트 2 큰술과 분쇄커피를 강황(반 티스푼)과 함께 섞는다. 그리고 세안 후 얼굴에 바른 다음 10분 정도 경과 후 씻는다.

♦ 스크럽/얼굴스크럽(Scrub/Face scrub/올리브 오일을 첨가한 커피+흑설탕)

피부에 가혹하지 않은 스크럽, 즉 깨끗함을 원한다면 이것이 최선이다. 올리브유는 비코메도제닉성분(non-comedogenic ingredient, 모공을 막지 않음, 필자 주)이기 때문에 흑설탕, 커피와 함께 각질을 제거할 수 있다. 커피와 흑설탕을 올리브 오일에 섞는다. 이 스크럽을 얼굴에 원을 그리듯 마사지하며 바른 후 10~15분 후쯤에 씻어낸다.

아무리 바쁜 아침이라도 포기할 수 없는 커피 한 잔. 마시지 않으면 괜스레 허전하고 피곤이 몰려오는 듯한 착각마저 든다. 하지만 커피 속에 함유된 성분은 피부에 독이 될 수도, 약이 될 수도 있다.

결론은 뭐든지 적당해야 한다는 것. 하루 3잔 이상의 커피를 마신다면 카페인 하루 권장량 400㎎을 초과해 건강에 해로울 뿐 아니라 피부 속이 건조해져 노화를 가속화할 수 있다는 사실을 명심하자.[15]

06
커피의 통증완화 효과와
'리바운드 두통(rebound headache)'

- 매일 카페인을 마시는 것에 익숙한 상태에서 어느 날 단 하루라도 커피를 마시지 않는다면 바로 카페인 금단 경험을 체험하게 된다. 하루에 3잔 정도 이상이면 카페인이 편두통과 연관될 수 있다.
- 리바운드 두통(rebound headache)은 약물남용에 따른 두통 현상이다. 리바운드 두통의 위험을 증가시키는 몇 가지 요인 중 하나가 바로 거의 매일 우리가 마시는 커피, 즉 카페인이다.
- 카페인은 통증을 유발할 수도 있지만 통증을 완화하는 효과도 있다는 것은 그만큼 편두통을 유발하는 카페인의 이중적 성격을 말해 주는데, 그 이유는 카페인의 영향이 개개인 각자가 평소 얼마나 많이 그리고 자주 섭취하느냐에 달려 있기 때문이다.

커피 한 잔, 콩 한 접시, 아스피린의 공통점은 무엇일까. 바로 통증을 완화하는 진통효과가 있다는 점이다. 미국 건강정보지 프리벤션(prevention)이 신체 각 부위에 통증이 있을 때 먹으면 도움이 되는 음식들을 보도한 내용이다.[1]

통증을 줄이려면 약을 먹는 것이 가장 간편하고 쉬운 방법이

겠지만 음식 섭취는 진통제 역할을 하면서 건강한 영양분까지 섭취할 수 있다는 것이 전문가들의 설명인데, 그럼 실제 커피가 정말 두통을 치료할 수 있을까?

언젠가 커피 한 잔이 두통에 효능이 있다는 얘기를 들은 적은 있다. 사실 두통(Headaches)과 편두통(migraines)은 우리의 컨디션을 아주 엉망으로 만들어 버린다. 상비약이 없거나 당장 약국으로 갈 수 있는 상황이 아니라면, 이런 상황에서 내가 할 수 있는 일은 무엇인가? 이때 불현듯 떠오르는 생각이 커피 한 잔이다.

편두통 현상에 대한 원인

의과 대학에 재직 중인 한 신경과 전문의는, 미국에서 두통의 가장 큰 원인은 커피라고 가르쳤는데, 그 이유는 규칙적으로 커피를 마시는 대다수의 사람들이 이른 아침의 커피타임을 놓치거나, 심지어 평소보다 늦게 첫 잔을 마시는 사람들의 경우 카페인 금단현상에 따른 두통을 느낄 수 있다는 것이다.

그리고 하루에 커피를 마시는 사람들이 얼마나 많은지를 고려하면, 커피 금단현상이 두통의 가장 흔한 원인 중 하나일 가능성이 높다는 것이다.[2]

사실 미국뿐만 아니라 전 세계적으로 10억 명 이상의 사람들이 편두통을 앓고 있다고 한다. 왜 커피를 제때 못 마셔서일까?

그런데 우리 주변에서 그리고 개개인이 흔히 겪는 편두통, 그래서 쉽게 우리가 약국이나 편의점에서 진통제를 사서 복용하며 부담 없이 간단히 해결하곤 하는데, 발병의 원인에 대해서는 아직도 그 원인이 많이 가려져 있다는 게 전문가들의 소견이다.

> 우선, 두통은 뇌에서 특정 혈관이 부풀어 오를 때 발생한다. 때마침 마시는 커피에 존재하는 카페인이 혈관을 수축시키고 붓기를 감소시키면서 동시에 긴장된 부위 주변의 근육을 이완시킨다. 이것이 커피가 통증과 그 통증을 멈추게 하는 놀라운 마약 같은 치료제로 비쳐진 것이다.[3]

이와 관련하여 최근까지, 유효한 이론은 뇌주변의 혈관이 경련을 일으켜 일시적으로 혈류를 제한한다는 것이다. 그리고 나서 혈관이 열리면, 이때 밀려오는 혈류가 실제 두통을 유발한다는 것이다.

그런데 지금은 두통유발의 원인을 다르게 해석하고 있다. 이제 편두통은 뇌의 외부로 전파되는 전기활동의 파동이 염증을 유발하고 부적절한 통증 신호를 보내는 과잉반응 신경세포에 의한 것이라고 하는데, 이런 설명은 일반인으로서는 그 내용을 이해하기가 쉽지 않은 것 같다.

또 편두통은 집안 내력인 경우가 많아 유전적 요인이 중요할 수 있다. 유전적 요인에 의해서 편두통이 발생할 수도 있다는 것이다. 그리고 우리에게는 주로 '행복호르몬'으로 알려져 있는 세

로토닌(serotonin)이라는 신경전달물질의 작용과정에서 어떤 부분이 편두통을 유발하는 동기 혹은 원인이 되지 않나 추측하고 있다. 그런가 하면 카페인이 소변을 더 많이 만들어 잠재적으로 탈수를 일으킬 수 있는데 탈수로 인한 두통도 발생할 수 있다.[4]

편두통이 발생하기 쉬운 사람들이 공교롭게도 커피를 소비한 후에 더 많은 두통을 경험할 수 있지만, 그렇다고 커피 그 자체나 또 커피가 함유하고 있는 카페인이 편두통의 직접 원인으로 여겨지지 않는다는 것이 전문가들의 소견이다.

이는 커피와 같은 특정한 음식이나 음료가 편두통의 증상을 유발한다고 생각되지만, 그 원인에 대해서는, 즉 카페인 소비와 편두통 사이에는 많은 관련은 있지만 '편두통의 병리생리학은 복잡하고 아직 완전히 이해되지 않아' 확실한 규명을 위해 더 많은 추가 연구가 필요하다는 것이다.[5]

카페인 금단현상의 경험

우리가 마시는 커피 성분 카페인은 아데노신(adenosine)이라고 불리는 뇌의 화학 물질에 영향을 준다. 아데노신은 매일 아침 우리가 기상하면 함께 활동하면서 우리의 하루 동안 피로도를 차근차근 뇌에 축적하는 역할을 한다. 그러니까 하루 일정시간 지나면 우리에게 피로함을 인식 시켜 졸리게 하거나 잠을 자게 한다. 그래야 우리가 다음 날 일어나서 새로운 기분으로 출근할 수 있으니까.

그런데 우리가 마시는 카페인 분자의 구조가 아데노신과 비슷해서[6] 그런지 뇌가 착각을 일으켜 아데노신이 들어갈 자리, 즉 아데노신 수용체에 카페인이라는 이물질이 들어와도 이를 구분 못 하고 수용 결합해 버린다. 파트너가 바뀐 셈이다.

문제는 아데노신은 졸리게 하는 '안정제' 역할을 하는 데 비해, 반대로 카페인이 졸리는 것을 방지하는 '자극성' 역할을 하는, 즉 잠을 깨는 역할을 한다는 데 있다.

출근의 나날 속에 이런 상태는 계속 진행된다. 아침에 출근하면서 마시는 커피의 카페인 때문에 뇌 속의 아데노신은 결국 갈 길을, 방향을 잃어버리게 된다.

> 결국 뇌가 판단하기를 주인님이, 아니 이 '인간'이 매일 커피를 마셔서 카페인을 뇌 속으로 강제 공급해버려 아데노신이 갈 자리를 차지해 버리니, 그것도 매일…. 그러다 어느 날부터 뇌가 아데노신 분비를 중단 혹은 공급량을 줄여 버린다. 그래도 아데노신이 들어갈 자리(수용체)에 카페인 대신 들어와 채워 주니까. 그런데 아데노신 공급도 안 되는 상태에서 어느 날 커피, 즉 카페인도 공급이 안 된다고 하면 어떻게 되나? 이게 바로 '금단현상'을 경험하는 경우다.

그런데 이런 현상은 매일 마시는 단 '한 잔의 커피'로도 발생할 수 있고, 결국 우리의 몸이 카페인에 의존하는 현상을 불러일으킨다고 USC 의과대학의 신경외과 조교수 로렌 그린(Lauren Green)이 말한다.

그리고 매일 카페인을 마시는 것에 익숙한 상태에서 어느 날 단 하루라도 커피를 마시지 않는다면 바로 카페인 금단 경험을 체험하게 된다고 시나이 의과 대학의 두통 및 안면통증센터의 신경학 조교수인 로렌 R. 마운트(Lauren R. Natbony)가 조언하고 있다.[7]

직장인 강모 씨(30세)는 최근 들어 주말에 잦은 두통에 시달렸다. 평일에는 괜찮다가 주말만 되면 어김없이 두통이 찾아와 의문을 느낀 강 씨는 병원을 찾았고 의사로부터 뜻밖의 진단을 받았다. 진단명은 바로 '카페인 두통'. 평일 회사에서 하루 평균 2~3잔의 커피를 마신 것이 원인이었다.

인천 나누리병원 뇌신경센터 권예지 과장은 "커피에 들어 있는 카페인은 뇌혈관을 수축시키기 때문에 두통을 완화하는 효과가 있지만, 커피를 마시지 않아 카페인 효과가 떨어지면 수축했던 뇌혈관이 다시 확장되면서 많은 양의 혈류가 뇌로 몰리며 두통이 발생한다"라고 설명한다. 이어 "평일에 커피를 많이 마시는 직장인들이 커피 마시는 양이 줄어드는 주말만 되면 두통을 느끼는 것이 이 때문"이라는 것이다.[8]

그렇다. 금단현상은 정당한 현상이다. 실제 정신건강 전문가들이 다양한 정신병 상태를 진단하는 데 사용하는 정신장애진단 및 통계 매뉴얼의 다섯 번째 버전에 '금단 증상'이 포함되어 있다.

매뉴얼에는 카페인 섭취를 중단한 지 24시간 이내에 최소한 세 번 이상 금단 증상이 나타나거나 경험하게 된다고 밝히는데, 그 금단 증상의 현상으로는 심한 피로, 짜증, 정신적인 불안감, 그리고 끔찍한 두통을 나열하고 있다.[9]

카페인의 통증유발 측면

카페인이 두통을 완화하지만 또한 두통을 유발한다면? 카페인은 운동효과를 촉진하지만 또한 편두통을 일으킨다면?

베스 이스라엘 디코네스 메디컬 센터(Beth Israel Deaconess Medical Center)의 심혈관 역학 연구팀은 러닝 전문잡지 『러너스 월드(Runner's World)』에 "카페인은 유익하면서도 해로운 영향을 줄 수 있다"라고 말했다.[10]

미국 『의학저널(American Journal of Medicine)』에 게재된 연구에 따르면, 하루 1~2잔 정도의 커피라면 카페인이 만성 편두통 환자의 편두통으로 이어지지는 않는다고 한다. 하지만, 하루에 3잔 정도 이상이면 카페인이 편두통과 연관될 수 있는데 하루 3잔의 커피는 편두통에 걸릴 확률이 40% 더 높다는 것을 보여준다.[11]

하버드의대 수잔 버티쉬(Suzanne Bertisch) 선임수면연구자가 편두통 진단을 받은 성인 100여 명을 대상으로 일정기간 동안 카페인 섭취와 편두통의 상관관계를 비교분석한 결과, 주기적인 편두통을 가진 사람들 중에서 하루에 적어도 3잔 이상의 카페인이 함유된 음료를 마신 경우 그날이나 그다음 날에 편두통을 경험할 가능성이 아주 높았지만 그러나 하루 1~2잔의 카페인 음료만을 마신 경우에는 일반적으로 편두통과 관련이 없는 것으로 조사되었다.[12]

그래서 전문가들은 두통에 대한 '커피 한 잔'의 자의적인 처방에 따른 여러 문제가 있을 수 있음을 지적하고 있다.

우선 의료진의 조언에 따르면, 커피가 편두통을 해결하는 것처럼 보일 수도 있지만, 그것은 또한 그로 인해 상태를 악화시키는 동기로 작용할 수 있다고 한다.

통증의 강도와 카페인에 대한 당사자의 민감도에 따라, 커피가 현재 내가 겪고 있는 편두통에 대한 해결의 대안이 될 수도 있고 그렇지 않을 수도 있다는 것이다.[13]

예를 들어, 평소에 한 잔 정도의 커피를 마신 사람들에게는 2잔의 카페인이 해롭다. 마찬가지로 2잔의 커피를 마시던 사람들에게는 3잔의 카페인이 통증을 유발하는 원인이 된다. 그래서 카페인이 진통제로서 작용하는지 여부는 그들의 복용량, 빈도, 그리고 습관과 같은 것들이 역할을 한다.[14]

이제 카페인은 모든 사람에게 다르게 영향을 끼치기 때문에 고통과 편두통을 해결하는 데 도움이 되지 않을 수도 있다는 것을 기억할 필요가 있다.

커피가 실제로 어떤 사람들에게는 불안 초조감 등으로 잠을 이루는 데 지장을 주지만 어떤 사람들은 커피를 마시고도 잠을 잘 잔다. 이처럼 커피는 모든 사람들이 긴장성 두통이나 편두통을 없애는 데 다 도움이 되지 않을 수 있다.

그리고 평소에 1~2잔의 커피를 마시던 사람이 편두통을 해소한다고 갑자기 마시던 양을 넘어 몇 잔을 더 추가한다면 그 자체가 편두통 문제를 더 가중하리라는 것은 우리가 상식적으로 판단해도 이해가 될 것이다.[15]

통증완화 효과를 기대할 수 있는 경우

한편, 커피를 마시면 도움이 되는 두통도 있다. 바로 '수면두통'이다. 수면두통은 머리가 아파 잠에서 깬 뒤 다시 잠들 수 없을 정도로 통증을 느끼는 것이다.[16]

그런데 만일 이 수면두통이 카페인 금단현상으로 일어난 것이라면 이때 커피 한 잔이 우선 도움이 될 것 같다. 수면 중에 일어난 커피 금단현상의 후유증에는 진통제보다 커피 한 잔이 오히려 대안이다. 카페인을 마시면 보통 20~30분 사이 혈류를 통해 체내에 전달되기 때문에 효과가 있다.

다행히도, 대부분의 사람들에게 카페인 금단현상은 보통 카페인을 끊은 후 약 일주일 이내에 사라진다고 하니[17] 카페인 중단 시 발생하는 '금단현상'의 결과로 이어지는 수면두통의 경우 참고할 필요가 있을 것 같다.

그리고 노르웨이 수나스 재생병원 베가드 스트룀(Vegard Strøm) 교수는 성인 48명을 대상으로 사무실에서 업무 직전 커피를 마시면 컴퓨터 업무로 인한 목, 손목 등 근육의 통증이 완화되는 것으로 나타난 관찰 결과를, 비엠시 리서치노트(BMC Research Notes)에 발표했다.

보다 정확한 효과를 알기 위해서는 추가적인 연구가 필요하지만 스트룀 교수는 "연구 결과 카페인이 근육통 등 통증완화 효과가 있을 수 있다"라는 사실을 확인했다.[18]

이처럼 카페인이 편두통을 치료하는 데 도움이 될 수 있지만, 특히 일반적인 진통제처럼 편두통을 예방하는 효과적인 약으로 확립되지 않았다고 USC 의과대학의 신경외과 조교수 로렌 그린(Lauren Green)과 시나이 의과대 두통 및 안면통증센터의 신경학 조교수인 로렌 R. 마운트(Lauren R. Natbony)는 말한다.

물론 "가벼운 편두통이라면, 커피 한 잔에 반응하는 사람들이 있을 수 있지만 중증의 편두통을 가진 대부분의 사람들에게는 그렇지 않다"라고 지적한다.[19]

예를 들어, 카페인이 편두통을 완화하는 것처럼 보일지라도, 너무 많이 섭취하는 것은 추가적인 두통을 촉진시킬 수 있을 뿐이다. 그래서 매일 섭취한 카페인이 오히려 약물과다 복용 후 일어나는 두통에 기여할 수 있다. 흔히 얘기하는 '리바운드 두통'의 주기 혹은 악순환에 빠질 수 있다.

> 리바운드 두통(rebound headache, 약물남용 두통, 필자 주)은 약물남용 두통 또는 진통제 리바운드라고 하는데 통증 완화제를 지속적으로 사용하면 뇌의 통증 경로가 '재연결'되기 때문에 발생하는 것으로 추정하고 있다. 매우 흔한 사례로, 편두통의 약 50%와 모든 두통의 25%가 약물 남용과 관련이 있는 것으로 추산된다. 그리고 리바운드 두통의 위험을 증가시키는 몇 가지 요인 중 하나가 바로 거의 매일 우리가 마시는 커피, 즉 카페인이다.[20]

물론 현재 우리가 마시는 커피의 습관이 이미 카페인에 대한 내성을 넘어서 있다면 이런 커피 한 잔에 기대하는 통증완화는 기대할 수가 없을 것이다.

카페인은 통증을 유발할 수도 있지만 통증을 완화하는 효과도 있다는 것은 그만큼 편두통을 유발하는 카페인의 이중적 성격을 말해 주는데, 그 이유는 카페인의 영향이 개개인 각자가 평소 얼마나 많이 그리고 자주 섭취하느냐에 달려 있기 때문이다.[21]

그리고 편두통을 느낄 때 해당 치료제가 아닌 다른 대용의 카페인이 든 음료를 절대로 마시면 안 된다는 게 의료진의 조언이다. 이는 커피보다 상태를 더 악화시킬 수 있다고 한다.

이 음료들 중 상당수는 신경을 자극하고 현기증과 발작을 일으킬 수 있는 신경 자극제를 함유하고 있고 게다가, 그것들은 또한 많은 양의 설탕과 '빈 칼로리(Empty Calorie)'(칼로리가 높지만 영양가가 낮은 음식에서 주로 발견되는데 주로 설탕이나 버터, 알코올 등이 대표적이다, 필자 주)를 함유하고 있어 우리가 선택할 최선책이 아닐 수 있다.

오히려 주방을 뒤져 검은 후추(black pepper), 페퍼민트, 꿀과 같은 주방 재료들이 천연 의약품으로서 대체 요법이 될 수 있음을 상식적으로 알아두자.[22]

결국, 카페인과 편두통 사이의 관계는 복잡하다. 만약 여러분이 편두통을 앓아본 적이 없고 커피를 끊을 때 두통이 생기기 시작한다면, 그것은 아마도 카페인 금단 두통일 것이라고 말해도 무방하다. 하지만 카페인을 중단한 상태에서도 통증이 일주일 이상 지속된다면, 그때는 그 증상에 대해 진찰을 위한 절차를 받아야 할 것이다.[23]

07
유기농 커피와
'클린 커피(Clean Coffee)'의 기준

- 우리나라 커피 원두의 농약잔류허용기준인 '포지티브리스트시스템(PLS/ Positive List System)'은 수확 후 커피 가공 과정에서 벌레가 커피 속에 알을 깔 수가 있어, 선박으로 운송되는 도중 농약이나 살충제를 살포하는 경우에도 걸러낼 수 있는 조치로 미국이나 일본과 같은 검역수준을 유지하고 있다.
- 어느 한 커피 회사가 판매한다는 '청정커피'의 기준은 이렇다. "우리 회사의 커피는 콜롬비아의 고지대에 위치, 생산자들이 손으로 직접 고른 특산품이자 유기농으로 재배된 아라비카 커피콩으로, 해충 곰팡이 증식을 막기 위해 온도 조절식 창고에 보관된다. 이후 완벽한 미디엄 로스트로 구워내고 BPA(비스페놀A, 환경호르몬)가 없는 백에 질소 포장을 이용 신선한 커피의 향과 맛을 유지한다."
- 우리가 생존을 위해 음식물을 섭취하는 한 마이코톡신(mycotoxin, 곰팡이 독소)을 포함한 독소의 존재를 완전히 피하는 것은 불가능하다. 그런 측면에서 커피에서도 측정 가능한 수준의 마이코톡신이 발견되지만 그 수준은 건강에 어떤 위협 변수가 되지 못한다.

일전 트위터에 스타벅스 음료 안에 방부제가 들어있다고 주장하는 글이 게재된 적이 있었다. 말레이시아에 사는 익명의 한 여성이 음료를 마시다가 뭔가 입에서 씹히는 것을 느꼈다. 그는 맛이 이상하지만 견과류라고 생각하고 대수롭지 않게 넘겼다. 하지만 그는 음료를 다 마신 후 컵 바닥에 붙어있는 비닐을 발견하고 깜짝 놀랐다. 비닐의 정체는 방부제가 들어있던 작은 봉지였다.[1]

왜 커피 안에 방부제가? 사실 커피는 방부제를 연상시키는 농약이나 살충제, 즉 면, 담배와 함께 다량의 농약을 사용해야 하는 작물로 알려져 있다.[2] 그래서 그 대안으로 유기농법으로 재배한 커피에 관심이 증대되면서 커피에 남아있는 잔류농약의 확인 여부가 관심 거리로 떠오른다.[3]

실제 2003년 브라질과 콜롬비아에서 생산된 커피에서 잔류농약인 디클로르보스(dichlorvos/DDVP)가 문제가 됐던 일이 있었다.

(사)일본해사검정협회 이화학분석센터에서 분석한 결과를 보면 DDVP라는 잔류농약은 로스팅 시 200도에서 85%, 242도에는 93% 휘발되고 550도의 온도에서는 대부분 휘발되는 것으로 보고됐다. 하지만 550도 온도로 커피를 로스팅하게 되면 커피 생두가 탄화 돼 버리기 때문에 로스팅 시 드럼 내 온도를 550도까지 올려 로스팅을 한다는 것은 거의 불가능한 일이다.

일반적으로 로스팅을 할 경우 드럼 내 최고 온도가 200~250도 사이가 된다는 점을 봤을 경우 잔류농약인 DDVP가 커피 원두에도 약 7% 정도 존재할 수 있다는 가능성을 배제할 수 없기 때문에 커피 원두에 잔류농약에 의한 위험이 있는 것으로 생각할

수 있다.[4]

커피생콩에 살충제와 제초제, 살균제와 화학비료 등의 농약 사용이 급증하게 된 것은 커피의 생산량을 늘리기 위하여 전통적인 그늘재배방식을 버리고 브라질의 파젠다(fazenda)와 같은 대규모의 기계화된 농법을 사용한 것에 기인하고 있다.

세계 최대 커피생산국 중의 하나인 콜롬비아의 경우 전체 커피 생산량의 68%가 기계화 경작방식에 의해 생산되며 연간 40만 톤에 이르는 화학비료를 사용하는 것으로 알려져 있다.[5]

그런데 농약이 농사에 도입된 이후 농약의 양은 꾸준히 증가하고 있다. 전통적으로 재배된 커피 1에이커당 250파운드 이상의 살충제가 사용된다.[6]

오늘날 전 세계적으로 이용 가능한 커피의 3%만이 유기농법으로 재배되고 있는데, 이는 97%가 살충제와 다른 화학물질로 처리된다는 것을 의미한다. 커피는 주로 콜롬비아, 브라질, 에티오피아와 같은 개발도상국에서 재배되는데, 이들 중 다수는 식품에 살충제와 화학물질을 사용하는 것에 대한 규제가 거의 없다.[7]

현재 우리나라가 가장 많은 커피를 수입하고 있는 국가는 베트남을 비롯해서 브라질 콜롬비아 등 수입한 대상 국가는 총 69개국에 이른다(2019년 기준). 최근 커피류 수입 대상국가로 등장

하여 눈에 띄는 국가로는 코트디부아르, 라오스, 사이프러스와 슬로바키아 등이 이름을 올리고 있다.[8]

원래 커피나무는 해충과 질병으로부터 스스로를 보호하기 위해 커피체리와 잎에 카페인을 만들어 낸다. 커피나무의 카페인은 경쟁식물에 대한 영역싸움에서 커피나무가 유리한 상황이 되도록 도움을 주며 주변 해충으로부터 어느 정도 스스로를 방어할 수 있도록 하는 기능을 한다.[9] 그래서 농약을 사용하는 해충 방제의 필요성을 감소시킨다. 또 로스팅 과정을 거치면서 고온에서 연소되기 때문에 커피 음용에 농약과 관련된 문제는 없는 것으로 알려져 있다.

1970년대와 1980년대에 미국 FDA가 커피생콩을 대상으로 실시한 조사에서는 이와 같은 살충제 성분이 생콩에서는 빈번히 검출되었지만, 로스팅 단계를 거친 원두에서는 거의 발견되지 않았다고 한다.[10]

로스팅 과정이나, 커피나무의 이러한 자체방어 능력으로 주변의 해충과 질병으로부터 자신을 보호하여 농약 사용을 억제 시킨다고 하지만, 최근의 새로운 연구는 농약 관련 화학물질들이 녹두 커피콩 주변에 여전히 잔존하고 있음을 암시하고 있다. 커피의 농약 잔류물에 대한 우려가 커질 수밖에 없는 것이 현실이다.[11] 그럼 1인당 연간 512잔의 커피를 마시는 세계 7위의 커피수입국인[12] 지금 우리의 현실은 어떠한가?

우리의 경우 한때 커피원두의 농약잔류허용기준은 43개로 허용기준이 마련돼 있지만, 커피생두에 대한 잔류농약 기준은 따로 없이 유사작물을 기준으로 관리되고 있었다.

그동안 커피 생두에서 살충제로 쓰이는 농약인 펜프로파스린이 0.1ppm, 비펜스린이 0.03ppm, 암을 유발하는 것으로 알려진 프로시미돈이 0.1ppm 검출된 적이 있었고, 이러한 농약 성분은 미국과 일본의 경우 커피 생두에서 검출돼서는 안 되는 것으로 분류돼 있다. 하지만 국내에선 그 기준이 미흡하기 때문에 잔류농약의 위험성이 있는 커피 생두가 모두 적합 판정을 받고 시중에 유통되는 문제점이 대두되었다.[13] 그래서 미국이나 일본이라면 수입이 금지될 농약에 오염된 원두가 국내에서 얼마 전까지 수입 유통되어, 소비자들의 건강을 위협했던 것이 사실이다. 이 문제는 국회 내에서도 쟁점이 될 정도였다.

현재는 농산물 생산자의 안전한 농약 사용과 잔류농약으로부터 농산물 소비자를 보호하기 위한 제도, 즉 농약 허용물질목록 관리제도(PLS ; Positive List System)를 채택 2019년부터 전체 농산물에 적용하여 시행 중에 있다.

농약 PLS(Positive List System)는 문자 그대로 사용 가능한 농약의 목록을 의미한다. 다시 말해 작물별로 등록된 농약의 사용만을 인정하고 등록 농약 이외에는 원칙적으로 사용이 금지되는 제도이다.[14]

잔류농약기준이 없는 농약에 대해서는 '불검출 원칙'을 고수하는 미국의 '제로 톨러런스(Zero Tolerance)'제도나 잔류농약기준이 없는 농약에 대해서 사실상 불검출 기준과 동일한 0.01ppm 기준을 일률적으로 적용하고 있는 일본의 PLS제도와 사실상 같은 제도다.

수확 후 커피 가공 과정에서 벌레가 커피 속에 알을 깔 수가 있어, 선박으로 운송되는 도중 농약이나 살충제를 살포하는 경우에도 '포지티브리스트시스템'은 이런 문제까지 걸러 낼 수 있는 조치라고 볼 수 있다.[15] 그래서 그 대안으로 회자되는 것이 유기농 커피다.

하지만 유기농 커피가 활성화되려면 커피소비자들이 '클린커피'에 대한 비용을 기꺼이 지불, 생산자가 부담 없이 유기농 커피 재배에 전념할 수 있는 선 순환적 구조 혹은 그에 따른 선 자구책이 마련되어야 한다.

> 1에이커에서 농약 등을 사용하는 기존 전통방식의 농법은 485파운드의 커피를 생산하는 데 비해, 유기농 농부는 1에이커당 285파운드의 커피콩을 수확할 뿐이다.[16] 같은 면적에서 유기농 농부의 수확량은 절반에 불과하다는 것을 알 수가 있다.

사실 유기농 방식은 살충제 사용으로 인한 건강위험을 보호할 뿐 아니라 환경에도 도움 된다. 농약은 토양과 상수원에 수년간 남아 있다. 또한 유기농법은 유기농 작물에서 항산화제와 영양소를 증가시키는 것으로 나타났다. 유기농 커피의 재배방식은 많은 건강상의 이점을 담보하고 있음을 알 수가 있다.

토머스 모어가 쓴 사회 풍자 소설의 제목 『유토피아(Utopia)』는 사실 '어디에도 존재하지 않는 곳'이라는 반전의 뜻을 내포하는, 우리가 흔히 이상향(理想鄉)의 대명사로 즐겨 쓰곤 하는 친숙한 용어다. 그런데 여행사들도 추천하는 신혼부부 여행지에 이런 유토피아 후보지로 리스트를 꽉 채운다.

이런 시각에서 우리가 생각하는 '이상향'에서 재배되어 생산되는, 가장 이상적인 커피(?)라 일컫는 '클린 커피(Clean Coffee)'의 기준을, 자신들이 현재 판매하고 있다는 어느 커피 회사의 선전 카피를 통해 알아볼 수 있다.

"우리 회사의 커피는 콜롬비아의 고지대에 위치한 지속 가능한 커피 농장에서 조달된 단일 원산지제품으로, 생산자들이 손으로 직접 고른 특산품이자, 유기농으로 재배된 아라비카 커피콩이다. 해충 등 잔류물을 엄격하게 골라내고 곰팡이 증식을 막기 위해 온도 조절식 창고에 보관된다.

청정커피는 초항산화 클로로겐산과 같은 이로운 화합물을 증강시키면서 동시에 유해 화합물을 줄이는 완벽한 미디엄로스트(medium rost)로 구워내고 최종적으로 우리 회사의 모든 콩이 다른 커피 브랜드보다 200% 더 많은 산화 방지제를 함유하고 있는지 확인하기 위해 테스트를 한다. 마지막으로, 당사의 구운 클린 커피는 BPA(비스페놀A,환경호르몬, 필자 주)가 없는 재활용 가능한 백에 질소포장을 이용해 신선한 커피의 향과 맛을 유지한다."[17]

어느 커피 회사가 고객들이 찾고 있는 바로 그 '이상적인 커피'를 판매하고 있다는 선전 문구다.

그럼 내가 지금 마시고 있는 커피가 있다면 위에 소개된 '클린커피' 기준에 어느 정도 근접되어 있는가?

우리의 경우 〈먹거리 X파일〉에서 사용한 '착한커피'라는 기준으로 소개된, 브라질 동남아시아 등 원두산지에서 직접 유기농 원두를 구매하고, 매일 직접 볶아 커피를 만드는 한 카페의 경우 '클린커피'의 기준을 적용해 볼 수 있을 것 같다.

"스스로를 '원두를 판매하는 무역상'이라 소개한 주인은, 원두 산지에서 직거래를 할 뿐만 아니라 그들과 지속적인 교류를 통해 품질 좋은 원두를 공급받는다고 했다. 또 로스팅한 지 일주일이 지난 커피는 전량 폐기 처분한다."[18]

사실 우리가 음식이나 음료에 독소가 잔존하고 있다는 생각이 마음에 들지 않을 수 있다. 그럼에도 불구하고, 우리가 생존을 위해 음식물을 섭취하는 한 마이코톡신(mycotoxin, 곰팡이독소, 필자 주)을 포함한 독소는 어디에나 존재하므로 완전히 피하는 것은 불가능하다.

그런 측면에서 커피원두(로스팅된 커피와 로스팅되지 않은 커피 모두)와 이미 제품화된 커피에서 측정 가능한 수준의 마이코톡신이 발견되지만 그 수준은 안전 한계보다 훨씬 낮아 건강에 어떤 변수가 되지는 못하다는 것이 지금까지의 여러 연구 결과다.[19)]

이제 우리가 '클린커피' 혹은 '착한커피'의 기준을 인식한다 하더라도 모처럼 마시는 커피 한 잔에 이런저런 기준을 적용하면서 고민할 필요는 없을 것 같다.

욕구라는 측면에서 본다면 가장 맛있는 커피는 상대가, 남이 사주는 커피라는 어느 유명한 커피장인이 한 말을 기억한다면… 그리고 필자의 기준에서 가장 맛있는 커피는 내가 마시고 싶을 때 마시고 싶은 커피―그것은 믹스커피를 포함해서―가 가장 좋은 커피라고 생각한다.

참고문헌

제1장 커피로 하루를 여는 삶

1. 하루 중 커피를 피해야 할 시간대는?

1) 소믈리에타임즈 유성호 기자, 힘겨운 아침 기상시간, 알람과 함께 커피 내려주는 '자명종 커피머신' 눈길, 2020.01.02

2) 이무현 기자, 커피 마시기 가장 좋은 시간은?, 코메디닷컴, 2013.11.07

3) 윤미란 기자, 식사 후 바로 커피 NO, 커피 마시기 좋은 골든타임은?, 맘스매거진, 2019.05.16

4) 위키백과(ko.wikipedia.org), 참고 내용 정리

5) Davana Pilczuk, Finish Line column: Two key times to drink coffee, Savannah Morning News, Jan 23, 2020

6) 대한진단검사의학회(abtestsonline.kr), 2017.12.07

7) Donna Jones, The best time of day to drink coffee, according to science, azbigmedia.com, 13 May, 2019

8) 정단비 인턴, 커피는 '아침 10시'까지 참아라…왜?, 머니투데이, 2019.10.11

9) 조선일보 배준용 기자, [World Science] '모닝커피' 최적 타임은 기상 2시간 30분 뒤랍니다, 2018.07.14

10) Emily Petsko, Bad News: The Best Time of the Day to Drink Coffee Isn't as Soon as You Wake Up, mentalfloss.com, MAY 22, 2019

11) Emily Petsko, 위의 글

12) Dawn Jorgenson/Digital Content Editor, Love a caffeine high? Why your first cup of coffee might not be helping as much as you think, ksat.com, January 1, 2021

13) [이데일리 천승현 기자], 한국인 5명 중 2명 "커피 타임은 오후 1~5시", 2014.08.28 [스타벅스코리아는 개점 15주년을 기념해 페이스북 방문자 3만여 명을 대상으로 한 커피 소비 성향에 대해 설문한 결과]

14) 조은정 기자, [카드뉴스]모닝커피는 정말 좋을까?, hellodd.com, 2018.04.26

15)[Dispatch=이명구 기자], 커피가 가장 땡길 때는? 아침에 눈 뜰 때, 일 할 때, 식후 때, 2015.12.05 ['더치워터'는 영상설문(리서치클립)을 통해 SNS 댓글 300여개를 분석한 결과]

16) 한희준 헬스조선 기자/장서인 헬스조선 인턴기자, '모닝커피'가 당신의 건강을 해칩니다, 2018.07.11

17) Catriona Harvey-Jenner, Are you drinking your first coffee too early for the caffeine to take effect?, cosmopolitan.com, Jun 13, 2018

18) 전자신문인터넷 박민희 기자, 아침 커피, 기상 후 2시간 지나야…. '천연 각성제 성분 때문', 2018.03.24

19) Emily Petsko, Bad News: The Best Time of the Day to Drink Coffee Isn't as Soon as You Wake Up, mentalfloss.com, May 22, 2019

20) Grace Gallagher, What's The Best Time Of Day To Drink Coffee If You Don't Want The Jitters?, romper.com, Jan 2, 2020

21) 추간판, 18.인체에서 스트레스 호르몬인 코르티솔(Cortisol)의 역할은?, 음파진동이야기(m.blog.naver.com), 2015.07.13

22) MS, RV Gavin Van De Walle, When Is the Best Time to Drink Coffee?, healthline.com, May 15, 2020, 내용 참고 정리

23) 정단비 인턴, 위의 글

24) 권대익 의학전문기자, 한국인 커피, 사무직보다 육체노동자가 더 많이 마신다, 한국일보, 2020.07.07

25) 황수연 기자, "아이 안고 뜨거운 커피 안돼요" 응급실 화상환자 10명 중 3명 0~4살 영유아, [중앙일보], 2019.12.30

2. 빈속에 마시는 커피

1) 이해나 헬스조선 기자/김명주 헬스조선 인턴기자, 공복에 피해야 하는 '음식' 6, 2020.12.02, 내용 참고 정리

2) 글 구성 / 정재이, 아침에 먹으면 독이 되는 음식 6가지, plusnews.koreadaily.com, June 25, 2020, 내용 참고 정리

3) Kelsey Borresen, Is It Bad To Drink Coffee On An Empty Stomach?, huffpost.com, 2020.12.14

4) 한희준 헬스조선 기자/장서인 헬스조선 인턴기자, '모닝커피'가 당신의 건강을 해칩니다, 2018.07.11

5) 라영이 기자, "빈 속 커피 한 잔이 소화기관 망가뜨린다"(연구), 인사이트, 2016.03.09

6) [디스패치], "빈속에 커피 마시면 O가 빨리 늙게된다", 2018.10.04

7) Alina Petre, Should You Drink Coffee on an Empty Stomach? healthline.com, January 13, 2020

8) Kelsey Borresen, 위의 글

9) 문세영 기자, 빈속에 커피 마시면 안 되나요?, 코메디닷컴, 2020.12.24

10) Kelsey Borresen, 위의 글

11) Keenan Mayo, This Simple Coffee Mistake Could Be Damaging Your Body, Says New Study, eatthis.com, December 17, 2020

12) 이해나 헬스조선 기자, 매일 아침의 즐거움 모닝커피? 혈당은 '쑥' 오른다, 2020.10.05

13) Katie Hunt/CNN Digital Contact, Have that coffee after breakfast especially if you had a bad night's sleep, research suggests, ctvnews.ca, Published October 2, 2020

14) Keenan Mayo, 위의 글

3. 하루에 커피 몇 잔이 적당할까?

1) 강경남 기자, 웰빙효과 커피 하루 섭취 5잔 상한선?, 식약일보, 2020.12.03

2) Geoffrey James/Contributing editor, He Drank 47 Cups of Coffee a Day and What Happened Was Beyond Amazing, Inc.com, Sep 9, 2019

3) [네이버 지식백과] 오노레 드 발자크 [Honore de Balzac] (해외저자사전, 2014.5.), 제공처 교보문고

4) [네이버 지식백과] 발자크의 생애, 그의 성격 (랑송불문학사, 1997. 3. 20., G.랑송, P.튀프로, 정기수), 제공처 을유문화사

5) Melissa Malamut, A Brief Chat With a Guy Who Drinks 25 Cups of Coffee Per Day, grubstreet.com, MAY 19, 2020

6) 뉴스위크 제시카 피저/번역 이원기, 하루에 커피 몇 잔이 적당할까, 중앙일보, 2015.06.18

7) 류근원 기자/스포츠월드, "'스마트폰' 보다 끊기 힘든건 '커피'", 2013.04.03 [스타벅스커피 코리아가 약배전 커피 '블론드 로스트' 출시 1주년을 맞아 지난 3월 19일부터 3월 25일까지 일주일간 자사 페이스북 방문자를 대상으로 설문한 결과]

8) Melissa Malamut, 위의 글

9) 권순일 기자, 두 얼굴의 커피, 잘 마시는 방법은?, 코메디닷컴, 2013.02.17

10) 강인귀 기자, 직장인과 커피, "하루 두 잔 탕비실 커피 마신다", mt.co.kr , 2018.04.26

11) [헤럴드경제= 육성연 기자, '적당히 마셔야 좋다' 대체 몇 잔인가요?, 2015.12.30

12) 신원선 기자, 아라비카 원두 특징… 커피잔 수에 따라 파킨슨·당뇨·우울증에 효과적, 아주경제, 2014.12.29

13) 에디터 신동혁, 현대인의 동반자' 커피, 잘 마시는 방법 4, 싱글리스트, 2017.05.22 [이탈리아 바리대 신경학과 지오바니 디파지오 교수 연구팀이 581명을 대상으로 커피가 눈꺼풀떨림증에 미치는 영향을 조사한 결과, 하루

에 한두 잔 커피를 마시면 눈꺼풀떨림증 위험이 감소하는 것으로 나타났다]

14) [리얼푸드=고승희 기자], 매일 커피 한 잔 vs 네 잔, 뭐가 더 좋을까?, 2017.04.12

15) 에디터 신동혁, 위의 글

16) [리얼푸드=고승희 기자], 와인 두 잔, 커피 두 잔이 주는 효과, 2018.03.06

17) John Murphy, Can coffee save your life?, mdlinx.com, September 23, 2019

18) 박진숙 기자, 커피 많이 마시면 카페인 중독? 하루 적정량은?, 저널디, 2017.09.06

19) Samantha Lauriello, How Much Coffee Is Too Much? A New Study Has the Answer, health.co, May 13, 2019

20) Len Canter/Healthday Reporter, How much coffee is OK?, medicalxpress.com, March 5, 2019

21) [리얼푸드=육성연 기자], [coffee 체크]너무 많은 커피를 마셨다는 징후들, 2017.09.07

22) 뉴스위크 제시카 피저/번역 이원기, 하루에 커피 몇 잔이 적당할까, 중앙일보, 2015.06.18

23) 송정현 기자, 55세 미만 커피 하루 네 잔 이상이면 사망위험↑, medical-tribune.co.kr, 2013.08.22 [리우 교수는 남녀의 대규모 코호트인 Aerobics Center Longitudinal Study(ACLS) 참가자 4만 3,722명(20~87세, 남성 3만 3,900명 여성 9,827명)을 대상으로 커피 섭취량과 전체사망 및 심혈관사망의 관련성을 평가한 결과]

24) 황호림 커피칼럼니스트, 커피 마시면 기억력 좋아져…왜?, 주간동아(959호), 2014.10.20

25) Written by Alex Gray/Formative Content, Drinking coffee could help you live longer, Research Finds, ewn.co.za, 2018/08/10

26) Philippa Roxby/Health reporter, BBC News, Three cups of coffee a day 'may have health benefits', BBC News, 23 November 2017

4. 커피의 역설, 블랙커피와 그 '쓴맛'

1) [인사이트], 여자가 끌리는 남자의 '사소한' 행동 16가지, 2014.09.02

2) Nahida, Black Coffee 101: All you need to know!, healthifyme. com, October 26, 2020

3) 체질박사, 소태나무 효능과 부작용/주의사항, 냉증과열증(m.blog.naver. com), 2014.10.07

4) [한국소비자뉴스], 쓴맛의 정체, 2017.04.30

5) 한동하 한의학박사, 독이 되는 쓴맛 vs 건강을 되살리는 쓴맛, 헬스경향, 2015.09.02

6) 이슬기 객원기자, 쓴맛, 사람과 영장류를 갈라놓다, ScienceTimes, 2015.03.05

7) NetNewsLedger, Why We Shouldn't Like Coffee – But We Do, netnewsledger.com, February 11, 2019

8) 이슬기 객원기자, 위의 글

9) (서울=연합뉴스) 한성간 기자, "커피, 쓴맛은 무디게 단맛은 강하게", 2020.04.22

10) 한동하 한의학박사, 위의 글

11) 앨런프롬, 사랑 그리고 그 진실, 장말희 역, 지문사(1988), p.230

12) By Monitor, Health benefits of black coffee, kashmirmonitor. in, Published at: Jul 04, 2017 / By TNN, Health benefits of black coffee, timesofindia.indiatimes.com, Updated: Sep 1, 2020, / By Kenneth Burke/Director of Marketing, 12 Scientific Reasons Why You Should Drink Black Coffee Every Day, lifehack.org, Last Updated on February 4, 2021 / By Nahida, Black Coffee 101: All you need to know!, healthifyme.com, October 26, 2020 / By Guest Contributor, Why Coffee Is Drunk By Many Around The World, southfloridareporter.com, Jun 2, 2019, 내용 참조 정리

13) Nahida, Black Coffee 101: All you need to know!, healthifyme. com, October 26, 2020

14) 황서영 기자, [커피에 숨겨진 건강과 과학] 커피 항산화 등 질병 예방 효과 주목… 정신 건강·인지 기능에도 도움, 식품음료신문, 2019.12.03

5. 콜드브루(cold brew)와 아이스커피(핫커피+얼음)

1) [이코노믹리뷰=박자연 기자], [제3의 물결, 대한민국 커피공화국①] 새로운 커피 물결의 시작, 2019.06.20
2) 연희진 기자, 일반 커피, 콜드브루보다 건강에 좋다 (연구), 코메디닷컴, 2018.11.01
3) 아시아경제 티잼 윤재길 기자, 콜드브루와 더치커피는 같을까, 다를까?, 2017.08.04
4) 나무위키(namu.wiki)
5) 연희진 기자, 위의 글
6) By TNN, What is better: Cold coffee or hot coffee?, Times of India, Created: Jul 11, 2021
7) 연희진 기자, 위의 글
8) Report a correction or typo, Hot coffee or iced? Study says higher temp provides more health benefits, abc7news.com, Tuesday, July 16, 2019
9) Kristine Fellizar, 5 Surprising Health Benefits Of Drinking Hot Coffee Vs. Iced Coffee, bustle.com, July 3, 2019
10) 곽노필 선임기자, 뜨거운 커피, 콜드 브루보다 항산화 성분 많아, 한겨레, 2018.11.07
11) 아시아경제 티잼 윤재길 기자, 콜드브루와 더치커피는 같을까, 다를까?, 2017.08.04
12) Kristine Fellizar, 위의 글
13) Chips O'Toole, Cold Brew Coffee Has A Secret Health Benefit, According To This Personal Trainer, dmarge.com, Tuesday 26th February, 2019

14) Sarah Klein, Why Hot Coffee Might Be Healthier Than Cold Brew, health.com, November 02, 2018

15) 생활의기록소, 콜드브루(Cold Brew) 커피와 아이스커피 차이점은 무엇인가, memory-1.tistory.com, 2017.06.28

16) Erica Sweeney, Why Cold Brew And Hot Coffee Taste Different, huffpost.com, 2020.06.23

17) CTV.ca News Staff, Hot coffee warms the heart, study shows, ctvnews.ca, October 23, 2008

18) Kristine Fellizar, 위의 글

19) Chips O'Toole, 위의 글

20) 작성자 정성광, [카드뉴스] 카페인 폭탄 콜드브루, 잠 깨려다 건강도 깨뜨린다, 스냅타임, 2019.04.25

21) 작성자 정성광, 위의 글

22) 박정아 기자, [카드뉴스]부드러운 줄 알았던 콜드브루, 사실은 카페인 깡패?, 뉴스웨이, 2018.02.11

23) [아시아경제(수원)=이영규 기자], 경기도내 '더치커피' 카페인 표시 2개중 1개는 '거짓', 2016.03.30

24) [온라인 중앙일보], 시원한 아이스커피 한잔의 비밀…열량 270㎉ 밥한공기에 육박, 2013.07.05

25) 연희진 기자, 위의 글

26) 황서영 기자, 부드러운 '콜드브루' 알고보니 高카페인, 식품음료신문, 2017.08.10

27) Kristine Fellizar, 위의 글

28) 연희진 기자, 위의 글

29) 연희진 기자, 위의 글

30) 작성자 정성광, 위의 글

31) Greg Sabatino, Nitro Cold Brew Coffee from BC roaster recalled due to botulism scare, Kimberley Bulletin, Mar. 21, 2019

32) 나무위키(namu.wiki/w/보툴리누스균)

33) 신혜경 전 동원과학기술대 커피산업과 교수, [신혜경의 커피와 경제] ⑩ 생맥주처럼 시원하게 마시는 '니트로 콜드브루 커피'… 커피의 '무한 변신', 조선비즈, 2016.06.24

34) 권기정 기자, 세균 기준치 92배…부산, 비위생 커피·빵 판매업체 10곳 적발, kyunghyang.com, 2020.09.29

35) [아시아경제(수원)=이영규 기자], 위의 글

36) 아크로팬 편집국, 위생적인 더치커피, 제대로 알고 즐기기, 2014.04.04

37) [네이버 지식백과]신학수, 이복영, 백승용, 구자옥, 김창호, 김용완, 김승국, 산성 식품과 알칼리성 식품 (상위5%로 가는 화학교실2), terms.naver.com, 2008.03.31, 내용 참고 필자 재정리

38) 홈앤짐, 커피는 산성일까?! feat. 위궤양, 위경련, 과민성대장증후군, m.blog.naver.com, 2019.11.13

39) by PTI, Hot coffee has higher levels of antioxidants than cold brew, millenniumpost.in, 5 Nov 2018

40) Philadelphia Inquirer, Hot coffee might be better for health than previously thought, staradvertiser.com, February 6, 2019

41) Kristine Fellizar, 위의 글

42) Chips O'Toole, 위의 글

43) Adda Bjarnadottir, MS, RDN (Ice), Is Coffee Acidic?, healthline.com, November 6, 2019

44) 홈앤짐, 위의 글

45) Erica Sweeney, 위의 글

46) Erica Sweeney, 위의 글

47) 아시아경제 티잼 윤재길 기자, 위의 글

6. '디카페인 커피'는 안전하고 건강한 커피인가?

1) [리얼푸드=육성연 기자], [coffee 체크]부담없는 디카페인, 커피 효능도 없을까, 2017.05.31

2) 이용재 기자, 디카페인 커피도 몸에 좋을까?, 코메디닷컴, 2020.02.18

3) Amy Goodson/MS,RD,CSSD,LD, How Much Caffeine Is in Decaf Coffee?, healthline.com, Updated on September 15, 2018

4) Julia Calderone, How caffeine is stripped from coffee—and what that means for your health, businessinsider.com, October 30, 2017

5) [리얼푸드=육성연 기자], 위의 글

6) Amy Goodson/MS,RD,CSSD,LD, 위의 글

7) 김아름 한경닷컴 기자, [김아름의 왜&때문에]커피에서 카페인 빼면…디카페인의 비밀, 2017.09.10

8) Julia Calderone, 위의 글

9) 조선비즈 신혜경 전주기전대학 호텔소믈리에바리스타과 교수, [신혜경의 커피와 경제] (32) 디카페인 커피는 일반 커피와 향과 맛이 다른가?, 2017.05.05

10) 김아름 한경닷컴 기자, 위의 글

11) Julia Calderone, 위의 글

12) Julia Calderone, 위의 글

13) [문화뉴스 MHN 권성준 기자], '디카페인' 커피 정말로 카페인 없을까?, 2020.03.20

14) Scott, Why do we add sugar to coffee?, driftaway.coffee, 2016.11.10

15) 조선비즈 신혜경 전주기전대학 호텔소믈리에바리스타과 교수, 위의 글

16) [문화뉴스 MHN 권성준 기자], 위의 글

17) [리얼푸드=육성연 기자], [coffee 체크]부담없는 디카페인, 커피 효능도 없을까, 2017.05.31

18) 유희성 하이닥 건강의학기자, 위의 글

19) 조선비즈 신혜경 전주기전대학 호텔소믈리에바리스타과 교수, 위의 글

20) Amy Goodson/MS,RD,CSSD,LD, 위의 글

21) [리얼푸드=육성연 기자], 위의 글

22) [리얼푸드=육성연 기자], 위의 글

23) 조선비즈 신혜경 전주기전대학 호텔소믈리에바리스타과 교수, 위의 글

24) 장준우 셰프 겸 칼럼니스트, [장준우의 푸드 오디세이] 디카페인 커피, 거부할 수 없는 유일한 대안, 서울신문, 2020.09.17

25) Carolyn L. Todd, Turns Out Decaf Coffee Has Caffeine, Which Feels Like a Betrayal, self.com, August 29, 2019

26) 유희성 하이닥 건강의학기자, 위의 글

7. 인스턴트커피의 매력과 그 장단점

1) 이경택 기자, 커피에 크림 넣어도 항산화 효과 그대로… 대사증후군도 감소, 문화일보, 2019.07.10

2) 문성진 기자, [서울경제 休] 가장 맛있는 한국차는 '믹스커피', 2016.10.13

3) 전형주 장안대학교 식품영양과 교수, [전형주의 행복한 다이어트]커피믹스의 광고는…, 아시아경제, 2014.04.05

4) Michael Joseph, Instant Coffee: Is It Good or Bad For You?, nutritionadvance.com, August 17, 2018

5) Michael Joseph, 위의 글

6) Andrea Boldt, Is Instant Coffee Bad for Your Health?, livestrong.com, Updated July 16, 2019

7) Michael Joseph, 위의 글

8) Darwin Malicdem, Instant Coffee: The Good And The Bad, medicaldaily.com, Oct 9, 2019

9) Michael Joseph, 위의 글

10) [이데일리 이순용 기자], 커피의 유전자 보호 효과 있다, 2019.06.28

11) Michael Joseph, 위의 글

12) Michael Joseph, 위의 글

13) Andrea Boldt, 위의 글

14) [대한급식신문=김나운 기자], "커피, 대사증후군 위험 크게 줄인다", 2019.07.01

15) 이동은 기자, 커피, 대사증후군 위험 1/4 줄인다…카페인 등 항염증 효과, 식품외식경제, 2019.07.02

16) Michael Joseph, 위의 글

17) Andrea Boldt, 위의 글

18) 한상혁 기자, 외국인이 가장 좋아하는 한국 茶는 '믹스커피', 조선일보, 2016.10.10

19) Karen Hart, The Real Reason You Shouldn't Drink Instant Coffee, mashed.com, Updated : June 18, 2020

20) Michael Joseph, 위의 글

21) Karen Hart, 위의 글

22) 정유진 기자, '커피믹스'의 충격 반전…뭐길래, 디지털타임스, 2013.02.25

23) 헬스조선 편집팀, 다이어트 중 커피 당길 때, 참아야 할까? 먹어도 될까?, 2018.01.19

24) [이데일리 이순용 기자], 커피믹스 많이 마시는 중년남성, 대사증후군 위험 2배 높아, 2017.08.21 [신한대 식품조리과학부 배윤정 교수팀이 2012~2015년 국민건강영양조사 원자료를 이용해 64세 이하 성인 남녀 5872명(남 2253명·여 3619명)의 블랙커피와 커피믹스 섭취 정도에 따른 건강 영향을 분석한 결과]

25) 정유진 기자, 위의 글

26) 이환주 기자, 시판 커피믹스, 내용물 절반이 '설탕', 파이낸셜뉴스, 2014.07.09

27) by 데일리, [커피믹스의 히스토리]커피믹스는 우리나라가 세계 최초? 50년 전 탄생 비화 보니…. 1boon.kakao.com, 2020.05.15

28) 김수진 기자/우준태 헬스조선 인턴기자, 커피, 머그컵으로 마셔야 하는 이유, 2014.11.30

29) 백봉삼 기자, 종이컵에 따뜻한 커피 한잔…. 알고보니 '미세 플라스틱' 덩어리, zdnet.co.kr, 2020.12.21

30) 윤새롬 하이닥 건강의학기자, 매일 텀블러에 커피 담아 마셨더니 '납 중독'이라고?, 2019.07.09

31) 김은총 헬스조선 인턴기자, 하루에 몇 잔? 젓는 방법은? 커피 건강하게 마시는 법, 2014.02.21

32) 나재필 편집부장, 커피홀릭②, 충청투데이, 2014.11.27

33) 나무위키(namu.wiki / 달고나커피)

34) Michael Joseph, 위의 글

제2장 나의 일상적인 커피습성

1. 당 섭취의 통로 커피

1) [헤럴드경제=김성우 기자], 여름 건강 위해서(?) 커피에 설탕 넣어 드세요, 2016.07.23

2) 김민철 기자, 설탕에겐 죄가 없다. 많이 먹는 게 문제, 코메디닷컴, 2018.05.15

3) 강재헌 성균관대 의대 강북삼성병원 가정의학과 교수, [생활속의 건강이야기]단맛중독, 한경닷컴, 2020.12.27

4) 김용만 객원기자, [갬블]믹스커피, 오늘 몇 잔 마셨나요, 경남도민일보, 2017.03.23

5) 이정은 기자, 성인들 커피로 당섭취 최다… 설탕-시럽 빼고 마셔야, 동아일보, 2016.03.28

6) [박문선 기자], 음료수에 들어가는 설탕의 양…불편한 진실 '커피에 각설탕이 12개?', 한경닷컴 bnt뉴스, 2012.04.15

7) 박광식 의학전문기자, 커피제품에 당류 과다 포함, KBS, 2012.10.17

8) 강재헌 성균관대 의대 강북삼성병원 가정의학과 교수, 위의 글

9) 송혜민 기자, "커피 한 잔에 설탕 11 티스푼" …이래도 먹겠습니까?, 서울신문, 2014.01.09

10) 문세영 기자, 영양학자가 말하는 설탕을 줄이기 위해 알아야 할 5, 코메디닷컴, 2020.11.20

11) 이정은 기자, 위의 글

12) [데일리메디 박성은 기자], "흑당음료·생과일주스, 당(糖) 함량 높아 과다 섭취 주의", 2019.08.18

13) 김용만 객원기자, 위의 글

14) 김민철 기자, 위의 글

15) 성재영 기자, 커피전문점 음료 "당분 주의보", 뉴스타운, 2019.04.26

16) [서울파이낸스 김민경기자] 체인점 커피·음료 당 함유량, WHO 권고치 최대 '64%', 2012.10.16

17) Elizabeth Narins, Here's Some Bad News if You Take Your Coffee Light and Sweet, cosmopolitan.com, Feb 1, 2017

18) 강재헌 성균관대 의대 강북삼성병원 가정의학과 교수, 위의 글

19) James Leggate/FOX Business, Seasonal coffee drinks 'loaded with sugar,' survey finds, foxbusiness.com, December 5, 2019

20) [리얼푸드=육성연 기자], [coffee 체크]매일 마시는 커피, 건강하게 주문하는 방법, 2017.03.02

21) 김민철 기자, 위의 글

22) 김민철 기자, 위의 글

23) 김민철 기자, 위의 글

24) By Daily Mail Reporter, Spoonful of brain power: Drinking coffee with sugar boosts memory and attention span, dailymail.co.uk, 26 November 2010

25) 김민철 기자, 위의 글

26) 김수진 헬스조선 기자, 빨간색 컵에 담긴 커피는 달다, 2018.10.22

2. 수면의 질을 떨어뜨리는 커피

1) 김병희 객원기자, 충분히 잘 때 면역세포 활성화 확인, ScienceTimes, 2019.02.14

2) Choice Nutrition's Dr. Evan McCarvill, Sleep is VITAL… but do we really need 8 hours every day?, choicenutrition.ca, 2018.01.22

3) 김상연 한국뇌연구원 대외협력팀장, 잠자는 동안 뇌는 새롭게 태어난다, techm.kr, 2017.07.22

4) Choice Nutrition's Dr. Evan McCarvill, 위의 글

5) 진태기, '3당4락(三當四落)'이라는 말은 어디에서 왔을까…. 에디슨의 벨 연구소 사례 인용일 것으로 추정, 세상을 설명하려는 작은 실험실(m.blog. naver.com), 2017.02.08

6) Choice Nutrition's Dr. Evan McCarvill, 위의 글

7) Analysis by Bazian/Edited by NHS Website, Even afternoon coffee disrupts sleep, study finds, nhs.uk, 18 November 2013

8) [연합뉴스], "취침 6시간 전 커피도 수면 방해", 2013.11.15

9) Chelsea Ritschel/New York, International Coffee Day: The Time Of Day You Should Stop Drinking Coffee, According To Science, independent.co.uk, Tuesday 01 October 2019

10) 김영번 기자, 커피, '神들의 음료' 인가 '악마의 마약' 인가, 문화일보, 2013.11.29

11) Carolyn L. Todd, So, What's the Latest I Can Pound Coffee and Still Sleep Like a Baby?, self.com, September 5, 2019

12) 문상윤 한국커피문화협회 회장, [커피이야기] 커피와 건강 - 커피와 카페인, 대전일보, 2019.04.12

13) 노영주/좋은꿈참사랑한의원(이매점), 카페인 복용으로 인한 불면증, 무엇이 문제인가?, 하이닥, 2019.07.22

14) Carolyn L. Todd, 위의 글

15) 조은정 기자, [카드뉴스]모닝커피는 정말 좋을까?, hellodd.com, 2018.04.26

16) 김영수 객원기자, 하루 석 잔 이상 커피, 수면장애 위험 커진다, 미디어데일, 2019.10.01

17) 천혜민 기자, 자기 전 커피 한 잔, 수면에 영향 없는 것으로 알려져, 헬스인뉴스, 2019.08.08

18) CBC News, Caffeine may harm sleep 6 hours before bedtime, cbc.ca, Last Updated: November 15, 2013

19) [데일리안 = 스팟뉴스팀], 직장인 5명 중 1명, '하루에 커피 네 잔 이상' 성인 하루 권장 섭취량 훌쩍 넘은 수치, 2013.07.01

20) Choice Nutrition's Dr. Evan McCarvill, 위의 글

21) [출처/하나은행 머니토크], 부자는 하루 8시간 숙면한다! 인생을 바꾸는 수면의 힘, 매일경제, 2020.06.10

22) Choice Nutrition's Dr. Evan McCarvill, 위의 글

23) 박형주 한국뇌연구원 책임연구원(신경생물학), 4당5락? 잠자는 동안 뇌는 낮에 공부한 내용 복습한다, 한겨레, 2019.05.18

24) 박형주 한국뇌연구원 책임연구원(신경생물학), 위의 글

25) 김상연 한국뇌연구원 대외협력팀장, 잠자는 동안 뇌는 새롭게 태어난다, techm.kr, 2017.07.22

26) [출처/하나은행 머니토크], 위의 글

3. '커피냅'의 20분 효과 '냅푸치노(Nappuccino)'

1) Alice Williams, Science Says 'Coffee Naps' Are Better Than Non-Caffeinated Ones, nbcnews.com, Updated Sept. 1, 2017

2) 한동하 한의학박사, [한동하 웰빙의 역설]커피 마셔도 낮잠엔 문제 없어, 헬스경향, 2016.01.13

3) Geoff McKinnen, What is a Coffee Nap? How Long Should a Coffee Nap Be?, amerisleep.com, Last Updated On November 17th, 2020

4) 머니투데이 이슈팀 이재은 기자, "커피 마신 후 낮잠, 피로회복 탁월", 2017.04.03

5) [인사이트] 황성아 기자, 커피 마시고 15분만 쪽잠 자면 '피로' 절반으로 확 줄어든다 (연구), 2018.03.26

6) Jonathan Small/Editor in Chief of Green Entrepreneur, Here's Why You Should Drink Coffee Before You Nap, entrepreneur.com, February 10, 2021

7) 한지연 기자, 커피 마신 후 쪽잠 '커피 냅'…졸음운전에 효과?, sbs.co.kr, 2018.03.16

8) 한동하 한의학박사, 위의 글

9) 장효원 기자, 커피의 건강학, 카페인 섭취 후 낮잠… '두뇌활동 촉진', mt.co.kr , 2016.02.28.

10) 강석기 과학칼럼니스트, 저녁 커피가 생체시계 늦춘다, ScienceTimes, 2015.09.25

11) 박종익 기자, 커피 먹고 바로 20분 낮잠 '커피 냅' 아시나요?, 나우뉴스, 2014.09.02

12) Chin Moi Chow/Associate Professor of Sleep and Wellbeing, University of Sydney, Health Check: what are 'coffee naps' and can they help you power through the day?, theconversation.com, April 3, 2017

13) Sarah Stiefvater, Sweet Dreams and Caffeine: Science Says You Should Be Taking Coffee Naps, purewow.com, 03. 13, 2019

14) 박종익 기자, 위의 글

15) 머니투데이 이슈팀 이재은 기자, 위의 글

16) Written By Dna Web Team, Feeling sleepy during night shifts at work? Take a 'caffeine-nap' to stay sharp, dnaindia.com, Updated: Aug 30, 2020

17) Emily Maloney, A coffee nap? I tried it. Here's how it went for me, washingtonpost.com, May 24, 2019

18) 한동하 한의학박사, 위의 글

19) Tehrene Firman, If You're Tired, Try the "Nappuccino", wellandgood.com, March 25, 2019

4. 커피와 '블랙아웃' 음주문화

1) 바리스타 룰스, 술과 커피, 그 환상적인 조합에 대하여, baristarules.maeil.com, 2016.10.26

2) 김대욱 기자, [커피 이야기] 커피와 술 (下), 대전일보, 2015-05-08

3) Marygrace Taylor, Why You Shouldn't Drink Coffee When You're Drunk, menshealth.com, Oct 23, 2015

4) 채석원 기자, '숙취 해소하려고 커피를 마시면…' 모두의 예상을 뒤엎는 놀라운 연구 결과, 위키트리, 2019.11.27

5) Linda Shrieves, Why mixing alcohol and caffeine is so deadly, medicalxpress.com, Novermber 22, 2010

6) 정종훈 기자, 아메리카노 하루 네 잔 … 심장·간 힘들어진다, [중앙일보], 2015.02.05

7) Jennifer Lewis, Coffee Cocktails Are All The Rage, But Is Mixing Alcohol And Caffeine Actually Safe?, coffeeordie.com, January 01, 2021

8) Carolyn L. Todd, What Actually Happens When You Combine Alcohol and Caffeine?, self.com, June 29, 2018

9) Jill Seladi/Schulman, Ph.D., Is Mixing Caffeine and Alcohol Really That Bad?, healthline.com, June 27, 2019

10) Casey Twomey/Bucknell University, What Happens to Your Body When You Mix Alcohol and Caffeine, spoonuniversity.com

11) Jennifer Lewis, 위의 글

12) Linda Shrieves, 위의 글

13) Amy Nordrum, The Caffeine-Alcohol Effect, theatlantic.com, theatlantic.com, November 8, 2014

14) 장소윤 하이닥 건강의학기자, 술에 에너지음료 섞어 마시면 과음 확률 높아, 2014.07.21

15) Amy Nordrum, 위의 글

16) Larry Greenemeier, Why Are Caffeinated Alcoholic Energy Drinks Dangerous?, scientificamerican.com, on November 9, 2010

17) Jennifer Lewis, 위의 글

18) Linda Shrieves, 위의 글

19) 김선국 기자, 평소 술 많이 먹는 남성, 커피 줄여야…"염증 유발", 아주경제, 2019.04.03

20) Hannah C, Coffee May Help Alcoholics Have a Lower Risk of Liver Cirrhosis, sciencetimes.com, Sep 03, 2020

21) 박효순 기자, [영화 속 건강학]술꾼들 '블랙아웃' 그냥 두면…영원히 아웃됩니다, kyunghyang.com, 2019.11.26

22) Jennifer Lewis, 위의 글

23) Carolyn L. Todd, 위의 글

24) Jennifer Lewis, 위의 글

25) 권순재 정신건강의학과 전문의, 누구에게나 있었던 영원하지 않았던 사랑의 기억, 그 의미, 정신의학신문, 2018.05.24

26) Jill Seladi/Schulman, Ph.D., 위의 글

27) Linda Shrieves, 위의 글

5. 카페인 중독과 금단현상

1) 김영번 기자, 커피, '神들의 음료' 인가 '악마의 마약' 인가, 문화일보, 2013.11.29

2) (상주=배소영 기자), 빨간 커피 열매가 주렁주렁… 국내에도 커피 농장이?, 세계일보, 2021.03.31

3) 정종호 기자, [건강한 인생] 두 얼굴의 카페인… 하루 네 잔 이상 마시면 중독 증상, hankyung.com, 2009.08.31

4) 한동하 한의학 박사, [한동하의 웰빙의 역설]헤어날 수 없는 중독…'카페인', 경향신문, 2013.01.30

5) [메디컬투데이 강연욱 기자] 카페인 중독…짜증, 불안, 두통 등 유발할 수 있어, 2014.04.30

6) 나재필 기자, [충청로]커피홀릭①, 충청투데이, 2014.11.06

7) Catriona Harvey-Jenner, The scary thing that happens to your body when you don't have your morning coffee, cosmopolitan.com, Oct 2, 2017

8) 정종훈 기자, 아메리카노 하루 네 잔 … 심장·간 힘들어진다, [중앙일보], 2015.02.05

9) [리얼푸드=고승희 기자], 이런 증상 보인다면…나도 카페인 중독?, 2017.02.20

10) 이해나 헬스조선 기자, 커피 안 마시면 극심한 두통·피로… 나도 카페인 중독?, 2020.01.13

11) Lizzie Thomson, Study says coffee lovers don't actually like coffee, they are just addicted to caffeine, metro.co.uk, Tuesday 8 Dec 2020

12) 김소연 한경닷컴 기자, [건강!톡] 나도 카페인 중독?…커피 맛 모르고 그저 마신다, 2020.12.08

13) 하임뉴스 김소희 기자, 요즘 따라 커피를 너무 마신다, 카페인 중독일까?, 메디컬투데이 ,2013.02.19

14) Korea Times, More people get treatment for caffeine addiction, Updated : 2015.02.05

15) 정종훈 기자, 위의 글

16) 김성은 객원기자 커피 없으면 우울하고 집중 안된다? 카페인 중독 의심, MS투데이, 2020.11.17

17) [리얼푸드=고승희 기자], 위의 글

18) 한동하 한의학 박사, 위의 글

19) 이해나 헬스조선 기자, 위의 글

20) 정종훈 기자, 위의 글

21) 이해나 헬스조선 기자, 위의 글

22) 권순일 기자, 불안, 두근두근…. 카페인 중독 벗어나는 방법, rmedi.com, 2013.11.15

23) [리얼푸드=고승희 기자], 위의 글

24) 정종호 기자, 위의 글

25) AbigailL Malbon, 7 things that can happen to your body when you give up caffeine, cosmopolitan.com, Jan 10, 2019

26) [리얼푸드=고승희 기자], 위의 글

6. 흡연 시 커피를 더 많이 마시는 이유

1) 심우일(영화평론가), [특집 담배에 대하여 2] 일상의 반복과 무의미를 대하는 두 가지 방식, munhwada.net, 2015.02.25

2) Miranda Hitti, Coffee, Cigarettes a Bad Combo for the Heart, webmd.com, Nov. 1, 2004

3) [헤럴드경제=최상현 기자], 담배 필 때 커피를 같이 마시는 이유는?, 2019.02.05

4) Jessica Hamzelou, Having a cigarette may make your body crave coffee too, newscientist.com, 24 February 2017

5) Stephen Matthews For Mailonline, Revealed: Why you always want a cup of coffee after having a cigarette (and it's all to do with your genes), ailymail.co.uk, Published 1 March 2017

6) Jessica Hamzelou, 위의 글

7) Brian Krans, Why Alcohol, Nicotine Disrupt Your Sleep More Than Coffee, healthline.com, August 6, 2019

8) [Kwit], Is it a good idea to mix nicotine and caffeine?, kwit.app, November 27, 2018

9) 박태균 식품의약칼럼리스트/중앙대 의약식품대학원 겸임교수, 커피와 담배의 상관관계, huffingtonpost.kr, 2017.05.09

10) Brian Krans, 위의 글

7. 임산부가 마시는 커피 한 잔의 잠재적 위험성

1) Pregnancy Wellness, Caffeine Intake During Pregnancy, americanpregnancy.org, Last updated: July 9, 2019

2) Lauren Clark, Hero' mum-to-be embarrasses a stranger who told her not to drink Starbucks coffee by telling them 'I'm not pregnant', thesun.co.uk, 5 Aug 2019

3) 김성윤 음식전문기자, 한국을 점령한 커피, 한국인을 닮아가다, 조선일보, 2017.10.13

4) 김 용 기자, 임신부, 커피 한잔의 여유도 포기해야 하나, 코메디닷컴, 2015.02.27

5) 김정은 키즈맘 기자, 임신 중 커피 마셔도 될까?, hankyung.com, 2016.11.18

6) (서울=연합뉴스), 커피 하루 5잔이상, 인공임신 성공률 50%↓, 2012.07.04

7) 주민우 기자, 임신 때 마시는 커피 아기불면증과 무관, 헬스코리아뉴스, 2012.04.05

8) 박윤 기자, 모유수유 중일 때, 커피와 술 마셔도 되나?, 베이비뉴스, 2014.05.06

9) 권순일 기자, 임신부 커피 많이 마시면 아기 백혈병 위험↑, 코메디닷컴, 2014.08.19

10) ScienceTimes, 커피 한잔도 태아에 해롭다?…카페인, 소아비만 연관 가능성, 연합뉴스, 2018.04.25 [셍피엘 교수 연구팀은 노르웨이 공중보건 연구소(NIPH) 연구팀과 함께 지난 2002년부터 2008년 기간에 충원된 총 5만943명의 임신부를 대상으로 수행된 '노르웨이 모자(母子) 코호트 연구'에서 도출된 정보를 면밀히 분석하는 작업을 진행했는데 이중에는 출생한 소아들이 생후 6주부터 8세에 도달한 시점까지 추적조사를 지속하는 내용이 포함되어 있다]

11) 이덕규 기자, 임신 중 카페인 섭취하면 자녀 과다체중 상관성, yakup.com, 2018.05.15

12) [아시아경제 박충훈 기자], 커피 두 잔, 저체중아 출산 위험 높인다, 2013.02.19

13) Anne Harding, Caffeine in tea, coffee may be equally risky to fetus, kfgo.com, November 22, 2018

14) 이현주 헬스조선 기자/유미혜 헬스조선 인턴기자, 임신 중 커피 한 잔, 산모와 태아에게 괜찮아?, 2010.07.30

15) 〈글 = 하이닥 의학기자 황보수민 원장 (한의사)〉, 임신 초기 유산증상, 유산 위험 높이는 요인 8가지, 2017.04.03.

16) 한겨레 박종식 기자, "임신 중 하루 1~두 잔 커피는 태아 IQ에 영향 없어", 2015-11-23

17) Tessa Ogle, Is it OK to drink coffee while pregnant? We asked 5 experts, theconversation.edu.au, May 27, 2020

18) 김명주 헬스조선 인턴기자, 임신 중 커피 1~두 잔도 위험… 유산 확률 최대 '36%', 2020.08.27

19) Nicholas Bakalar, How Much Coffee Should You Drink During Pregnancy? Maybe None at All, nytimes.com, Aug. 26, 2020

20) 김주리 기자, 커피, 임산부에 '독'일까…"유산 막으려면 카페인 완전히 끊어야", wowtv.co.kr, 2019.10.14

21) Alexandra Thompson/Yahoo Style UK, No amount of coffee safe during pregnancy, scientist warns, uk.style.yahoo.com, 25 August 2020

22) Alexandra Thompson/Yahoo Style UK, 위의 글

23) WHO recommendations on antenatal care for a positive pregnancy experience, who.int, Publication date: 2016

24) 김양중 기자, 임신부, 철분 흡수 방해하는 커피·녹차 피해야, hani.co.kr, 2017.02.16

25) 하임뉴스 김소희 기자, 임신중 하루 커피 두 잔 이상 마시면 '저체중아' 낳는다, 2013.02.19

26) 김 용 기자, 위의 글

27) 온라인뉴스팀, 임산부에게 위험한 스타벅스 그란데 커피?,fnnews.com, 2013.02.08

28) 조준혁 한경닷컴 기자, 안전한 줄 알았는데…"임산부 타이레놀 복용, 아이 ADHD·자폐증↑", 2019.10.31

29) Gideon Meyerowitz-Katz, Is drinking coffee safe during your pregnancy? Get ready for some nuances, theguardian.com, Thu 17 Oct 2019

30) Alexandra Thompson/Yahoo Style UK, 위의 글

31) 이병규의 커피이야기, (23)커피와 카페인한 잔의 커피, 주의·집중력 향상… 과하면 부정적 영향, 대구신문, 2017.08.24

제3장 내가 마시는 커피효능

1. 커피의 '항산화', '대사증후군', '항염증' 효과

1) 이재성 기자, 위대한 생각 발전기, 커피를 생각한다, 한겨레, 2015.01.29

2) Niny Z. Rao & Megan Fuller, Acidity and Antioxidant Activity of Cold Brew Coffee, nature.com, 30 October 2018

3) 박수경 기자, 만병의 근원 '활성산소' vs 활성산소 잡는 '항산화제', 캔서앤서(cancer answer), 2020.08.31

4) 활성산소 줄여야 노화 늦춘다/한국보건산업진흥원(khidi.or.kr)

5) 박수경 기자, 위의 글

6) 김소형 한의학박사, [뉴시스아이즈]건강칼럼 '생활 속 한의학'-커피 속 카페인, 권장섭취량 지켜야 위험 줄어, 뉴시스, 2013.07.08

7) [이데일리 이순용 기자], 커피의 유전자 보호 효과 있다, 2019.06.28

8) 강경남 기자, 항산화 폴리페놀 숨은 보고(寶庫)는 커피?, 식약일보, 2020.09.01

9) 허택회 기자, "아메리카노 커피 한잔은 비타민C 300~500㎎ 항산화 효과", 한국일보, 2018.01.04

10) 김수진 헬스조선 기자, 인도네시아産 커피에 항산화 성분 가장 많아, 2018.03.27

11) 연희진 기자, 한국인의 음료, '믹스커피'의 반전매력, 코메디닷컴, 2019.7.15

12) [대한급식신문=이의경 기자], 카페인, 자판기 커피·커피믹스가 원두커피 1.5배, 2018.01.31 [연구 결과(국내 시판 레귤러커피와 커피 크림 첨가커피의 이화학적 특성 및 항산화력 비교)는 동아시아식생활학회의 학술지 최근호에 소개됐다]

13) Niny Z. Rao & Megan Fuller, Acidity and Antioxidant Activity of Cold Brew Coffee, nature.com, 30 October 2018

14) [abc7], Hot coffee or iced? Study says higher temp provides more health benefits, abc7news.com, July 16, 2019

15) 대사증후군, 질병관리청 국가건강정보포털(health.cdc.go.kr), 2020.08.28

16) 허다민 헬스조선 인턴기자, 대사증후군이란, '복합적 성인병', 2015.04.28

17) 이동은 기자, 커피, 대사증후군 위험 1/4 줄인다…카페인 등 항염증 효과, 식품외식경제, 2019.07.02

18) 이에스더 기자, "커피 하루 세 잔 마시면 대사증후군 막는다…믹스커피도 효과", 중앙일보, 2019.08.07.

19) [대한급식신문=김나운 기자], "커피, 대사증후군 위험 크게 줄인다", 2019.07.01

20) 연희진 기자, 위의 글

21) 이에스더 기자, 위의 글

22) 나명옥 기자, 커피 섭취가 건강에 미치는 과학적 연구 결과 "기억력·항산화 효과, 노인성 질환 예방…", 식품저널, 2019.07.04 [한국식품과학회가 6월 26~28일 인천 송도컨벤시아에서 '미래 식품과학의 새로운 패러다임'을 대주제로 국제심포지엄을 개최했다]

23) 허다민 헬스조선 인턴기자, 대사증후군이란, '복합적 성인병', 2015.04.28

24) 염증/나무위키(namu.wik)

25) Rachel Becker, Caffeine may be able to block inflammation, new research says, theverge.com, Jan 16, 2017

26) Nikki Hancocks, Study: Coffee provides very limited anti-in-flammatory benefits, nutraingredients.com, 05-Aug-2020

27) 최진일 기자, 커피의 항염증 효과는 검증되지 않았다, 미디어데일, 2019.09.02

28) [대한급식신문=김나운 기자], 녹차 자주 마시는 남성, 염증 지표 크게 낮아, 2019.05.07

2. 운동 전 마시는 커피 한 잔의 놀라운 효능

1) 김련옥 헬스조선 기자, 운동 30분 전 아메리카노 한 잔의 비밀, 2015.07.10

2) [헤럴드경제=손미정 기자], 운동 전 마시는 '커피'는 약이다?, 2016.07.06

3) 고용석 기자, 카페인의 힘… 운동전 커피 한잔이 근육향상에 도움, sports-worldi.com, 2014.07.03

4) 백우진 기자, [짜장뉴스]커피가 힘 키운다…한때 올림픽서 금지, asiae.co.kr, 2015.07

5) 〈의사신문〉, 운동 전 커피 마시면 평소보다 칼로리 소모량 늘려, 2015.06.15

6) 이강봉 객원기자, 운동 전 커피, 득일까 실일까, ScienceTimes, 2018.02.27

7) 〈의사신문〉, 위의 글

8) 조현욱 기자, 헬스클럽 가기 전에 커피 마셔야 하는 이유, 코메디닷컴, 2011.12.15

9) 죠셉 메르콜라, 운동 전 커피를 마시면 좋은 5가지 이유, epochtimes, 2015.08.12

10) 〈의사신문〉, 위의 글

11) 백우진 기자, 위의 글

12) 고용석 기자, 위의 글

13) 이강봉 객원기자, 위의 글

14) [데일리포스트=최율리아나 기자], "카페인의 놀라운 효과"….커피 마시면 운동능력 향상, 2019.04.30

15) 문세영 기자, 운동 전 커피 1~두 잔, 운동능력이 쑥↑, 코메디닷컴, 2015.07.09

16) Connor Robertson, The Benefits of Drinking Coffee for Swimmers, swimmingworldmagazine.com, 17 August 2020,

17) 이동휘 기자, "다리 피로하면 눈도 느려진다…치료약은 커피 한 잔", 조선일보, 2016.05.26

18) By Darla Leal Reviewed by Jonathan Valdez, RDN, CDE, CPT, 6 Ways Coffee Can Enhance Your Athletic Performance, verywellfit.com, Updated on September 28, 2020

19) 문세영 기자, 위의 글

20) 〈의사신문〉, 위의 글

21) By-Timesofindia.com, Here's how drinking coffee can improve sports performance: Study, timesofindia.indiatimes.com, Created: Oct 30, 2019

22) 조현욱 기자, 위의 글

23) 이강봉 객원기자, 위의 글

24) [헤럴드경제=손미정 기자], 위의 글

25) By Darla Leal Reviewed by Jonathan Valdez, RDN, CDE, CPT, 위의 글

26) 죠셉 메르콜라, 운동 전 커피를 마시면 좋은 5가지 이유, epochtimes, 2015.08.12

27) 〈연합뉴스〉, "운동 전 커피 한잔, 운동 능력 향상에 도움", 2016-05-31

28) By Darla Leal Reviewed by Jonathan Valdez, RDN, CDE, CPT, 위의 글

29) Connor Robertson, 위의 글

30) 죠셉 메르콜라, 위의 글

31) 〈의사신문〉, 위의 글

32) [리얼푸드=고승희 기자], 커피 마신 후 운동하면?, 2017.11.06

33) [헤럴드경제=손미정 기자], 위의 글

34) Sarah Stiefvater, Is Drinking Coffee Before a Workout a Good or Terrible Idea?, purewow.com, 2020,.19

35) 죠셉 메르콜라, 위의 글

36) 권순일 기자, 커피 마시고 운동하면 근육통 줄어들어(연구), 코메디닷컴, 2019.06.09

37) 〈의사신문〉, 위의 글

38) 조현욱 기자, 카페인 섭취, 노인의 근력도 키워준다, 코메디닷컴, 2012.06.30

39) [리얼푸드=고승희 기자], 위의 글

40) Sarah Stiefvater, 위의 글

41) 문세영 기자, 운동 전 커피를 마시면 좋은 이유 5가지, 코메디닷컴, 2014.06.24

42) 고용석 기자, 위의 글

43) By Darla Leal Reviewed by Jonathan Valdez, RDN, CDE, CPT, 위의 글

44) 권순일 기자, 운동 전 커피 마시면 천식 증세 크게 줄어, 코메디닷컴, 2013.10.06

45) 문세영 기자, 운동 전 커피 1~두 잔, 운동능력이 쑥↑, 코메디닷컴, 2015.07.09.

46) Connor Robertson, 위의 글

47) 김련옥 헬스조선 기자, 운동 30분 전 아메리카노 한 잔의 비밀, 2015.07.10

48) Sarah Stiefvater, 위의 글

49) [리얼푸드=고승희 기자], 위의 글

50) 〈연합뉴스〉, 위의 글

51) 백우진 기자, 위의 글

52) 이강봉 객원기자, 위의 글

53) 〈의사신문〉, 위의 글

54) 백우진 기자, 위의 글

55) [데일리포스트=최율리아나 기자], 위의 글

56) 이동휘 기자, "다리 피로하면 눈도 느려진다…치료약은 커피 한 잔", 조선일보, 2016.05.26

57) [리얼푸드=고승희 기자],위의 글

58) 김련옥 헬스조선 기자, 위의 글

59) 고용석 기자, 위의 글

60) 〈연합뉴스〉, 위의 글

61) 이병규의 커피이야기, (23)커피와 카페인한 잔의 커피, 주의·집중력 향상…과하면 부정적 영향, 대구신문, 2017.08.24

62) 이강봉 객원기자, 위의 글

63) 곽노필 선임기자, 운동 30분 전 커피, 체지방 연소율 높여준다, 한겨레, 2021.02.22

3. 커피가 주는 각성효과와 집중력

1) 임정섭 대표, [365 글쓰기 훈련]〈739〉필사-커피 혁명, 북데일리, 2013.11.05

2) [이슈팀 정소라기자], '커피와 부엉이'…"커피 마신 부엉이?", [머니투데이], 2013.05.08

3) 조은정 기자, [카드뉴스]모닝커피는 정말 좋을까?, hellodd.com, 2018.04.26

4) 이병규의 커피이야기, (23)커피와 카페인한 잔의 커피, 주의·집중력 향상…과하면 부정적 영향, 대구신문, 2017.08.24

5) 조은정 기자, [카드뉴스]모닝커피는 정말 좋을까?, hellodd.com, 2018.04.26

6) 정세진 기자, 커피의 각성효과는 착각일 뿐인가?, 코메디닷컴, 2010.06.03

7) 이병규의 커피이야기, 위의 글

8) (서울=연합뉴스) 한기천 기자, 아침이 힘든 '저녁형 인간', 습관만 바꿔도 나아진다, 2019.06.10

9) [미주한국일보], '아침형 인간' '저녁형 인간', 2020.12.17

10) 온라인뉴스팀 기자, 올빼미형 인간은 커피 많이 마셔도 잘 자, 이투데이, 2012.03.02 [조사는 50명의 대학생을 대상으로 일주일간 카페인 섭취량과 취침, 기상 시간을 묻는 방식으로 진행됐다. 잠이 든 후 움직임을 모니터하는 장치를 손목에 달고 체내의 카페인 함유량을 꾸준히 체크했다]

11) 박종익 기자, "커피, 3일 연속 수면부족인 사람에게는 효과 없다",서울신문, 2016.06.15 [하루 수면시간을 5시간으로 제한하고 매일 200㎎의 카페인이 함유된 커피 두 잔 혹은 플라시보 약(가짜 약)을 주고 대표적인 피로도 측정 방법인 PVT(Psychomotor Vigilance Task)로 이를 측정했다]

12) Krisann Chasarik, Just thinking about coffee can give you a boost says researchers, abc13.com, April 3rd, 2019

13) NDTV Food Looking At Coffee Reminders May Stimulate Your Brain: Study, food.ndtv.com, Updated:April 01, 2019

14) Jeremiah Rodriguez/CTVNews.ca Staff, You can feel a coffee buzz without actually drinking it: study, CTVNews, Last Updated Wednesday, April 17, 2019

15) 김문수 기자, 머리로 마시는 커피? 생각만 해도 잠 깬다, UPI.com, 2019.04.03

16) 이병규의 커피이야기, 위의 글

17) 권대익 의학전문기자, 한국인 커피, 사무직보다 육체 노동자가 더 많이 마신다, 한국일보, 2020.07.07

18) 이용재 기자, 커피, 집중력 높이지만 창의력과 무관 (연구), 코메디닷컴, 2020.03.12

19) Natasha Kumaron, Scientists have proven benefit of drinking coffee before making a decision, thetimeshub.in , May 30, 2020

20) 김윤정/하이닥 건강의학기자, 커피 한 잔, 집중력과 문제해결능력 높여, 2020-03-10 [카페인 섭취가 작업수행능력에 어떤 영향을 미치는지 파악하기 위해 실험 참가자 80여명에게 200㎎의 카페인이 함유된 알약과 진한 커피, 위약(플라시보) 중 하나를 제공했다]

21) 손인규 기자, 커피, 여자 기억력 높이나 남자엔 역효과, 코메디닷컴, 2011.02.05

22) 이무현 기자, '아침 커피' 마시면 일할 의욕 떨어진다고?, 코메디닷컴, 2012.03.29, 내용 참고정리 [연구팀은 생쥐들을 관찰한 결과 많은 일, 많은 보상을 기대하는 부지런한 쥐들과 적게 일하고 적은 보상으로 만족하는 게 으른 쥐들로 나뉜다는 것을 발견했는데, 사람들도 처음부터 어떤 이는 최소한의 일로 얻는 보상에 만족하기 때문에 아침에 마시는 커피 한잔이 일할 동기까지 바꾸는 것은 아니라는 것이다.]

23) 우아영 기자, 공부 끝나면 커피 마셔!, 동아사이언스, 2014.02.06 [평소 커피 등 카페인이 든 음료를 마시지 않는 사람 160명을 선정 후, 실험 참가자들에게 여러 장의 비슷한 그림을 본 후 각 그림을 구별하는 테스트를 실시했다. 5분 뒤, 한 그룹에게는 카페인 200㎎이 든 알약을 먹게 하고 다른 그룹에게는 가짜 알약을 줬다. 카페인 200㎎은 블랙커피 한 잔에 해당하는 양이다. 24시간이 지난 뒤, 전날과 같은 테스트를 진행했다. 많은 연구에 따르면 '24시간'은 한번 외운 것을 잊어버리기에 충분히 긴 시간이다. 그 결과, 카페인 알약을 먹은 그룹이 가짜 알약을 먹은 그룹보다 더 정확하게 그림을 구별하는 것으로 나타났다]

24) 임동욱 객원기자, 멀티태스킹 강자? 대부분 거짓말, ScienceTimes, 2013.02.14

4. 커피의 금단현상 '번아웃'

1) Elizabeth Hanes/BSN/RN, 'Can I Drink Coffee While Fasting?'coffee, blogs.webmd.com, July 06, 2020

2) Refinery29/Contributor, I Gave Up Coffee For A Month -- And Here's What Happened, huffpost.com, Updated December 6, 2017

3) 이해나 헬스조선 기자, 커피 안 마시면 극심한 두통·피로… 나도 카페인 중독?, 2020.01.13

4) 권은중 기자, 내 기사는 내가 아니라 커피가 쓴 거였구나, 한겨레, 2017.02.05

5) Mitch Albom/Detroit Free Press, Mitch Albom: I broke up with coffee. Cool beans no more, freep.com, Aug. 11, 2019, 내용 참고정리

6) Julia Naftulin, Here's What Happened When a Coffee Addict Gave It Up for a Week, health.com, March 28, 2018, 내용 참고정리

7) 권은중 기자, 위의 글

8) 권은중 기자, 위의 글

9) 권은중 기자, 위의 글

10) Brynn Mannino, I Gave Up Coffee For A Week. Here's Why I Won't Be Going Back, huffpost.com, 2016.01.23, 내용 참고정리

11) 이해나 헬스조선 기자, 커피 안 마시면 극심한 두통·피로… 나도 카페인 중독?, 2020.01.13

12) 권예진/하이닥 건강의학기자, 카페인을 끊으면 생기는 변화 5, 2020.05.22

13) 남형도 기자, [남기자의 체헐리즘]커피, 1년간 끊어봤다, 머니투데이, 2018.08.11

14) Refinery29/Contributor, 위의 글

15) 남형도 기자, 위의 글

5. '커피'는 다이어트에 효과가 있을까?

1) 정아람 기자, 유튜브 할매 박막례 "인생 안 끝났어, 희망 버렸으면 주워", 중앙일보, 2019.05.30

2) 〈자료제공/청정선한의원〉, 커피/다이어트에 도움이 될까 … 순수한 원두커피에 해당, 소방방재신문, 2013.01.25

3) 낸시 에프코트, 미(美), 이기문 역, 살림(2000), p.13

4) 김용 기자, 식후 커피 한 잔, 소화 돕고 다이어트 효과도, kormedi.com, 2015.08.25

5) 민태원 기자, 커피 다이어트? 블랙커피만 효과…"하루 세 잔 이내 적당", 국민일보, 2018.07.02

6) Shaloo Tiwari Coffee and Weight Loss: How Can the Beverage Help You Burn Fat and Healthy Ways to Make the Perfect Cuppa, latestly.com, Feb 18, 2019

7) 헬스조선 편집팀, 다이어트 중 커피 당길 때, 참아야 할까? 먹어도 될까?, 2018.01.19

8) Alan Mozes/HealthDay Reporter, Could Your Morning Coffee Be a Weight-Loss Tool?, webmd.com, Jan. 13, 2020

9) 김용 기자, 위의 글

10) Abby Moore/mbg Editorial Assistant, More Than 2 Cups Of Coffee Per Day May Lower Body Fat In Women, mindbodygreen.com, May 14, 2020

11) Jasper Hamill, Strong coffee could help 'offset health risks' of diet rich in fats and sugar, metro.co.uk, Monday 23 Dec 2019, 내용 참고정리

12) 홍예지 기자, 하루 커피 네 잔, 체중 증가 막는다?, 파이낸셜뉴스, 2019.12.30

13) 편지수 기자, 고지방 커피, 다이어트에 도움 되는 이유? "체지방 축적 막아", 경인일보, 2019.05.08

14) Jillian Kubala, MS, RD, Does Butter Coffee Have Health Benefits?, Healthline, November 11, 2019

15) [리얼푸드=고승희 기자], 커피에 코코넛오일을 넣으면?, 2019.04.15

16) (서울=뉴스1), 美 '커피 다이어트' 열풍…의학계, 영양결핍 위험 경고, 2016.01.31

17) [리얼푸드=고승희 기자], 위의 글

18) 김서연 기자, 커피를 마시면 살이 빠진다? 방탄커피 다이어트 효과적으로 하자!, 공감신문, 2019.02.25

19) Subin Kim, 방탄커피에 대해 잘 알려지지 않은 6가지 사실, BLOG(-subin.kim) Post date 2017.12.06

20) (서울=뉴스1), 美 '커피 다이어트' 열풍…의학계, 영양결핍 위험 경고, 2016.01.31

21) (서울=뉴스1), 위의 글

22) Ryan Raman, MS, RD, Should You Drink Coffee With Coconut Oil?, ecowatch.com, Apr. 28, 2019, 내용 참고정리

23) 티탄, 방탄커피 다이어트 & 저탄고지 식단 알아보기!, m.post.naver.com, 2019.06.04, 내용 참고정리

24) [헤럴드경제=이유정 기자], 지방은 죄가 없다?…'저탄고지' 식단이 온다, 2019.07.25

25) 닥터밀로, 저탄고지 VS 키토제닉 무엇이 다를까요?, meallo.co.kr

26) [헤럴드경제=이유정 기자], 위의 글

27) 김수진 헬스조선 기자, 커피에 달콤한 간식 즐기다… 영양 불균형 온다, 2019.06.04

28) 김영선 기자, '저탄고지' 다이어트라는 '방탄커피' 장기 섭취하면 건강 위협, 국민일보 2019.08.07

29) 김영선 기자, 위의 글

30) [스포츠투데이 여수정 기자], 박주희, 몸매 유지 비결 공개 "음식마다 커피 생두 가루 첨가", 2016.07.12

31) 이덕규 기자, 커피원두, 날로 먹으려 하네! 살 빠지니까…., yakup.com, 2012.03.30 [연구팀은 22~26세 사이의 과다체중자 또는 비만환자 16명을 피험자로 충원한 뒤 22주 동안 생커피원두 추출물 또는 위약(僞藥)을 함유한 캡슐제를 매일 섭취토록 하는 방식의 연구를 진행했다. 22주의 시험기간 동안 피험자들은 평균적으로 17파운드의 체중을 감량하는데 성공한 것으로 분석됐다. 즉, 체중이 평균 10.5% 감소, 체지방 또한 16% 줄어들었음을 확인했다]

32) Katie Hunt, CNN, Could coffee help you lose weight? New research suggests a fat-busting effect, edition.cnn.com, June 24, 2019, 내용 참고정리

33) 강경훈 헬스조선 기자, 운동 1시간 전 마신 커피, 다이어트 효과 높인다, 카페인/지방 분해 촉진시켜, 2014.02.05

34) Lifehacker, Can Drinking Coffee Help You Lose Weight?, lifehacker.com.au, November 20, 2020

35) 스포츠조선닷컴, '6kg 감량' 송가연, 2주 변신 비법은? '존 다이어트-커피물 다이어트' 전격공개, 2014.08.14

36) 한아름 기자, 커피가 다이어트에 도움될까, 머니투데이, 2019.10.07

37) [이데일리 이순용 기자], 믹스 커피든 블랙커피든 많이 마시는 사람 '비만위험" 높아, 2019.01.04 [한국식품커뮤니케이션포럼에 따르면 서울의료원 가정의학과 이수형 박사팀이 2013~2015년 국민건강영양조사에 참여한 19세 이상 성인 남녀 8,659명을 대상으로 커피 섭취 빈도와 비만의 연관성을 분석한 결과]

38) 김 용 기자, 위의 글

39) 강영수 기자, "한국여성, 하루 커피 세 잔 이상 마시면 비만위험도 1.6배 상승", 조선일보, 2017.05.16 [한림대춘천성심병원 가정의학과 김정현·박용순 교수팀은 국민건강영양조사(2009~2010년)에 참여한 40세 이상 6906명(남 2833명, 여 4073명)을 대상으로 하루 커피 섭취량이 비만, 내장비만, 근감소증에 미치는 영향을 조사한 결과]

40) 헬스조선 편집팀, 위의 글

41) 민태원 기자, 위의 글

42) 한아름 기자, 위의 글

43) [헤럴드경제=이유정 기자], 위의 글

44) 이대인 기자, "다이어트 커피 식약처 카페인 표시기준이 불명확", 포커스경제, 2019.10.07

45) Alan Mozes/HealthDay Reporter, 위의 글

6. 나의 커피포트는 젊음의 샘 / '수명연장'

1) 정은지 기자, "커피도 적당히만 마시면 장수식품", 코메디닷컴, 2008.10.19

2) Kristine Fellizar, 5 Surprising Health Benefits Of Drinking Hot Coffee Vs. Iced Coffee, bustle.com, July 3, 2019

3) 강석기 과학칼럼니스트, 맛이 좋은 커피, 몸에 좋은 커피, 동아사이언스, 2013.04.01

4) Alex R. Holmes, Two cups of coffee a day could 'make you live two years longer' Comment, metro.co.uk, Monday 13 May 2019

5) [리얼푸드=고승희 기자], 커피 마시면 오래 산다?, 2017.09.04

6) 윤태희 기자, 커피가 장수의 열쇠? 심장질환·고혈압 위험↓(연구), 서울신문, 2017.01.17

7) Purity Coffee, Japanese Study Concludes Drinking Coffee Can Lead To A Longer, Healthier Life, MAY 28, 2019

8) 연합뉴스, 美연구팀 "커피 마시는 사람이 더 오래 산다", ScienceTimes, 2018.07.04

9) 윤성륜 기자, "커피 마시는 사람, 안 마시는 사람보다 오래 산다", wikitree.co.kr, 2019.10.02

10) 나명옥 기자, 커피 섭취가 건강에 미치는 과학적 연구 결과 "기억력·항산화 효과, 노인성 질환 예방…", 식품저널, 2019.07.04 [한국식품과학회는 6월 26~28일 인천 송도컨벤시아에서 '미래 식품과학의 새로운 패러다임'을 대주제로 국제심포지엄을 개최]

11) Voa, Fresh Grounds for Coffee: Study Shows It May Boost Longevity, voanews.com, July 02, 2018

12) Steven Reinberg, Can Coffee Extend Your Life?,thejewishvoice.com, 07/11/2018

13) ANI, Drinking coffee leads to a longer life, finds study, asianage.com, Updated : Oct 18, 2018

14) ANI, 위의 글

15) Kron, Coffee, alcohol could help you live longer, study says, wwlp.com, Updated: Dec 26, 2018

7. 슈퍼푸드 '섹스커피(Sex Coffee)'의 존재

1) [coffeetv], 커피男, 드립男의 시대가 왔다?, 2016.03.12 [멜리타 재팬(Melita Japan)이 최근 500명의 여성을 대상으로 '커피와 남성의 관계'라는 주제로 설문조사 결과]

2) [헤럴드경제=육성연 기자, [coffee 체크] 커피 든 남자, 왜 더 섹시할까, 2015.03.18

3) 김호일 선임기자, '커피 한잔이 섹스에 미치는 영향' 커피 한잔…특별해지는 그녀의 오후, busan.com, 2014.06.26

4) 봉성창 기자, 하루 2~세 잔 커피 "남자에게 참 좋은데…", 씨넷코리아, 2015.05.21

5) By HT Correspondent/IANS, New York, Two-three cups of coffee a day can boost your sex life, hindustantimes.com, Updated On May 21, 2015

6) [LA중앙일보], [건강이야기] 남성 성기능 개선에 커피가 도움, 2016.08.15

7) Written by Amanda Arnold, On Men, Coffee and Sex, playboy.com, Apr 11, 2018

8) Author Brooke Lark, How To Make Sex Coffee (Yes, It's A Real Thing), yourtango.com, 2020.03.18

9) Author George Harris, Does Coffee Have Any Effect On Sex Drive?, brewabilitylab.com, April 17, 2019 / By Kat George, 7 Reasons Coffee Drinkers Are Better In Bed, bustle.com, July 21, 2015 / Vadika, Men, have some coffee before having sex, misters.in, 3 Feb 2020, 내용 참고정리

10) 심봉석 이대목동병원 비뇨기과 교수, [재미있는 비뇨기 이야기] 커피와 섹스, 한국일보, 2016.04.04

제4장 커피와 함께하는 건강변수들

1. 커피의 이뇨작용에 따른 '탈수현상'의 진실

1) [리얼푸드=고승희 기자], 커피로 수분을 보충할 수 있을까?, 2017.09.14

2) 송혜민 기자, 우리가 오해한 '커피의 진실'…"수분보충에 도움", 서울신문, 2014.01.10

3) By Korin Miller, Is Coffee Actually Dehydrating?, self.com, March 6, 2019

4) [헤럴드경제=육성연 기자], [coffee 체크]커피 마시면 왜 화장실을 가는 걸까?, 2016.12.30

5) By Korin Miller, 위의 글

6) 김병석 기자, 커피 카페인은 탈수와 변비를 부른다, 사이언스모니터, 2019.04.01

7) Written by Ryan Raman, MS, RD, Does Coffee Dehydrate You?, healthline.com, December 11, 2019

8) By Ilin Mathew, Drinking Too Much Coffee Can Lead To Dehydration, ibtimes.com, 2019.07.01

9) By Korin Miller, Is Coffee Actually Dehydrating?, self.com, March 6, 2019

10) 송혜민 기자, 우리가 오해한 '커피의 진실'…"수분보충에 도움", 서울신문, 2014.01.10

11) By Ilin Mathew, Drinking Too Much Coffee Can Lead To Dehydration, ibtimes.com, 07/01/19

12) Written by Ryan Raman, MS, RD, Does Coffee Dehydrate You?, healthline.com, December 11, 2019

13) Written by Ryan Raman, 위의 글

14) By Korin Miller, 위의 글

15) 한희준 헬스조선 기자, 커피 마셨는데도 피로한 이유, 2019.03.15.

16) [리얼푸드=고승희 기자], 위의 글

17) Written by Ryan Raman, 위의 글

18) 한희준 헬스조선 기자/장서인 헬스조선 인턴기자, '모닝커피'가 당신의 건강을 해칩니다, 2018.07.11

19) By Korin Miller, 위의 글

2. 치아건강과 '커피의 숨결(coffee breath/입 냄새)'

1) 나무위키(namu.wiki/라라랜드)

2) Written by Summer Fanous, Does Coffee Stain Your Teeth?, healthline.com, Updated on March 8, 2019

3) 헬스조선 편집팀, 커피, '이곳' 생각한다면 10분 안에 마셔야, 2013.03.25

4) By Spirit Dental, How Coffee Affects Your Dental Health, spirit-dental.com, February 22, 2017

5) 위키백과(ko.wikipedia.org/wiki/법랑질)

6) By Spirit Dental, 위의 글

7) Overview, How Acidic Drinks Affect Your Teeth, colgate.com

8) Chris Barnard, Are Coffee & Tea Good For Your Teeth?, dental-patientnews.com, Jun 18, 2018

9) Overview, 위의 글

10) Dr. Melissa Huang, GOOD NEWS! COFFEE ISN'T BAD FOR YOUR TEETH, whitehorsedental.com.au, Oct 10.2020

11) Dr. Melissa Huang, 위의 글

12) Overview, 위의 글

13) Written by Summer Fanous, Does Coffee Stain Your Teeth?, healthline.com, Updated on March 8, 2019 / Dr. Melissa Huang, Good News! Coffee 'Isn't Bad For Your Teeth, whitehorsedental.com.au, Oct 10.2020 / Dental Tips, Teeth and Coffee – We Lay Down the Facts, umino.co.nz, 16 September, 2019 / By: Spirit

Dental, How Coffee Affects Your Dental Health, spiritdental.com, February 22, 2017 / Overview, How Acidic Drinks Affect Your Teeth, colgate.com / 헬스조선 편집팀, 커피, '이곳' 생각한다면 10분 안에 마셔야, 2013.03.25. 내용 참고 정리

14) Written by Summer Fanous, 위의 글

15) 헬스조선 편집팀, 커피, '이곳' 생각한다면 10분 안에 마셔야, 2013.03.25

16) 김태헌 기자, "친구와 수다 떨며 모닝커피 가장 많이 즐겨요", 이투데이, 2014.05.27 [국내 시판 중인 7대 커피 브랜드에 대한 빅데이터 분석 결과]

17) By Spirit Dental, 위의 글

18) Dental Tips, Teeth and Coffee – We Lay Down the Facts, umino. co.nz, 16 September, 2019

19) Dental Tips, 위의 글

20) [글로벌경제신문 이재승 기자], 커피 자주 마시면, 치아상실 위험 증가하는 이유, 2020.01.28

21) 권순일 기자, 진한 블랙커피 살균 효과…. 충치 막아준다, 코메디닷컴, 2014.06.12

22) 헬스조선 편집팀, 커피 영양표시 의무화, 블랙커피는 충치도 없앤다는데…., 2014.10.22

23) Chris Barnard, Are Coffee & Tea Good For Your Teeth?, dental-patientnews.com, Jun 18, 2018

24) By: Spirit Dental, 위의 글

25) Overview, 위의 글

26) 헬스조선 편집팀, 커피, '이곳' 생각한다면 10분 안에 마셔야, 2013.03.25

27) 연합뉴스, "커피 매일 한잔 이상 마시면 치아상실 위험 1.7배 높아", 2018.02.18 [사이언티픽 리포트 온라인 판에 게재된 박준범(서울성모병원 치주과)·송인석(고려대 안암병원)교수와 한경도(가톨릭의대)박사 공동연구팀이 국민건강영양조사에 참여한 성인 7천299명을 대상으로 평소 커피 섭취량과 치아상실의 상관관계를 분석한 결과]

3. 커피와 눈 건강

1) 김 용 기자, 진한 커피 세 잔 이상, 안압 상승…. 녹내장 위험, 코메디닷컴, 2015.08.03 ['대한안과학회지'에 소개된 (젊은 연령층에서의 에너지 음료 섭취와 안압과의 상관관계)에 대한 연구논문]

2) 송정현 기자, 커피 속 카페인 녹내장 발병률↑, medical-tribun, 2012.10.05

3) 김 용 기자, 위의 글

4) 임채령 기자, 카페인, 정말 시력저하 일으킬까?, fn아이포커스, 2020.12.21

5) 김 용 기자, 진한 커피 세 잔 이상, 안압 상승…. 녹내장 위험, 코메디닷컴, 2015.08.03

6) Silversteine, Coffee And Eye Health, silversteineyecenters.com

7) 백주희 기자, 녹내장 환자가 커피를 마셔도 될까, 울산매일, 2018.08.27

8) Pureoptical, Does Drinking Coffee Damage Your Eyesight?, pureoptical.co.uk, March 22, 2019

9) Reviewed by Whitney Seltman, Caffeine and Dry Eye, webmd.com, August 24, 2020

10) [메디컬투데이 강연욱 기자], '커피' 시력 보호 효과 있다, 2014-05-08

11) By Ryosuke Nonaka/Staff Writer, Study suggests drinking coffee may not be bad for eye health, asahi.com, January 27, 2021

12) Reviewed by Whitney Seltman, 위의 글

4. 소화기관을 깨우는 커피, 그리고 장 건강

1) 정미혜 인턴 기자, "모닝커피는 필수" 펠트로의 미모 비결, 코메디닷컴, 2013.04.25

2) 김아름 기자, 커피를 마시면 왜 화장실에 가게될까? 〈英보도〉, 파이낸셜뉴스, 2015.08.12

3) 이용재 기자, 커피, 쾌변에 도움될까?, 코메디닷컴, 2021.02.08

4) [인사이트], 뜨거운 커피 한 잔 '변비 해소'에 도움 된다, 2015.02.27

5) 이해나 기자/한아름 헬스조선 인턴기자, 커피, 배변활동까지 촉진시켜…그 이유는?, 2015.08.18

6) [헤럴드경제=육성연 기자], [coffee 체크]커피 마시면 왜 화장실을 가는 걸까?, 2016.12.30

7) By Tara Santora, Why Does Coffee Make You Poop?, fatherly. com, Nov 19 2020

8) 이금숙 헬스조선 기자, [소소한 건강상식] 모닝 커피 한 잔, 쾌변을 부른다 네, 2020.12.31

9) [대한급식신문=김나운 기자], 변비에는 커피·물 그리고 프로바이오틱스, 2021.01.08

10) 이용재 기자, 위의 글

11) By Elizabeth Heubeck, Coffee may improve health of gut microbiome, HealthDay News, Oct. 28. 2019

12) 이금숙 기자/전혜영 헬스조선 인턴기자, [따끈따끈 최신 연구] "매일 커피 마시면 장내 유익균 늘어난다", 2019.11.01

13) [서울=월드투데이], "커피, 건강한 장내 세균총을 지니고 있다", 2019.10.29

14) 권순일 기자, 커피에 대한 또 한 가지 좋은 뉴스(연구), 코메디닷컴, 2019.10.29

15) CW Headley, How does coffee affect gut health?, theladders. com, February 14, 2019

5. 커피 스크럽과 스킨케어

1) [kor.kyhistotechs.com], 암 진행 및 치료에서 크로 마틴 구조 및 DNA 이중 가닥 파괴 반응, 내용 참고정리

2) [ibric.org], 생명과학 KISTI, 유전체 무결성과 노화 및 발달, 2004.04.26, 내용 참고 정리

3) Cw Headley, Coffee linked to youthful skin and longevity, theladders.com, February19, 2019

4) [이데일리 이순용 기자], 커피의 유전자 보호 효과 있다, 2019.06.28

5) 활성산소/나무위키(namu.wiki), [반대로 면역체계 강화, 근육 재생, 당뇨병 억제, 퇴행성 관절염을 완화시키는 기능도 한다]

6) 비진클리닉 염윤석 대표원장, [굿닥 칼럼] 커피와 피부건강의 상관관계, 더 퍼스트미디어, 2019.12.09

7) [식약신문], 커피에 빼앗기는 피부 수분, 2019.11.21

8) 김 용 기자, 커피 마시려면 피부미인 포기해라, 코메디닷컴, 2013.04.28

9) Pratiksha Dixit, 7 Ways Coffee Is Bad For You And Your Skin, shethepeople.tv, February 1, 2021

10) [블로그], 피부 여드름에 안 좋은 음식, (m.blog.naver.com), 2016.04.10

11) Pratiksha Dixit, 위의 글

12) 김 용 기자, 위의 글

13) Tejashee Kashyap, 5 Amazing Benefits Of Coffee Scrubs For Smooth, Clear Skin,swirlster.ndtv.com, Last Updatet AprilL 05 2021

14) Rashi Bhattacharyya, Coffee for skin: Some easy DIY face packs, in.news.yahoo.com, 7 September 2020

15) [양미영 기자], "더 마셔도 될까?" 커피와 피부의 상관관계, bnt뉴스, 2015.07.02

6. 커피의 통증완화 효과와 '리바운드 두통(rebound headache)'

1) 문세영 기자, 커피 한잔, 콩 한 접시, 아스피린의 공통점은?, 코메디닷컴, 2014.06.04

2) Robert H. Shmerling/Faculty Editor/Harvard Health Publishing, If you have migraines, put down your coffee and read this, health.harvard.edu, Posted September 30, 2019

3) By - TNN, Can coffee really cure headaches?, timesofindia.in-diatimes.com, May 9, 2019

4) By Danielle Zickl, Is Your Coffee Habit Giving You a Headache?, runnersworld.com, AUG 19, 2019

5) Robert H. Shmerling/Faculty Editor/Harvard Health Publishing, 위의 글

6) By Danielle Zickl, 위의 글

7) By Carolyn L. Todd, How to Tell if Your 'Caffeine Withdrawal Headaches' Are Actually Migraines, self.com, January 25, 2019

8) 이해나 헬스조선 기자, 커피는 두통에 독일까, 약일까?, 2020.05.22

9) By Carolyn L. Todd, 위의 글

10) By Danielle Zickl, 위의 글

11) By Danielle Zickl, 위의 글

12) By Rachael Rettner, Drinking This Much Coffee May Trigger Migraines, livescience.com, August 08, 2019

13) By TNN, 위의 글

14) By Danielle Zickl, 위의 글

15) By - TNN, 위의 글

16) 이해나 헬스조선 기자, 머리 아파 자다 깼다면? 진통제보다 '커피 한 잔', 2019.07.19

17) By Carolyn L. Todd, 위의 글

18) 송정현 기자, 근무 전 커피 통증 완화 효과, medical-tribune.co.kr, 2012.09.06 [피험자 중 22명은 어깨나 목 등에 만성통증을 가지고 있었으며, 26명은 통증이 없었다. 박사는 총 19명에게 컴퓨터 업무 1시간 18분 전 커피 한 잔이나 반잔을 마시게 한 후 90분간 업무를 지시한 다음 15분 간격으로 통증 정도를 조사했다. 조사결과, 업무 시작 전 커피를 마신 피험자가 마시지 않은 피험자보다 컴퓨터 업무 후 통증의 강도가 낮았다]

19) By Carolyn L. Todd, 위의 글

20) [두통과 편두통 센터-2021], 리바운드 두통은 무엇입니까?, ko.medi-cok.com

21) By Rachael Rettner, 위의 글

22) By - TNN, 위의 글

23) By Carolyn L. Todd, 위의 글

7. 유기농 커피와 '클린커피(Clean Coffee)'의 기준

1) 안윤지 기자 스타벅스 커피서 방부제 나와…"부주의한 점 죄송해-모든 조치 취할 것", 톱스타뉴스, 2018.03.15

2) 문상윤 대전보건대 외래교수, [커피 이야기] 커피재배와 농약, 대전일보사, 2018.04.13

3) [Naturalforce], Mold, Toxins, and Pesticides: Coffee's Dirty Secret, naturalforce.com, Jan 28, 2020

4) 문상윤 대전보건대 외래교수, 위의 글

5) 신혜경 칼럼리스트, [신혜경의 커피톡]⑦ 커피 잔류농약 허용 기준 강화, IT조선, 2020.10.09

6) Written by Dr. Jordan Biertzer, Morning Cup of Pesticides?, thewellnessway.com, November 8th, 2018

7) [Naturalforce], 위의 글

8) 뉴스젤리 팀, 그 많은 커피는 다 어디에서 왔을까? - 데이터로 보는 커피 수입 트렌드, contents.newsjel.ly, 2018.1.26, 내용 참고정리

9) 문상윤 대전보건대 외래교수, 위의 글

10) 신혜경 칼럼리스트, 위의 글

11) [Naturalforce], 위의 글

12) 김경진 기자, 수입량 세계 7위, 1인당 연간 51두 잔…한국, 커피에 반했다, [중앙일보], 2018.04.02

13) 문상윤 대전보건대 외래교수, 위의 글

14) 이창수 기자, 농약 PLS, 등록된 농약 이외 사용금지 원칙, 농기자재신문 (주), 2019.04.01

15) 신혜경 칼럼리스트, 위의 글

16) Written by Dr. Jordan Biertzer, 위의 글

17) [Naturalforce], 위의 글

18) 동아닷컴 연예뉴스팀, '이영돈PD의 먹거리 X파일' 착한 커피 있다? 결과 충격적!, 2013.04.19

19) Written by Kris Gunnars/BSc, Mycotoxins Myth: The Truth About Mold in Coffee, healthline.com, January 28, 2019